公路工程施工工艺标准系列图书

GONGLU GONGCHENG SHIGONG GONGYI BIAOZHUN XILIE TUSHU

隧道工程
施工工艺标准

SUIDAO GONGCHENG
SHIGONG GONGYI BIAOZHUN

HNCC 湖南交通建设集团 | A 湖南路桥

湖南路桥建设集团有限责任公司 / 编著

中南大学出版社
www.csupress.com.cn
·长沙·

公路工程施工工艺标准系列图书编委会

本书编写人员名单

主　　　　编：王石光　刘迪祥

副　主　编：刘玉兰　何艳春　石　柱　潘朝晖

审 定 专 家：周应麟　唐　超

主要编写人员：刘泽亚　肖永强　易　丹　陈玉春　陈焕新

    湖南路桥建设集团有限责任公司(以下简称集团)始建于1954年,是全国首批获得公路工程施工总承包特级资质的大型国有企业,拥有公路设计甲级、施工总承包特级等各类资质50余项,业务涵盖路桥、市政、房建、轨道交通等基建领域,以及交通路网、智慧城市、文化旅游等多元产业,业务遍及亚洲、非洲的10多个国家和地区,以及全国20多个省级行政区。

    60多年来,集团秉承产业报国、交通为民的历史使命,弘扬"创新、诚信、一流、奉献"的企业精神,先后承建了以南京长江三桥、矮寨大桥为代表的各类大中型桥梁1000余座,以京港澳高速公路、沪昆高速公路为代表的高速公路和高等级公路5000余公里,以湖南雪峰山、广东牛头山隧道为代表的隧道工程170余公里,在大跨径桥梁、长大隧道施工等领域形成了核心技术优势,享有"路桥湘军"美誉。

    集团是受国务院表彰的14家"全国先进企业"之一,获首届"中国桥梁十大英雄团队""创鲁班奖工程特别荣誉企业",荣获全国"五一劳动奖状"。先后荣获古斯塔夫斯·林德恩斯奖、GRAA国际道路成就奖等国际大奖两项,国家科学技术进步奖6项、国家优质工程奖5项,并多次荣获鲁班奖、詹天佑奖,拥有国家级、省部级工法、专利等科技成果200余项,多次被评为"全国优秀施工企业",连续多年获评高新技术企业,2018年入选ENR"全球最大250家国际承包商",受到业界推崇。

    当前,我国公路建设已进入高质量发展阶段,在确保安全和环保的同时,如何持续提升工程品质和建造能力,是施工企业面临的一个重要课题。为适应日趋激烈的市场竞争环境,以及达到国家在安全、质量、环保方面的更高要求,集团明确了高质量快速发展的路径和措施,大力推进技术创新和管理升级,积极开展品质工程创建,着力提升企业的快速建造能力,在各项目加快推进项目管理和工艺标准化建设过程中,取得了良好的效果。为进一步提升企业管理能力和技术水平,加速成熟工艺和先进技术的推广应用,结合行业要求和企业发展需求,集团决定系统总结近年来标准化实施成果,制订一套企业施工工艺标准,用于指导项目施工。

    科学技术是第一生产力,创新是引领发展的第一动力,推动集团科技的发展,要在工程实践中应用更多新技术、新工艺、新材料和新设备,希望集团全体员工勇于创新、加强总结,努力打造核心技术,不断提升企业技术水平,为树立技术品牌,铸造精品工程,实现集团高质量快速发展而奋力拼搏。

2019年3月

　　为进一步提升湖南路桥建设集团有限责任公司(以下简称集团)的管理能力和技术水平，规范施工作业行为，推广成熟工艺和先进技术，实现技术资源共享，集团组织技术骨干和专家着手编写了"公路工程施工工艺标准"系列图书，自2016年开始起草，先后经多次审稿、修改，直至最终定稿，共历时3年多。

　　"公路工程施工工艺标准"系列图书的编写，是在现行公路工程施工标准和规范的基础上，参考了大量施工方案、技术总结、施工工法、论文、专著等技术资料和文献，经总结、提炼而成，是集团60多年来公路工程施工经验和技术的系统总结。这一系列工艺标准的推行，将在提高集团生产效率，打造品质工程，强化安全管控等方面发挥重要作用。

　　"公路工程施工工艺标准"系列图书共6册，包括《路基工程施工工艺标准》《路面工程施工工艺标准》《隧道工程施工工艺标准》《桥梁下部结构工程施工工艺标准》《常见桥梁施工工艺标准》和《悬索桥、斜拉桥施工工艺标准》。每项工艺标准包括：总则、术语、施工准备、工艺设计和控制要求、操作工艺、质量标准、成品保护、安全环保措施、质量记录9个方面的内容。

　　本书主要包括洞口、盾构、沉管等施工工艺标准，分别介绍了各种不同类型和不同工艺的隧道施工工艺。

　　本书是集团的企业标准之一，也可供同行参考。本书在编写过程中得到了各级领导的全力支持，和集团内外多位专家的指导和帮助，参与编写的众多同事付出了大量的时间和精力，在此一并感谢。由于编写者水平有限，错漏之处在所难免，恳请读者斧正。

编　者
2019 年 3 月

目 录

1　洞口与洞门工程施工工艺标准

1.1　总　则

1.1.1　适用范围

本标准适用于采用钻爆法施工的山岭交通隧道和城市交通隧道。

1.1.2　编制参考标准及规范

(1)公路工程技术标准(JTG B01—2014)。

(2)公路勘测规程(JTG C10—2018)。

(3)公路隧道设计规范(JTG D70—2014)。

(4)公路工程抗震规范(JTG B02—2013)。

(5)公路隧道施工技术细则(JTG F60—2009)。

(6)公路工程质量检验评定标准(JTG F80/1—2017)。

1.2　术　语

1.2.1　早进晚出

我国隧道工程经过多年的实践,总结出一个合理确定隧道洞口位置的基本原则——"早进晚出"。意思是在决定隧道洞口位置时,为了施工及运营的安全,宁可早一点进洞,晚一点出洞。这样做,虽然隧道稍稍长了一些,但却安全可靠得多。

1.2.2　隧道仰坡

隧道仰坡是指正对隧道洞门顶部的坡面。

1.3　施工准备

1.3.1　技术准备

(1)施工人员应认真审核图纸及设计说明书。

（2）施工人员必须熟悉隧道洞口地形、地貌、工程地质和水文地质状况。

（3）核对洞口与洞口土石方和桥涵、挡墙等工程的相互关系和施工衔接，及其对洞口现场布置和洞内施工的影响。

（4）核对洞口、洞外排水系统和设施的布置是否与地形、地貌、水文、气象等条件相适应。

（5）核对隧道进出口位置、洞门类型是否与洞口环境相适应。

（6）对拟建洞口构造物的施工场地进行清理，对施工区域内有碍施工的电杆、建筑物、道路等均应拆迁或移改。

（7）做好技术交底工作，编制隧道洞口与洞门结构的施工方案，并报建设和监理单位审批。

（8）洞口位于不良地质地段时，应提出施工处理对策，并经设计、监理、建设单位等会审确认。

（9）对隧道洞口段水准点、中线点、导线控制点进行交桩和复测。

1.3.2 材料准备

（1）开挖爆破器材：炸药、雷管（毫秒级）。

（2）洞门墙圬工材料：隧道洞门的建筑材料可以是混凝土、片石混凝土或钢筋混凝土、粗料石、混凝土砌块。

1.3.3 主要机具

（1）机械：挖土机、推土机、铲车、自卸卡车、混凝土搅拌机、水平钻机、风钻、注浆机、喷浆机等。

（2）工具：铁锹（尖、平头两种）、手推车、钢卷尺、木抹子、铁抹子等。

（3）测量仪器：全站型经纬仪、水准仪、塔尺、钢尺等。

1.3.4 作业条件

（1）隧道洞口位置的里程桩号和洞门类型已经确定。

（2）隧道洞口位置和边、仰坡开挖范围已经确定，征地工作已经完成。

（3）洞口施工场区进行了平整，为保证各种设备行走安全，对不利于施工机械行走的松软地面进行了碾压或夯实处理。

（4）洞口存在不良地质情况时，已采取了处理措施。

（5）根据需要洞口山顶须设置有必要的地表沉降观测点。

（6）洞口附近测设有不少于三个平面控制点和两个水准测量基点。

（7）各种施工机具已经到位，施工建筑材料准备就绪。

1.3.5 劳动力组织

隧道洞口与洞门工程施工劳动力组织见表1－1。

表1-1 隧道洞口与洞门工程施工劳动力组织

工种	人数	工作地点	职责范围
施工队长	1	整个施工现场	负责跟班组织施工管理工作、协助总指挥工作等
工班长	1	边仰坡开挖洞门砌筑	负责跟班组织施工,协调各工种交叉作业等
技术员	1	整个施工现场	负责跟班解决施工中的技术问题,编写技术措施等
安全员	1	整个施工现场	负责跟班检查安全措施、安全措施的执行情况及安全教育工作,对安全生产负责
质量检查员	1	整个施工现场	负责跟班检查工程质量,组织各工种交接及质量保证措施的执行情况,对工程质量负责
测量工	2	施工现场	负责边仰坡开挖放样,洞门位置高程等测量
挖掘机操作工	1	洞口开挖施工现场	负责洞口段的土方开挖
钻眼机械操作工	10	洞口开挖施工现场	负责洞口段的石方开挖作业;打炮眼、装药、连线爆破
铲车司机	1	施工现场	负责洞口段土石方弃渣装车
自卸卡车司机	5	弃渣场地至隧道洞口	负责洞口段土石方弃渣运输
洞门砌筑施工	12	洞门施工现场	负责洞门墙的砌筑、表面装饰、对洞门墙施工质量负责
混凝土与砂浆搅拌上料工	16	施工现场	负责洞门墙混凝土与砂浆的搅拌操作砌筑材料的搬运与上料
空压机操作工	1	空压机房	负责打眼时的压缩空气供应,空压机的操作控制及保养维修
电工	1	整个施工现场	负责现场动力、照明、通信等电器系统的维修保护
材料员	1	材料仓库	负责施工材料供应及管理
杂工	4	整个施工现场	负责开挖及混凝土浇注、钢筋捆绑、搬运及现场清理等
总计	59		

注:此表为一个作业班施工配备人员,未计后勤、行政等人员。

1.4 工艺设计和控制要求

1.4.1 技术要求

(1)隧道洞口段施工应贯彻"早进晚出"的基本原则。

(2)隧道洞口位置应满足以下几点要求:

①洞口应尽可能设在山体稳定、地质条件较好、地下水不太丰富的地方。尽量避开对结构物会造成危害的不良地质条件。

②洞口不宜设在垭口沟谷的中心或沟底低洼处,不要与水争路。洞口最好放在沟谷一侧,让出沟心,留出泄水的通路。当隧道附近有河流、湖泊、溪水等水源时,洞口标高应在洪水位安全线以上,以防洪水倒灌到隧道中去。

③洞口应尽可能设在线路与地形等高线相垂直的地方，使洞门结构物不致受到偏压力作用。傍山隧道限于地形，无法做到上述要求，只能斜交进洞时，也应使交角不太小，而且要有相应的补救措施，如采用斜洞门或台阶式洞门。切忌隧道中线与地形等高线平行。

④若进洞处岩壁陡立，基岩裸露，则最好不刷动原生坡面，不挖开山体。此时，可以贴壁进洞，但为了挡截可能的剥落碎块，最好做一小段明洞。

（3）隧道洞口各项工程应通盘考虑，妥善安排，尽快完成，为隧道洞身施工创造条件。

（4）隧道引道范围内的桥梁墩台、涵管、下挡墙等工程的施工应与弃渣需要相协调，尽早完成。

（5）在进行洞口段施工前应先完成截水天沟等洞口排水系统的施工。

（6）在进行洞口段施工时应注意以下几点：

①保证洞口段的山体稳定，不要在未做好洞口支护时急于展开洞身工序。

②当开挖的山体可能失稳时，应研究有无改移洞门位置、延长洞身长度和减小洞顶仰坡高度的可能性，并制定相应的施工技术措施。

③施工必须尽可能减少洞口段山体的破坏，当不得已采用爆破方法开挖土石方时，必须严格控制一次起爆的炸药数量，严禁大爆破方法施工。

④开挖时宜随时注意观察边、仰坡地层的变化，认真做好防坍和支撑工作。开挖的土石方不得弃在危害边坡及其他建筑物稳定的地点，并不影响运输安全。

⑤避免在雨季施工，认真做好地表防、排水工作，减少地表水对洞口地段施工的影响。

（7）为了使隧道尽快进洞施工，洞口段路堑一般应先行开挖，其开挖长度应能满足洞内出渣、进料及敷设轨道等作业的需要，通常不小于40 m。

（8）洞口仰坡上方洞身范围禁止修建施工用水池，避免因渗漏造成浅埋段坍方。

1.4.2 材料质量要求

（1）洞门建筑材料应满足结构强度和耐久性要求，同时满足抗冻、抗渗和抗侵蚀的需要。

（2）隧道洞门建筑材料的强度应不低于表1-2的要求。

（3）片石强度等级不应低于MU40，块石强度等级不应低于MU60，混凝土砌块强度等级不应低于MU20，不应采用有裂缝和易风化的石材。

（4）片石混凝土内片石掺用量不得超过体积的30%。

（5）洞门建筑材料强度要求见表1-2。

表1-2 洞门建筑材料强度要求

材料种类		混凝土	钢筋混凝土	片石混凝土	砌体
工程部位	端墙	C20	C25	C20	M10水泥砂浆砌片石、块石镶面或混凝土预制块镶面
	顶帽	C20	C25	—	M10水泥砂浆砌粗料石
	翼墙和洞口挡土墙	C20	C25	C15	M8.5水泥砂浆砌片石（严寒地区用M10水泥砂浆）
	侧沟、截水沟、护坡等	C15	—	—	M5水泥砂浆砌片石（严寒地区用M8.5号水泥砂浆）

1.4.3　职业健康安全要求

（1）施工前做好施工安全交底，施工过程中，安全员应随时检查安全情况。

（2）机械操作工必须持证上岗，专人专岗，严格遵守各专用设备使用规定和操作规程，且不得疲劳操作。

（3）所有进入施工现场的人员必须按规定佩戴安全防护用具。

（4）石方爆破作业，以及爆破器材的管理、加工、运输、检验和销毁等工作均应按国家现行标准《爆破安全规程》（GB 6722—2011）的规定执行。

（5）挖掘机装车作业时，铲斗应尽量放低，并不得砸撞车辆，严禁车厢内有人。严禁铲斗从汽车驾驶室顶上越过。

（6）严禁在机械运行范围内停留，机械行走前应检查周围情况，确认无障碍后鸣笛操作。

1.4.4　环境要求

施工时的临时道路应定期维修和养护，经常洒水，减少尘土飞扬。

1.5　施　工　工　艺

1.5.1　工艺流程

（1）洞口边仰坡开挖工艺流程如图1－1所示。

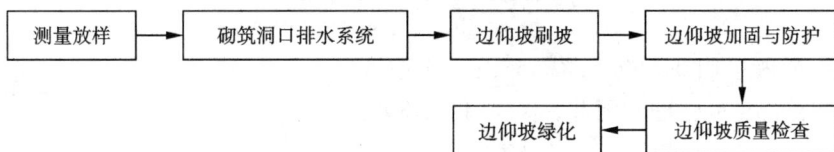

图1－1　洞口边仰坡开挖工艺流程图

（2）洞门墙施工工艺流程如图1－2所示。

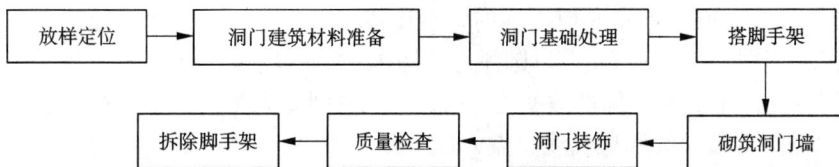

图1－2　洞门墙施工工艺流程图

1.5.2 操作工艺

1. 边仰坡刷坡

(1)边仰坡的测量放样。

①仰坡的计算(圆角式)。

圆角式仰坡用锥体连接,其简化平面示意如图1-3所示。

图中 A、C——左右侧的锥顶点。

JL、EG——高为 h 的锥底面的边线(曲线),通常多用椭圆。

JL、EG 曲线在坡脚线 C、A 水平面上投影,理应连接 J、L 和 E、G 点。但为计算简便,使曲线连接 JL 和 EG 点,于是 CL、CJ 和 A、E、AG 可视为左右两侧椭圆的长短半径。

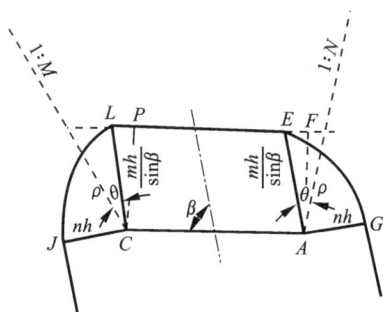

图1-3 圆角式仰坡平面示意图

根据椭圆的性质,以长半径方向 AE(或 CL)向左右偏 θ 角时,两个向径 ρ 为等长,两个向径端点的位置是对称于长半径的。因此只需要按照一定的夹角 θ 求出向径 ρ 的长度和沿向径 ρ 的坡度 $1:N$,即可据此施工放样与校核。

按椭圆的标准方程,求解后得:

$$\rho = \frac{mnh}{\sqrt{m^2\sin^2\theta + n^2\sin^2\beta\cos^2\theta}} \tag{1-1}$$

因 $\rho = Nh$,则:

$$N = \frac{mn}{\sqrt{m^2\sin^2\theta + n^2\sin^2\beta\cos^2\theta}} \tag{1-2}$$

放样时,一般采用 $0 \sim 90°$ 每隔 $15°$ 放一次坡度线,以控制连接部位的锥面。因此,将 0,$15°$,$30°$,…,$90°$ 代入式(1-1)或式(1-2)求得各向径 ρ 的距离和坡率 N 值,据以施工。

式(1-1)、式(1-2)系按斜交洞门,边坡率均为 n、仰坡率 $m\neq n$ 时推导所得,如两侧边坡率不等时,仍可按两公式分左右求算。

当斜交洞门的边坡、仰坡率均相等时,不连接

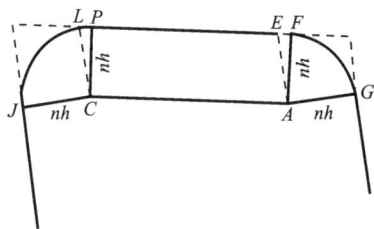

图1-4 两弧连接

J、L 和 G、E,直接将 J、P 和 G、F 以圆弧连接即可,如图1-4所示。

如系正交洞门,且边坡、仰坡坡率均相等时,即椭圆变为圆,$\rho = nh$,$N = n$。

②测定边坡、仰坡交线和地面线交点 I 的方法。

以正交洞门为例,如图1-5所示:

A. 求两斜坡面交线的平面方向。DI 线在平面上的方向,可由其投影 BD 的方向决定,在通常情况下,边坡、仰坡坡度相等,则 $\angle BDC$ 和 $\angle BDE$ 相等,且为 $45°$;如边坡、仰坡坡度不相等,$\angle BDC$ 或 $\angle BDE$ 亦可由 BE、BC 两边来决定。

B. 用方向架测定 I 点。先在地面定出 DI 的方向($D'B'$)。将方向架插在 F 点(仰坡起点

隧道中心桩），在与中线垂直方向上量 $FD' = F'D = l_1$（即洞门墙顶宽度之半），定出 D' 点；再在中线的平行线 $D'D$ 上任量一段 $D'K = l_2$，移方向架于 K 点作 $PK = l_2$，定出 P 点。在三角形 $PD'K$ 中，$\angle PD'K = \angle KPD' = 45°$，所以 PD' 线是 DI 线在地面上的投影（即在同一个竖直面上）。B' 点必在 PD' 线上。于是，将花杆插在 P 点，根据 $D'P$ 两点的标高及交线的坡度 $M(N)$，在 $D'P$ 延长线上即可定出 I 点。

C. 用手水平抄平定 I 点。如图 1-6 所示，在立面图上 H 及 h_1 为已知，由 D' 手水平在 $D'I$ 方向上抄平，并量取距离，经一两次试验后如 $D'I = h_2 \times M$，即 I 点即为所求之点，便可用木桩钉定。

以上使用方向架与手水平测定 I 点，必须方向架精确，方向对准，水平距离量准，使 D' 点的位置可靠，$D'I$ 的方向才能正确，野外工作须特别注意。

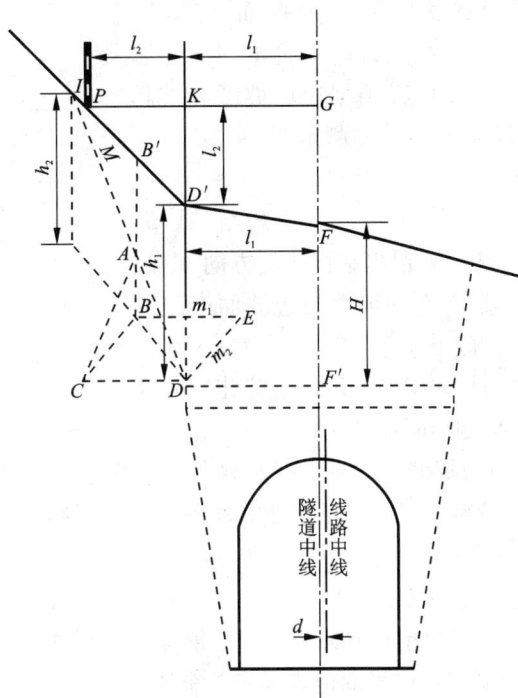

图 1-5　边、仰坡交线和地面线交点测定

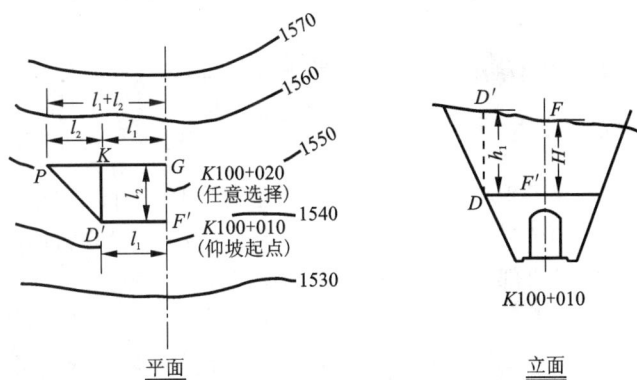

图 1-6　手水平抄平定点

D. 用仪器校正。若用有水平度盘的水准仪测定 $D'P$ 点，及测取水平高度，则 I 点便可准确测定。

E. 用经纬仪放线。仍以直线隧道正交洞门，且边坡、仰坡坡率均相等为例，即 $\varphi = \theta = 45°$，$M = N = \sqrt{2}n$（或 $\sqrt{2}n$）。其测设方法如下：

（a）根据洞口设点，在地面定出仰坡坡脚线上的中线桩 F 点及其方向桩 F' 点，如图 1-7 所示。

（b）置镜 F 点，定横断面方向 A'''、B''' 两点；并在此方向上定出洞门主墙宽度 A、B 两点（根据边坡坡度和坡脚角点标高求得）；并测定 A、F、B 三点的高程。

（c）置镜 A 点，后视 F 点（或 B''' 点），反拨 $90°$ 定出平行线的方向 A' 点；反拨 $135°$ 定出仰坡面与边坡面交线在地面上的方向点 A''。

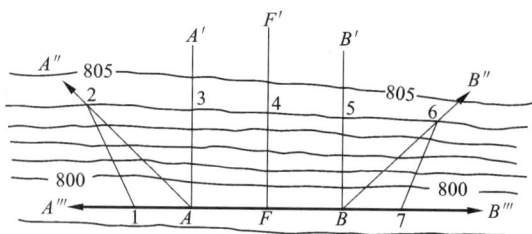

图 1-7　仰坡放样施测示意图

（d）置镜 B 点，同上法定出 B'、B'' 两点。

（e）测绘断面 $A—A'$、$A—A''$、$A—A'''$ 及 $B—B'$、$B—B''$、$B—B'''$。

（f）根据仰坡坡脚标高及 B、A、F 的地面标高，求出各点的挖深高度；根据边坡、仰坡坡率及其交线的坡率，计算或在各断面图上量得水平距离，在地面上放出边坡桩 1、7，仰坡桩 3、4、5 及交线三边桩 2、6 各点。

（2）边仰坡加固与防护。

当洞口可能出现地层滑坡、崩塌、偏压时，应采取下列相应的预防和防护措施：

①滑坡。可采取地表锚杆、深基桩、挡墙、土袋或石笼等加固措施。

②崩塌。可采取喷射混凝土、地表锚杆、锚索、防落石棚、注浆加固等措施。

③偏压。可采取平衡压重填土、护坡挡墙或对偏压上方地层挖切等措施，以减轻偏压力。

④开挖中对地层动态应进行监控量测，以便采取相关措施进行处理。

（3）边仰坡的绿化。

边仰坡的绿化可通过种植草皮、格式植草等方式处理。

2. 洞门墙施工

（1）墙体放样。

端墙垂直时，端墙基底里程与洞口里程一致。在砌筑洞门前，根据洞口里程中线桩放十字线，定出端墙在平面上的位置；端墙有坡度时，洞口里程以端墙斜面与路面交点处算起；端墙若有扩大基础时，则襟边部分尺寸应同时放线，以便同时施工。

（2）墙体灌筑。

就地灌筑混凝土端墙时，其模板和支撑应有足够的强度、刚度及稳定性，并应根据端墙设计坡度架立好方木支柱，支柱间距一般为 $1～1.5$ m，将钢模板或拼装成块的木模板（每块高 1 m 左右）安在支柱内侧。支柱架设必须牢靠，使其在灌注过程中不发生移动及局部变形。墙背超挖部分，应随灌随回填。

（3）墙体混凝土预制块（简称砌块）或粗料石砌筑。

每层砌块或料石高度应一致，每砌高 $0.7～1.2$ m 须找平一次。砌块或料石的灰缝宽度宜为 $15～20$ mm，垂直灰缝不得大于 40 mm，且灰缝应彼此错开，并应按规格排列。

（4）墙体铺砌镶面砖。

①镶面砖四周应平整。铺砌前应事先按规定将灰缝宽和错缝要求计算数量，配好料，再用铺浆法顺序铺砌。每层镶面砖的砌缝宽度应均匀，所有立缝应垂直。

②镶面砖铺砌时应随时用水平尺及垂线校核，粘贴必须牢固，必要时可加倒钉或钢丝网，以防因天长日久使镶面砖脱落。

1.6　质量标准

1.6.1　洞口边、仰坡开挖

（1）为了保证洞口的稳定和安全，隧道边坡及仰坡均不宜开挖过高。一般情况下，各级围岩中隧道洞口边仰坡的坡率可见表1－3。

表1－3　隧道洞口边仰坡的允许开挖高度及坡率

围岩分级		边仰坡坡率	边仰坡开挖最大高度/m	说明
Ⅰ		≤0.3	20	1. 边仰坡的最大开挖高度，指洞口的垂直等高线的控制断面 2. 软岩坡面宜加设防护 3. 本表未考虑地下水对坡面稳定的影响因素 4. 本表不包括其他特种土类
Ⅱ	硬岩	1:0.3 ~ 1:0.5	18 ~ 20	
	软岩	1:0.5 ~ 1:0.75	16 ~ 18	
Ⅲ	硬岩	1:0.5 ~ 1:0.75	16	
	软岩	1:0.75 ~ 1:1	14 ~ 16	
Ⅳ	硬岩	1:0.75 ~ 1:1	12 ~ 14	
	软岩	1:1 ~ 1:1.25	12	
	土质	1:1 ~ 1:1.25	10 ~ 12	
Ⅴ		1:1.25 ~ 1:1.5	10	
Ⅵ		<1:1.5	<10	

（2）洞口边仰坡的坡率应符合设计要求，应做到仰坡顶无危石，坡面平顺，无明显的凹凸不平。土石容易剥落和不稳定的坡脚应有防护措施，其边仰坡的坡率允许偏差为±5%。

1.6.2　洞门墙圬工

（1）洞门基础的基坑断面尺寸、深度、基底承载力应满足设计要求，基础必须置于稳固的地基上。土质地基埋入深度应不小于1 m，冻胀性土壤的基础，基底应置于冻结线以下0.25 m。基底应清洗干净，不得有虚渣、杂物及积水。

（2）洞门墙身应与洞内拱墙衬砌连成整体。

（3）混凝土要均匀密实，外观整洁且无蜂窝麻面。砌筑的石料无水锈或风化层，砌体砂浆饱满。圬工强度符合设计要求。

（4）伸缩缝、沉降缝的位置、填塞材料应符合设计要求。

（5）洞门墙背回填及挡、翼墙背回填应密实，墙身砌筑与回填应从两侧同时进行，防止对衬砌产生偏压。

（6）洞门端墙顶宜高出仰坡坡脚不小于0.5 m，坡脚至端墙背的水平距离不小于1.5 m。

洞门顶水沟沟底至拱顶衬砌外缘的高度不小于 1.0 m。水沟底如有填土应夯实紧密。

(7)根据设计要求,应设置必要的检查设备和有关的标志。

(8)洞门施工允许偏差应符合表 1-4 的规定。

(9)若洞门墙身为砌体时,其砌筑的允许偏差应符合表 1-5 的规定。

表 1-4 洞门允许偏差

项目		允许偏差/mm	检查数量	检验方法
构造尺寸	水平距离	<100	3~7点	查阅设计图、尺量
	高差	+50,-10		
墙身	断面厚度 混凝土	<20	不少于7点	查阅设计图、尺量
	断面厚度 砌石	<40		
	垂直度 全高	<50		尺量
	表面平整度 混凝土	≥5	不少于7点	观察、尺量
	表面平整度 砌石	≥10		
	墙面坡度	±5%		尺量

表 1-5 砌体砌筑允许偏差

序号	项目	表面砌缝宽度/mm	两层间竖向错缝/mm	石料相接处的空隙/mm	每找平一次的高度/mm	检验数量	检验方法
1	浆砌片石	≤40	≥80	≤70	≤1200	每5 m²检查1点	观察、尺量
2	浆砌块石	≤40	≥80	—	700~1200	每5 m²检查1点	观察、尺量
3	浆砌粗料石、混凝土预制块	15~20	≥100(丁石上下层不得有竖向砌缝)	—	每层找平	每5 m²检查1点	观察、尺量

1.7 成品保护

(1)边仰坡开挖时应对定位桩、附近的平面控制桩、水准基点予以保护,防止施工机械或爆破的损坏。边仰坡刷坡完成后,应尽早采取防护或绿化措施,避免暴雨的冲刷破坏。

(2)现场搬运洞门墙砌块或镶面砖时,应轻搬轻放,防止砌块或镶面砖表面损坏,防止碰撞已砌好的墙体。墙面装饰铺砌时应防止砂浆流到墙面造成表面污染。

(3)洞门墙砌筑完毕拆除脚手架时应避免损伤墙体表面。洞门建筑完成后,洞门以上仰坡坡脚如有损坏,应及时修补,并应确保坡顶以上的截水沟与路堑排水系统的完好与连通。

1.8　安全环保措施

1.8.1　安全措施

（1）洞口段边仰坡开挖时，现场要设置专职安全员，负责调度施工人员、开挖机械和弃土车辆。

（2）各种施工机械应做好日常维修保养，保证机械的安全使用性能。

（3）炸药等易燃、易爆物品必须分开存放，保持一定的安全距离，设专人看管。

（4）边仰坡开挖过程中应随时检查，如有滑动、开裂、落石等现象，可适当放缓边仰坡，或采用锚杆支护、防护栅栏、棚架等措施，以保证施工安全。

（5）地质不良、边仰坡较高地段，施工时应加强防护，并指定专人看管。

1.8.2　环保措施

（1）在进行隧道洞口施工时，应尽量少破坏天然植被，以便最大限度地保护自然景观。

（2）清理边仰坡范围的表层腐殖土、砍伐的荆棘丛林、工程剩余的废料，应根据各自不同的情况分别处理，不得任意裸露弃置。

（3）清洗施工机械、设备及工具的废水、废油等有害物资以及生活污水，不得直接排放于附近小溪、河流或其他水域中，也不得倾泻于饮用水源附近土地上，以防污染水质和土壤。

（4）在城镇居民区进行隧道施工时，由机械设备与工艺操作所产生的噪声，不得超过当地政府规定的标准，否则应采取消声措施或避开夜间施工作业。

（5）现场存放油料前必须对库房进行防渗漏处理，储存和使用都要采取隔油措施，以防油料污染隧道附近水质。

1.9　质量记录

（1）工程放样与定位测量记录、测量复核记录。

（2）边仰坡坡面平顺度记录及其防护措施隐蔽工程检查记录。

（3）建筑材料质量抽查记录、洞门墙施工质量检查记录。

（4）工序质量评定表。

2 明洞施工工艺标准

2.1 总则

2.1.1 适用范围

本标准适用于采用钻爆法施工的山岭交通隧道和城市交通隧道。

2.1.2 编制参考标准及规范

(1)公路工程技术标准(JTG B01—2014)。
(2)公路勘测规程(JTG C10—2007)。
(3)公路隧道设计规范(JTG D70—2004)。
(4)公路工程抗震规范(JTG B02—2013)。
(5)公路隧道施工技术细则(JTG F60—2009)。
(6)公路工程质量检验评定标准(JTG F80/1—2017)。

2.2 术语

2.2.1 明洞

明洞是用明挖法修建的隧道。当隧道顶部覆盖层较薄难以用暗挖法修建时,或隧道洞口、路堑地段受塌方、落石、泥石流、冰雪等危害时,或道路之间、公路与铁路之间形成立体交叉,但又不宜修建立交桥时,通常修建明洞。

明洞的结构类型因地形、地质和危害程度的不同而有许多种形式,采用最多的是拱式明洞和棚式明洞两种。

2.2.2 拱式明洞

拱式明洞的结构形式与一般隧道基本相似,也是由拱圈、边墙和仰拱或铺底组成。它的内轮廓也和隧道一致。拱式明洞结构坚固,可以抵抗较大的推力,其适用范围较广。按照它所在的地位可以分为:路堑对称型、路堑偏压型、半路堑偏压型和半路堑单压型四类。其一般结构形式和适用条件见表2-1。

表 2-1　拱形明洞一般结构形式和适用条件

分类	图形	适用条件	分类	图形	适用条件
路堑对称型		洞顶地面平缓，两侧路堑地质条件基本相同，边坡有落石、坍塌不良地质现象；洞顶覆盖较薄，难以用暗挖法修建隧道或深路堑边坡不稳定，有少量坍塌和落石的地段	半路堑偏压型		外侧地面开敞稳定，填土坡面线能与地面相交；另一侧边坡或山坡有坍塌、落石或泥石流等不良地质现象
路堑偏压型		洞顶地面倾斜，路堑边坡一侧较低，明洞边墙顶以下部位为挖方，另一侧边坡较高，有坍塌、落石或泥石流等不良地质现象	半路堑单压型		外侧地形陡峻，无法填土；另一侧边坡或山坡有坍塌、落石或泥石流等不良地质现象

注：1.1:m 设计回填坡率。

　　2.1:m' 实际回填坡率。

　　3.1:n 边坡开挖坡率。

2.2.3　棚式明洞（简称棚洞）

当山坡的坍方、落石数量较少，山体侧向压力不大，或因受地质、地形限制，难以修建拱式明洞时可采用棚式明洞（简称棚洞）。棚式明洞常见的结构类型有墙式、钢架式和柱式三种（表 2-2）。其适用条件见表 2-2 和图 2-1～图 2-3。

表 2-2　棚式明洞结构分类与适用条件

结构形式	图号	说明
墙式	图 2-1	1.运营线路在高陡山坡下，为路堑或半填半挖通过的地段 2.路堑坍方，山侧压力不大，山坡落石流泥量少 3.受地形限制，外侧基础狭窄，或内外墙基础软硬不均，不宜修建拱形明洞 4.地基承载力在 0.25 MPa 以上 5.基岩埋藏深，上部覆盖层稳定性可靠者，基础可设置在稳固地层上
钢架式	图 2-2	1.路堑边坡有少量落石掉块 2.地基承载力要求在 0.6 MPa 以上 3.基石埋藏较深，上部覆盖层稳定性差，但基础可下至基岩者 4.在两座隧道间修建，有助于运营通风 5.节省圬工 6.为适应地形、地质条件，刚架可采用等跨或不等跨式
柱式	图 2-3	1.路堑边坡有小量落石掉块 2.地基承载力不高或基岩埋藏浅 3.结构简单，预制吊装方便，但稳定性不及钢架式

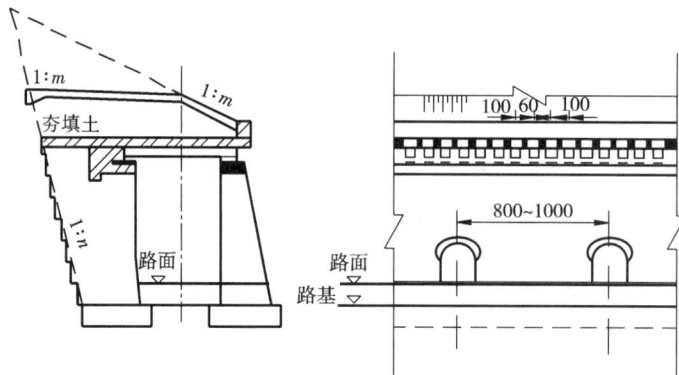

图 2 - 1 墙式(单位 cm)

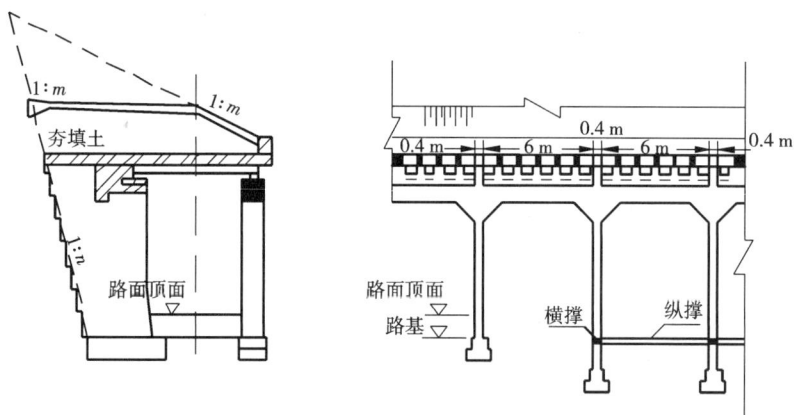

图 2 - 2 钢架式

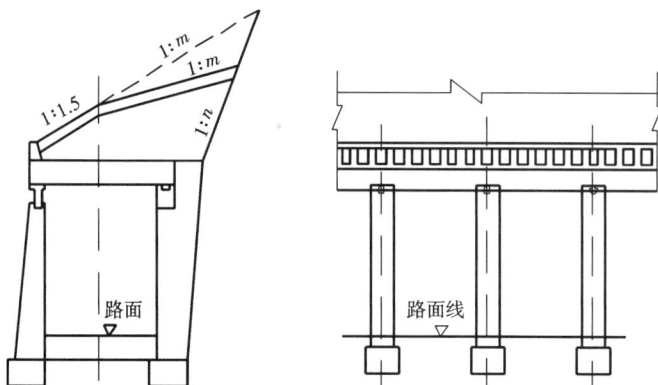

图 2 - 3 柱式

2.3 施工准备

2.3.1 技术准备

(1)施工人员必须熟悉明洞地段工程地质状况。核对明洞的长度与结构类型的设置是否与地形、地貌、地质等条件相适应。

(2)明洞位于不良地质地段时，应提出施工处理对策，并经设计、监理、建设单位等会审确认。

(3)编制明洞地段的分项施工方案，确定明洞开挖的弃土地点，报建设和监理单位审批；并对班组进行培训和交底。

(4)设置明洞地段的水准点、中线点、导线控制点。

(5)进行混凝土配合比设计。

2.3.2 材料准备

(1)开挖爆破器材：炸药、雷管(毫秒级)。

(2)衬砌圬工材料：混凝土、片石混凝土或钢筋混凝土。

(3)明洞回填：浆砌片石、黏土、水泥砂浆。

2.3.3 主要机具

(1)土石方开挖机械：挖土机、风镐、风钻、空压机、推土机、铲车、自卸卡车等。

(2)衬砌混凝土浇注机械与设备：混凝土搅拌机、混凝土输送泵、模板台车、计量设备、混凝土振捣器、水泵、机动翻斗车、喷浆机、注浆机等。

(3)工具：铁锹(尖、平头两种)、手推车、漏斗、锤子、钢卷尺、铁抹子等。

(4)测量仪器：全站型经纬仪、水准仪、塔尺、钢尺等。

2.3.4 作业条件

(1)明洞起迄点和结构类型已经确定，施工地段存在不良地质情况时，已采取了处理措施。

(2)明洞顶部的防排水设施已做好。

(3)各种施工机具已经到位。

(3)配置混凝土的各组成材料经检验合格，数量或补给速度满足施工要求。

(4)混凝土搅拌站已安装就位，浇注作业面及搅拌站通水通电，混凝土输送泵安装调试完毕，并验收合格。

(5)模板、钢筋及预埋件等验收合格，具备混凝土浇注条件。

2.3.5 劳动力组织

隧道劳动力组织见表2-3。

表 2-3　隧道明洞身施工劳动力组织

工种	人数	工作地点	职责范围
施工队长	1	整个施工现场	负责跟班组织施工管理工作、协助总指挥工作等
工班长	2	整个施工现场	负责跟班组织施工，协调各工种交叉作业等
技术员	1	整个施工现场	负责跟班解决施工中的技术问题、编写技术措施等
安全员	1	整个施工现场	负责跟班检查安全措施、安全措施的执行情况及安全教育工作，对安全生产负责
质量检查员	1	整个施工现场	负责跟班检查工程质量，组织各工种交接及质量保证措施的执行情况，对工程质量负责
测量工	2	施工现场	负责明洞基坑开挖放样、明洞隧道中线、高程等控制测量
挖掘机操作工	1	基坑开挖施工现场	负责明洞基坑的土方开挖
钻眼机械操作工	16	基坑开挖施工现场	负责明洞石方开挖作业：打炮眼、装药、连线爆破
铲车司机	1	施工现场	负责明洞土石方弃渣装车
自卸卡车司机	5	弃渣场地至开挖工作面	负责隧道弃渣运输
钢筋工	5	衬砌施工现场	负责加工及衬砌钢筋的布设、绑扎
电焊工	2	衬砌施工现场	负责衬砌钢筋的焊接，其他现场焊接
衬砌施工人员	20	衬砌施工现场	负责衬砌台车的安装、移动、定位及其维修保养；并负责衬砌混凝土的浇注，对混凝土质量负责
搅拌机司机	2	混凝土搅拌台	负责混凝土搅拌机操作，供应混凝土
空压机操作工	1	空压机房	负责打眼和混凝土施工时的压缩空气供应，空压机的操作控制及保养维修
混凝土试验工	1	现场、实验室	负责衬砌混凝土强度、水泥等材质的试验工作
电工	1	整个施工现场	负责现场动力、照明、通信等电器系统的维修保护
材料员	1	材料仓库	负责现场材料供应及管理
杂工	2	整个施工现场	负责开挖及混凝土浇注、钢筋捆绑、搬运及现场清理等
总计	66		

注：此表为一个作业班施工配备人员，未计后勤、行政等人员。

2.4　工艺设计和控制要求

2.4.1　技术要求

（1）明洞不宜在雨季施工，如确需在雨季施工时，应制定严密的施工方案和防护措施，同时应加强对山体稳定性的检测、检查。

（2）明洞开挖。

①明洞两侧边坡开挖要严格控制爆破药量，在松软地层中开挖边坡时，宜随挖随支护。

②明洞土石方开挖，应按顺序进行，且应全部明挖，不得采用拱部明挖，拱下暗挖方法。严禁掏底开挖和上下重叠施工。

（3）基础施工。

①明洞边墙基础应设置在符合图纸要求且稳固的地基上，基坑的渣体杂物、风化软层和积水应清除干净，经监理工程师检验合格后，方可进行下一道工序。

②偏压和单压明洞的外边墙基底，垂直路线方向宜挖成有向内的斜坡，以提高基底的抗滑力，如基底松软，应采取措施增加基底承载力。

③边墙基础挖到设计标高后，应核对地质承载力是否与设计要求相符。

（4）衬砌施工。

①砌筑前要复测中线、高程，边墙、拱圈放样立模时应预留施工误差，以保证衬砌不侵入限界。

②钢筋的加工及绑扎按暗洞衬砌的有关规定实施。

③浇注拱圈混凝土时，应连续进行，不得中断，并应采取防雨措施。混凝土养护按暗洞衬砌的有关规定办理。

④沉降缝及施工缝的设置与施工，按图纸要求作专门的防水处理。

（5）棚洞结构形式、构造及混凝土质量，墙柱基础埋置深度、断面尺寸及地质条件等均应符合设计要求；其防水要求为棚洞内表面无渗水，只允许有轻微湿渍。

2.4.2 材料质量要求

（1）衬砌混凝土的强度应不低于 C20；钢筋混凝土的强度应不低于 C25。

（2）浆砌片石与片石混凝土的质量要求见洞口与洞门工程施工工艺。

（3）外贴式防水卷材的质量和规格应满足设计要求。

（4）明洞其他相关建筑材料的质量要求与后面章节相同。

2.4.3 职业健康安全要求

（1）施工前做好施工安全交底。施工过程中，安全员应随时检查安全情况。

（2）施工人员应熟悉机械设备性能和工艺要求，严格遵守各专用设备使用规定和操作规程。

（3）所有进入施工现场的人员必须按规定佩戴安全防护用具。

（4）石质地段开挖，宜采用弱爆破，以免影响边坡的稳定。开挖须撬动岩石时，必须由上而下，逐层撬落，严禁双层作业，不得将下面撬空使其上部自然坍落。

（5）雨季开挖明洞基坑时要放缓两侧边坡坡度，并做好排水措施。

（6）晚间施工要有足够的照明，并设红色标志灯。

2.4.4 环境要求

（1）施工现场道路应做硬化处理，配备洒水车洒水降尘。

（2）开挖的土石应弃在不影响边坡及其他建筑物稳定的处所，并不得影响施工安全。

2.5 施工工艺

2.5.1 工艺流程

明洞工程流程见图 2 - 4。

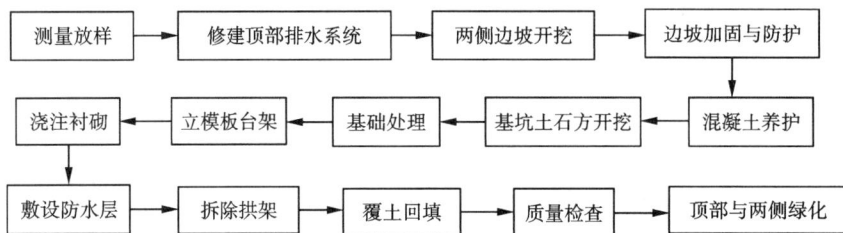

图 2 - 4 明洞工程流程图

2.5.2 操作工艺

1. 测量放样

参照有关规程执行。

2. 两侧边坡和基坑开挖

（1）开挖前及施工中应根据中线、高程结合施工方法，测定和检查结构各部分开挖尺寸。

（2）在确定全段同时开挖或分段开挖边坡坡度后，应力求在施工时间内不致坍塌，并尽可能避免超挖，以免增大回填数量。

3. 拱式明洞施工

（1）常用的施工方法。

①先墙后拱法。适用于埋置深度较浅，地形比较平缓，施工边坡开挖后能暂时稳定的地段。施工步骤：从上向下分台阶开挖，先施工做两侧边墙，再浇注拱圈，最后做防水层及洞顶回填。

②墙拱交替法。适用于半路堑、原地面坡度陡峻，或由于外侧地形松软，先墙后拱亦有困难时。施工步骤：先挖外侧边墙部分，然后将外侧墙砌至设计标高，如有耳墙，同时做好耳墙；再开挖内侧部分后立即立拱架灌筑内侧边墙和拱圈；最后施做防水层后进行拱顶回填。

（2）基础施工。

①位于陡坡处半路堑单压型明洞的外墙基础，应埋置在风化层以下 0.25 m，若岩层有裂隙不易清除时，可采用压浆加固处理。

②位于陡坡坚硬完整岩石的明洞外侧边墙基础，为了节省圬工，可切割成台阶，但要保证台阶的稳定性，其平均坡度一般不陡于 1∶0.5，并不得大于岩层的内摩擦角；台阶宽度不得小于 0.5 m，最低一层基础宽度不得小于 2.0 m。

③凹形地段或外墙深基部分，施工时本着先难后易的原则，可先开挖、砌筑最低凹处，然后逐步向两端进行。

(3)衬砌砌筑。

①明洞位于高陡山坡下，以半填半挖通过的地段，其内墙与高陡边坡连接及外墙利用路肩墙帮宽作为基础时，均应采用灌浆锚杆，按梅花形布置。

②当砌边墙与基础扩大同时施工时，拱座应预埋横向钢筋拉杆。

③灌注边墙混凝土时，其模板支撑必须牢固。

④明洞墙背空隙较大时，应先砌回填片石和预埋拉筋，再浇注边墙。灌注边墙时应注意做好纵向盲沟和泄水孔。

⑤拱圈应按断面要求制作挡头板、外模、支架、支柱，并设有防止渗漏、跑浆和走模的施工措施。

⑥拱圈混凝土的灌注应从两侧拱脚对称不间断地灌注到拱顶。

4．伸缩缝和沉降缝

(1)一般情况下，明洞设置的横向贯通伸缩缝，土质地层为20 m，石质地层为30 m。气温变化较大地区，可根据实际情况设置伸缩缝。

(2)任何形式明洞的基础，在地质软硬变化处，均须设置沉降缝。

(3)伸缩缝和沉降缝的做法：衬砌缝宽10 mm，中间夹以沥青油毛毡。随灌随做，待混凝土拆模后，再按接缝方式处理施工，若有漏水现象，则在衬砌内侧锉成V形槽，槽内塞以沥青麻筋。

5．明洞防水层施工

(1)拱墙混凝土达到设计强度的50%后，方可进行防水层铺设。铺设前，必须将拱墙背部的灰尘污垢和积水清除干净，用砂浆涂抹平整。

(2)敷设复合土工膜时，应从下向上敷设，敷设时应与拱背粘贴紧密，土工膜相互搭接错缝，搭接长度不小于100 mm，并向隧道内拱背延伸不少于0.5 m。

(3)防水层铺好后，用1∶3的水泥砂浆做一层厚约30 mm的保护层，其上再铺黏土再回填。

(4)拱背铺设的黏土隔水层应选用黏性好、无杂质、无石块的黏土分层夯实，并与边坡、仰坡搭接良好，封闭严密。

6．回填及拱架拆除

(1)拱圈混凝土达到设计强度，拱墙背防水设施完成后，方可回填拱背土方。

(2)墙后如设有纵向盲沟，应在回填前做好；墙后如有其他排水设施，亦应在回填时同时施工，并保证能及时将渗漏水排出。

(3)明洞段顶部回填土石方应对称分层夯实，每层厚度不得大于0.3 m，两侧回填的土面高差不得大于0.5 m；回填至拱顶后应分层满铺填筑，洞顶回填的面层应根据图纸要求，先铺设砂砾垫层，其上浆砌片石0.25 m一层，最后铺设0.50 m黏土隔水层。回填土夯实度应符合图纸要求并经监理工程师认可。

(4)使用机械回填时，拱圈混凝土强度应达到设计强度，且须先用人工填筑夯实至拱顶以上1.0 m后，方可使用机械施工。

(5)先由人工填筑时，拱顶中心回填高度达到0.7 m以上方可拆除拱架。若使用机械施工回填时，则应在回填土石全部完成后方可拆除拱架。

7. 明洞与暗洞衔接

(1)在仰坡暂能稳定的情况下,宜由内向外进行施工。

(2)在仰坡易坍塌的情况下,宜先将明洞拱圈浇注到仰坡脚,再由内向外做洞内拱圈,并确保仰坡稳定。

(3)明洞与暗洞拱圈应连接良好。

8. 棚式明洞施工

(1)棚式明洞的开挖、基础和内外墙的施工,应参照拱形明洞施工的有关规定进行。

(2)对于悬臂式棚洞施工和棚洞梁制作、吊装,可按下列方法施做:

①基础施工。一般从有基岩地段的两端分段逐步向中间进行,待前后较浅的基础完成后,再做深基础。特别是走廊式悬臂棚洞,如中间基础埋藏较深时,为了保证基础的整体性,宜在前后两端将混凝土灌筑至路面顶面下 1.7 m 左右的高度时暂停,待中间深基挖好后与深基段一起灌筑至路面以下 0.2 m 左右的标高,这样,深基段的混凝土基础便成了 T 形梁状,如图 2-5 所示。

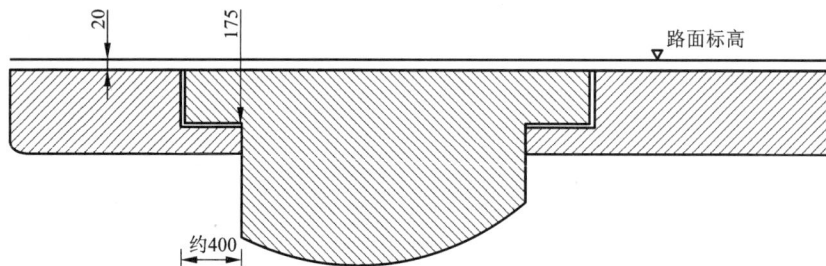

图 2-5 T 形梁基础(单位 cm)

②边墙施工。由于悬臂式棚洞边墙高达 7 m 左右,墙内竖向钢筋较密,混凝土数量大,立模、灌筑、捣固均较困难,因此,顺线路方向可分为 4~6 m 一段,高度分两次灌筑。先立直墙模型板,绑扎钢筋,并用圆木或木板固定主筋间距位置,每向上绑扎高至 0.8~1 m 时即灌筑一次混凝土,直到将直墙灌完。当达到规定强度时,再在直墙上立模灌筑靠线路侧有悬臂的边墙。为了防止悬臂部分混凝土自重推动排架产生变形或混凝土开裂,灌筑前,利用预埋在直墙中的铅丝将内侧排架(间距 1 m)的立柱捆扎固定,再立外侧支撑排架(间距 1 m),然后架型钢支承架,使其位置正确稳固后,再在上面铺设模型板。立排架时须注意:为防止悬臂端部分出现低头,型钢支承排架一般宜提高 30~50 mm 作预留沉落量,外侧排架顶部使其向内倾斜 10~20 mm。悬臂墙顺线路方向灌筑长度以 2~3 m 为宜。

③内悬臂支点的施工。若内悬臂(靠山侧的悬臂叫内悬臂,靠线路侧的悬臂叫外悬臂)支点落不到原山体基岩上,应用浆砌片石做一支顶墙,墙基置于坚硬的基岩上;若内悬臂支点能置于原山体基岩上,则可不砌支顶墙。顺线路方向纵向每隔 1 m(同在一个位置)须设两根固定锚杆拉住内悬臂,其中一根锚杆垂直固定于山体和混凝土悬臂中,另一根锚杆水平固定于山体和混凝土中。

④悬臂板的施工。悬臂式明洞的悬臂板,应在悬臂墙身和内悬臂支点施工完成达到一定强度后,才能施工。分段长度,顺线路方向 2~3 m,横向应一次灌筑完成,以保证其整体性。

走廊式明洞只有悬臂部分有钢筋，形状成 U 形，其支撑形式是一座半节屋架式支撑。悬臂灌筑后，待混凝土强度达到 70% 时，才能在其上灌筑混凝土。悬臂完成后，在内悬臂顶的末端浆砌一纵向排水沟，高 2.4 m 左右，截排山坡上的地表水，以及起到悬臂的平衡锤作用。

（3）棚洞施工注意事项。

①同一榀刚架的立柱基础，应设置在地层弹性系数和承载力大致相同的岩层上，以免产生不均匀沉陷而增大刚架内力。

②一榀刚架纵梁的圬工应一次灌筑完毕，不得留工作缝，纵梁与立柱的工作缝可设在托梁下端。

③两榀刚架连接处，或刚架与其他建筑物如明洞或隧道相接处，应设宽 20 mm 伸缩缝，以沥青油毛毡填充，以免因刚架伸缩而断裂。

④墙式棚洞外侧边墙设计若未考虑外加土压力，则墙后不得有弃土堆积。

⑤在就地灌筑立柱、纵梁、横顶梁、纵撑、横撑和边墙顶帽及安装支座镀锌钢板时，应力求各构件尺寸准确，位置端正，连接牢固。

⑥采用就地灌筑整体式 T 形梁时，每一组长度应按设计要求，每组之间应设置 10 mm 宽的伸缩缝，缝中填以沥青油毛毡。

⑦采用装配式 T 形顶梁时，每片顶梁间填以沥青麻筋或沥青油毛毡。T 形梁支座与内边墙顶帽间的空隙应用水泥砂浆填塞紧密，以免顶梁横向移动，加大外侧支承建筑物的水平力。

⑧施工时，横向拉杆的锚杆及锚杆式内边墙的锚杆均应做拉拔试验，以检查其拉力是否能满足设计要求。

⑨各类棚洞的钢筋混凝土盖板梁宜预制，用吊装法架设。墙顶支座槽应用水泥砂浆填塞紧密。

⑩T 形梁支座石棉垫缺乏时，可用沥青油毛毡代替。

⑪棚洞盖板顶面设甲种防水层（由氯化聚乙烯防火卷材和聚氨酯防水涂料共同构成），内边墙顶的浆砌片石部分及洞门墙背设丙种防水层（由聚氨酯防水涂料构成），棚顶防水层用水泥砂浆作垫层，横向做成 2% 的泄水坡。纵撑、横撑及立柱与土壤接触面均须涂两层沥青。

⑫棚洞顶部做好防水层后，必须及时回填，以免坍方落石砸坏顶梁。黏土隔水层可根据降雨量，填土的透水性及黏土的来源情况确定，必要时可改用砂黏土、铺草皮或其他代替品材料。

棚洞底部一般不铺底，若个别工点须铺底时，则按要求加设。

2.6　质量标准

2.6.1　明洞衬砌

（1）衬砌混凝土密实，每延米的隧道衬砌面积中，砼表面蜂窝、麻面和气泡面积不超过 0.5%；深度超过 10 mm 时应处理。

（2）衬砌结构轮廓线平顺美观，混凝土颜色均匀一致。

（3）衬砌施工缝无错台，衬砌表面无裂缝。

(4)明洞衬砌施工质量检查标准见表 2-4。

表 2-4　明洞衬砌混凝土质量检查项目与标准

项次	检查项目	规定值或允许偏差	检查方法和频率
1	混凝土强度/MPa	在合格标准内	满足《混凝土强度检验评定标准》(GBT_50107—2010)要求
2	混凝土厚度/mm	不小于设计	尺量或地质雷达:每20 m检查一个断面,每个断面自拱顶起每3 m检查1点
3	混凝土平整度/mm	20	2 m直尺:每10 m每侧检查2处

2.6.2　明洞回填

(1)明洞拱背回填土的厚度应满足设计要求,且须对称、分层夯实,每层厚度不大于0.3 m;其两侧回填的土面差不得大于0.5 m,回填至拱顶应填满,并分层向上填筑。

(2)明洞墙背回填:自墙顶起坡开挖者,墙背超挖回填与边墙圬工同等级,并一次灌筑,超挖较大部位用浆砌片石回填;自墙底起坡开挖者或在已成路堑增建的明洞,墙背回填,应符合设计要求。

(3)明洞回填施工质量检查标准见表 2-5。

表 2-5　明洞回填质量检查项目与标准

项次	检查项目	规定值或允许偏差	检查方法和频率
1	回填层厚/mm	≤300	尺量:回填一层检查一次,每次每侧检查5点
2	两侧回填高差/mm	≤500	水准仪:每层测3次
3	坡度	不大于设计	尺量:检查3处
4	回填压实质量	符合设计要求	层厚及碾压遍数

2.7　成品保护

(1)洞顶上方两侧边坡开挖完成后,应尽早采取加固防护措施,避免暴雨冲刷造成坍塌。

(2)在已浇注的拱部(或棚洞顶板)混凝土未达到设计强度的70%以前,不得在其上踩踏或进行后续施工操作。

(3)在拆除端头模板时不得强力拆除,以免损坏结构端头棱角或清水混凝土面。

(4)顶部回填完成后,应及时砌筑洞顶排水沟和绿化植草。

2.8　安全环保措施

2.8.1　安全措施

(1)洞顶上方两侧边坡开挖时,现场要设置专职安全员,负责调度施工人员、开挖机械和弃土车辆。

(2)机械操作工必须持证上岗,专人专岗,且不得疲劳操作。

(3)使用振动器振捣混凝土时,必须戴安全绝缘手套并穿胶靴。

(4)高压电线下施工作业时必须满足安全距离。

2.8.2　环保措施

(1)混凝土搅拌机前台应设置清洗排水沟、沉淀池,废水经沉淀后方可排入排水沟。

(2)搅拌机、空压机、发电机等强躁声机械应安装在工作棚内,工作棚四周应尽量围挡。

(3)所用各种机械设备应经常进行检修,防止带故障作业、噪音增大。

(4)水泥和其他易飞扬的细颗粒散体材料,应安排在库内存放或严密遮盖,运输水泥和其他易飞扬的细颗粒散体材料和建筑垃圾时,必须封闭、包扎、覆盖,不得沿途泄漏遗洒。

2.9　质量记录

(1)明洞两侧边坡防护措施隐蔽工程检查记录。

(2)建筑材料质量抽查记录。

(3)明洞衬砌施工质量检查记录。

(4)明洞防排水施工质量记录。

(5)明洞回填施工质量记录。

(6)工序质量评定表。

3 洞身开挖施工工艺标准

3.1 总则

3.1.1 适用范围

本标准适用于采用钻爆法施工的山岭交通隧道和城市交通隧道。

3.1.2 编制参考标准及规范

(1)公路工程技术标准(JTG B01—2014)。

(2)公路勘测规程(JTG C10—2007)。

(3)公路隧道施工技术细则(JTG F60—2009)。

(4)公路工程施工安全技术规范(JTG F90—2015)

(5)公路工程质量检验评定标准(JTG F80/1—2017)。

3.2 术语

3.2.1 全断面法

全断面法的全称为"全断面一次开挖法",这是一种将隧道整个设计断面一次爆破成形的方法。全断面法原则上适用于Ⅰ~Ⅲ级围岩地段的公路隧道,必须具备大型施工机械施工,隧道长度或施工区段长度不宜太短,否则采用大型机械化施工的经济性差,根据经验,这个长度不宜小于1 km。

全断面法的优点是:工序少,相互干扰少,便于组织施工和管理;工作空间大,便于开展大型机械化施工;开挖一次成形,对围岩的扰动次数少,有利于围岩的稳定;施工进度快,这是钻爆法中施工进度最快的方法。

3.2.2 长台阶法

长台阶法是将隧道断面分成2~3个台阶分别进行开挖的方法。长台阶法是隧道掘进施工中适用性最广的方法,随着台阶长度的调整,它适用于Ⅰ~Ⅲ级围岩地段隧道施工,是在现场使用的主导方法之一。

3.2.3 短台阶法

短台阶法适用于Ⅲ～Ⅴ级围岩，台阶长度 10～15 m，上台阶一般采用小药量的松动爆破，出渣采用人工或小型机械转运至下台阶。

3.2.4 超短台阶法

超短台阶法是断面开挖的一种变异形式，适用于Ⅴ～Ⅵ级围岩，一般台阶长度 3～5 m。采用该法施工，由于上、下台阶断面相距较近，机械集中，作业相互干扰，生产效率低。

3.2.5 环形开挖留核心土法

环形开挖留核心土法又称为"台阶分部开挖法"。它将断面分为环形拱部、上部核心土、下部台阶等三部分开挖。根据断面的大小，环形拱部又可分成几块交替开挖。这种方法适用于一般土质或易坍塌的Ⅴ级软弱围岩。

3.2.6 单侧壁导坑法

单侧壁导坑法开挖时，将断面分成侧壁导坑、上台阶及下台阶，逐一进行。单侧壁导坑法通过形成闭合支护的侧导坑将隧道断面的跨度一分为二，有效地避免了大跨度开挖造成的不利影响，明显地提高了围岩的稳定性，这是它的主要优点。但因为要施工做侧壁导坑的内侧支护，随后又要拆除，因而会使工程造价增加。单侧壁导坑法适用于断面跨度大，地表沉陷难于控制的软弱松散围岩。

3.2.7 双侧壁导坑法

双侧壁导坑法又称眼镜工法。这种方法一般是将断面分成四块，即左、右侧壁导坑、上部核心土、下台阶。在软弱围岩中，当隧道跨度更大(如三车道公路隧道等)，或因环境要求，对地表沉陷须严格控制时，可考虑采用双侧壁导坑法。现场实测表明，双侧壁导坑法所引起的地表沉陷仅为短台阶法的1/2。

双侧壁导坑法虽然开挖断面分块多一点，对围岩的扰动次数增加，且初期支护全断面闭合的时间延长，但每个分块都是在开挖后立即各自闭合的，所以在施工期间变形几乎不发展。该方法施工安全，但进度慢，成本高。

3.2.8 中隔墙法

中隔墙法简称CD法。这种方法的特点是变大跨为小跨，从而有效地增加隧道的稳定性，避免洞壁坍塌。特别适用于软弱地层的施工，如膨胀土地层，对控制地表沉陷有很好的效果。

3.2.9 交叉中隔墙法

交叉中隔墙法简称CRD法，具体步骤类似于CD法，唯一不同的是增加了横向的中隔墙，因而更进一步提高了隧道的稳定性。这种方法的特点是变大跨为小跨，从而有效地增加隧道的稳定性，避免洞壁坍塌。特别适用于软弱地层的施工，如膨胀土地层，对控制地表沉陷有很好的效果。

3.3 施工准备

3.3.1 技术准备

(1)进行隧道施工场地的布置,并绘制施工场地布置图,主要内容有:

①弃渣场地位置和范围。

②轨道运输的卸渣线、编组线、牵出线和各种作业线的布置(有轨运输方式)。

③运输道路、场内道路和其他运输设施的位置。

④大型机械设备的组装场地。

⑤各种材料的存放场地及回收材料的堆放位置。

⑥各种机械设备停放场地、加工场、仓库、工棚、宿舍、办公用房以及医疗等房屋的位置。

⑦通风、供水、供电、通信等设施的布置。

⑧场内临时排水系统的位置。

(2)施工人员必须熟悉隧道的工程地质与水文地质状况。对设计图纸、资料等进行现场核对,并做补充调查,调查核对隧道所处的位置、地形、地貌、工程地质和水文地质、钻探图表,以及隧道位置和其他相关工程的情况。

(3)应结合项目的具体情况、工期要求、施工队伍、机械设备、施工中的现场监控量测等因素,正确选定施工方案,制定施工顺序,编制实施性施工组织设计。

(4)应根据设计图纸,对施工方法、施工工艺、工序安排、劳力组织、机械设备、材料供应、场地布置、监控量测、进度安排、供水、排水、供电、通风、通信和装渣运输方案,以及采用有关安全、质量、技术措施等的规章制度,做出合理计划并提出组织措施和充分预计可能出现的问题和对策。

(5)将上述选定的施工方案、实施性施工组织设计和必要的图表资料送监理工程师审批。

(6)根据批准的施工方案和实施性施工组织设计,合理安排工序进度,循环作业,并做好机具选型配套工作和材料的供应保障工作,使施工按预定的计划进行。

3.3.2 材料准备

(1)开挖爆破器材:炸药、导爆管、非电雷管(毫秒级)。

3.3.3 主要机具

(1)机械:凿岩机(或凿岩台车)、空压机、轴流风机、装载机、铲车、自卸卡车等。

(2)工具:铁锹(尖、平头两种)、风镐、一齿锄、钢卷尺等。

(3)测量仪器:经纬仪、水准仪。

3.3.4　作业条件

(1)隧道施工场地已布置妥当。

(2)施工方案已经由监理工程师批准。

(3)弃渣场地已安排妥当。

(4)隧道轴线桩、平面控制三角网基点桩、标高控制的水准基桩已设置好,并进行了详细的测量,已精确检查和核对。

3.3.5　劳动力组织

隧道洞身开挖施工劳动力组织见表3-1。

表3-1　隧道洞身开挖施工劳动力组织

工种	人数	工作地点	职责范围
施工队长	1	整个施工现场	负责跟班组织施工管理工作、协助总指挥工作等
工班长	2	钻眼、爆破1人 初期支护1人	负责跟班组织施工,协调各工种交叉作业等
技术员	1	整个施工现场	负责跟班解决施工中的技术问题、编写技术措施等
全员	1	整个施工现场	负责跟班检查安全措施、安全措施的执行情况及安全教育工作,对安全生产负责
质量检查员	1	整个施工现场	负责跟班检查工程质量,各工种交接及质量保证措施的执行情况,对工程质量负责
测量工	2	隧道内与掌子面	负责隧道掌子面炮眼布置、隧道中线、高程等控制测量
钻眼机械操作工	25	隧道掌子面	负责打炮眼、装药、连线爆破;找顶、打锚杆眼、装锚杆
支撑操作工	8	隧道掌子面	负责隧道掌子面挂钢筋网、设置钢支撑
喷射混凝土操作工	6	隧道掌子面	负责喷射混凝土的拌和、喷射等工作
空压机操作工	2	空压机房	负责打眼和喷射混凝土时的压缩空气供应,空压机的操作控制及保养维修
铲车司机	1	隧道掌子面	负责隧道弃渣装车
自卸卡车司机	6	弃渣场地至隧道掌子面	负责隧道弃渣运输
电工	2	整个施工现场	负责现场动力、照明、通信等电器系统的维修保护
混凝土试验工	1	现场、实验室	负责喷射混凝土强度、水泥等材质的试验工作
机械工	1	平台上、下	机械维修保养
材料员	1	材料仓库	负责现场材料供应及管理
杂工	2	整个施工现场	负责混凝土及支撑杆、钢筋、埋件的捆绑、吊运及现场清理等
总计	63		

注:此表为一个作业班施工配备人员,未计后勤、行政等人员。

3.4 工艺设计和控制要求

3.4.1 技术要求

(1)总体要求。

①施工方法应采用新奥法,并根据施工中具体情况的变化,可及时改变施工方法,但都必须报请监理工程师批准。

②应根据批准的施工方案,以现代化施工技术合理的安排工序,科学的组织隧道施工,以保证合格的施工质量和合理的进度。

③应安排好施工过程的测量,以保证隧道按设计方向和坡度施工,使开挖断面符合图纸所示尺寸,尽量做到不欠挖不超挖。

④洞内应每隔50 m设置一个水准点。

⑤在施工过程中,应根据对开挖面的直接观察、围岩变形的测量结果,辅以地质超前预报,结合岩层构造、岩性及地下水情况,提出围岩分类的修改意见,并判定坑道围岩的稳定性,提出相应的处理措施,报请监理工程师批准。

⑥图纸中示出或在施工中了解到隧道将通过煤层或煤系地层时,还应遵循《煤矿安全规程(试行)》的有关规定。

(2)施工方法选择。选择隧道施工方法时,应考虑以下方面的因素:

①工程地质和水文地质条件。

②施工技术条件和机械装备状况。

③工期的重要性。

④工程投资。

⑤对周围环境保护的要求。

(3)开挖要求。

①在开挖的进程中应考虑按有利于围岩稳定的施工方法进行。

②为了最大限度的利用围岩自承能力,必须采用减少围岩扰动的方法进行洞身开挖。各类围岩的开挖方法参见《公路隧道施工技术规范》(JTJ042—94)第6.2节的有关规定。

③洞身开挖断面尺寸应符合图纸要求,边沟、电缆沟及边墙基础也同时开挖,所有开挖应按图纸标明的开挖线进行施工,并一次挖够。在开挖过程中,应随时测定隧道轴线位置和标高。预留洞室在施工前应与图纸进行核对,确保洞室的数量与位置正确。

④严格控制断面的超、欠挖。

⑤采用台阶法施工时,台阶不易分层过多,上下台阶之间的距离应能满足机具正常作业,并减少翻渣工作量;当顶部围岩破碎,施工支护须紧跟时,可适当延长台阶长度,减少施工干扰。

⑥当两相对掘进工作面接近打通时,两端施工应加强联系,统一指挥。当两工作面距离剩下15 m时,由监理工程师指定一施工单位单向掘进贯通。

⑦浅埋隧道开挖时应严格控制地表沉陷,减小循环开挖进尺和防止塌方。为此,应根据具体情况,采取适当措施,例如:

（a）施工中为减少对围岩扰动，宜采用单臂掘进机或风镐开挖。爆破开挖时应遵循"短进尺、强支护、弱爆破、勤观测"的原则。

（b）应加强对拱脚的处理，安设拱脚锚杆。

（c）及时施做仰拱或临时仰拱。

（d）若初期支护变形过大，又不宜加固时，可对洞周2～3 m内进行系统深孔岩石注浆。

（e）在Ⅴ级以下软弱破碎围岩或有涌水时，应采用预注浆，或从地表安设地层锚杆，或洞内环形固结注浆，或采用管棚法加固地层。

（f）应加强地表下沉、拱顶下沉的量测及反馈以指导施工。

（4）隧道开挖掘进中出现异常现象时，可采取表3-2所列对应措施进行处理。

表3-2　施工中的现象及其处理措施

施工中现象	措施一[①]	措施二[②]
净空位移量增大，位移速度加快，围岩出现不稳定状态	1.缩短掘进长度 2.向正面或隧底喷射混凝土，以封闭支护	1.缩小开挖断面，改变施工方法 2.预支护围岩（打超前导管等） 3.必要时设置钢支撑
开挖面顶部出现掉块	立即施喷混凝土和打锚杆	1.加钢支撑 2.预支护围岩 3.改变施工方法
开挖面出现涌水或涌水量增加	1.加速混凝土硬化（增加速凝剂等） 2.喷射混凝土前做好排水 3.设置钢筋网，或将钢筋网格加密	1.加强排水措施（井点降水等） 2.注浆止水 3.改变施工方法
地基承载力不足，下沉增大。或产生底鼓	1.加厚底脚处的喷射混凝土，增加支撑面积。 2.尽快形成闭合支护	1.缩短掘进长度 2.预加固地层 3.改变施工方法
喷混凝土层出现明显裂缝、脱离甚至塌落	开挖后尽快喷射混凝土，并适当加厚喷层，或封闭支护	1.挂钢筋网 2.打局部锚杆 3.设置系统锚杆
锚杆轴力增大，垫板松弛或锚杆断裂	1.增补锚杆（根数、直径、密度） 2.改变锚杆型号或类型（如将砂浆锚杆改为中空锚杆）	1.缩短掘进长度，尽快闭合支护 2.改变施工方法

注：①指进行比较简单的改变就可解决问题的措施；②指包括需要改变支护方法等比较大的变动才能解决问题的措施。

3.4.2　材料质量要求

（1）隧道爆破中使用的炸药，应满足爆炸威力大、使用安全、产生有毒气体少的质量要求。

（2）隧道爆破用的炸药，标准药卷规格为外径φ32 mm，装药净重150 g，长度200 mm。另外常用的药卷直径型号还有 φ22 mm，φ25 mm，φ35 mm，φ40 mm 等，长度为165～500 mm，可按爆破设计的装药结构和用药量来选择使用。

3.4.3　职业健康安全要求

（1）洞内空气中含氧量不得少于 20%，并保证洞内施工人员每人有 3 m³/min 的新鲜空气，如洞内采用内燃机械作业时，1 km 供风量不宜小于 3 m³/min。

（2）粉尘最高容许浓度，如 1 m³ 空气中含有 10% 以上游离二氧化硅的粉尘为 2 mg。

（3）有害气体最高容许浓度为：一氧化碳最高容许浓度为 30 mg/m³。在特殊情况下，施工人员必须进入工作面时，浓度可为 100 mg/m³，但工作时间不得超过 30 min；二氧化碳按体积计不得大于 0.5%；氮氧化物（换算成 NO_2）为 5 mg/m³ 以下。

（4）洞内气温不得超过 28℃；噪音不得大于 90 dB。

（5）工作人员应戴防尘口罩，防止粉尘吸入体内。

3.4.4　环境要求

（1）打炮眼时应采用湿式凿岩，用高压水冲洗孔眼使岩粉变成浆液流出。

（2）在主要作业（钻眼、装渣等）时间内，应始终开动风机保持通风，降低洞内粉尘和有害气体的浓度。

（3）工作面作业人员在装渣前要先行洒水，冲洗工作面附近的岩壁，以防止粉尘扬起，并溶解少量有害气体，并能降低坑道内温度。

3.5　施工工艺

3.5.1　全断面法施工工艺

1. 施工流程

全断面开挖法施工工艺流程见图 3-1。

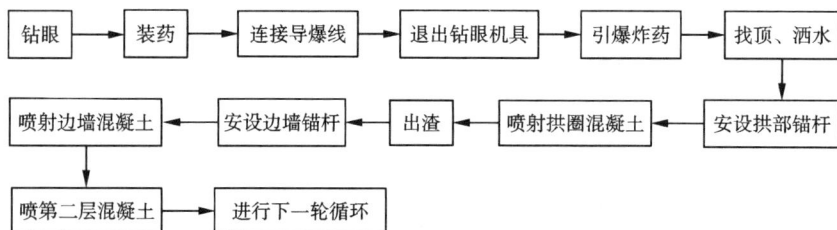

图 3-1　全断面开挖法施工工艺流程图

2. 操作工艺

全断面法的横断面工序图和纵断面工序图见图 3-2。其施工顺序如下：

①用钻孔台车钻眼，然后装药、连接导爆线。

②退出钻孔台车，引爆炸药，开挖出整个隧道断面。

③排除危石（俗称"敲帮问顶"）。

④喷射拱圈混凝土，必要时安设拱部锚杆。

⑤用装渣机将石渣装入运输车辆，运出洞外。

⑥喷射边墙混凝土，必要时安设边墙锚杆。

⑦根据需要可喷第二层混凝土和隧道底部混凝土。

⑧开始下一轮循环。

图 3-2 全断面施工方法（单位：m）

⑨围岩稳定时，可在放炮排除危石后，先进行出渣，然后全断面一次性进行锚杆、喷射混凝土支护作业。

根据围岩稳定程度亦可不设锚杆或仅局部设锚杆，一般应先施做拱部初期支护，以防止应力集中而造成的围岩松动剥落，而且这样也比较方便施工，工人可以站在渣堆上作业。待拱部初期支护基本处理完后，再出渣，就可以清理出边墙及隧底的工作空间以进行相应的初期支护。

隧道机械化施工有三条主要作业线，即开挖作业线、锚喷作业线和模注混凝土衬砌作业线。它们所采用的大型机械设备主要有：

①开挖作业线：钻孔台车、装药台车、装载机配合自卸汽车（无轨运输时）、装渣机配合矿车或梭式矿车及电瓶车或内燃机车（有轨运输时）。

②锚喷作业线：混凝土喷射机、混凝土喷射机械手、锚喷作业平台、进料运输设备及锚杆注浆设备。

③模注混凝土衬砌作业线：混凝土拌和工厂、混凝土输送车及输送泵、施做防水层作业平台、衬砌模板台车。

采用全断面法应注意：随时掌握开挖面前方的地质情况，随时准备好应急措施（包括改变施工方法等），以确保施工安全；加强对施工人员的技术培训，各种施工机械设备务求配套，以充分发挥机械设备和施工的效率。

3.5.2 长台阶法施工工艺

1. 工艺流程

长台阶法施工工艺流程见图 3-3。

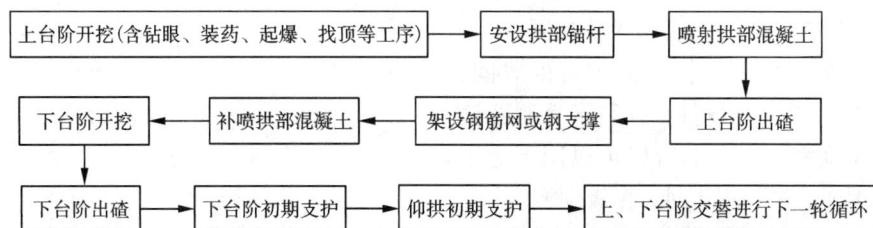

图 3-3 长台阶法施工工艺流程图

2. 操作工艺

如图 3-4 所示，上、下开挖断面相距较远，因台阶较长，可在上台阶采用中型机械施工

（如一臂或二臂钻孔台车），但应注意台阶长
度须满足机械退避的安全距离，一般上台阶
超前 50 m 以上，或大于 5 倍洞宽。施工时，
上、下部可配备同类机械进行平行作业。当机
械不足时也可用一套机械设备交替作业，即在
上半断面开挖一个段长长度，然后再在下断面
开挖一个段长长度。当隧道长度较短时，亦可
先将上半断面全部挖通后，再进行下半断面施工。

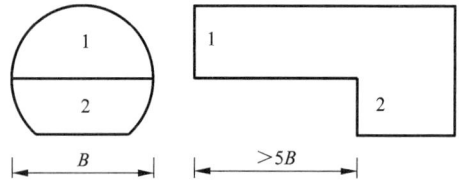

图 3-4　长台阶法开挖示意图

　　相对于全断面法，长台阶法一次开挖的断面较小，有利于开挖面的稳定。它的适用范围
较全断面法广泛，当全断面法缺乏大型机械，或者短隧道施工调用大型机械不经济时，都可
考虑改用长台阶法，建议配备中型钻孔台车施工以充分发挥施工效率。长台阶法一般用于Ⅰ
～Ⅲ级围岩的隧道。

3.5.3　短台阶法施工工艺

1. 工艺流程

短台阶开挖法施工工艺流程见图 3-5。

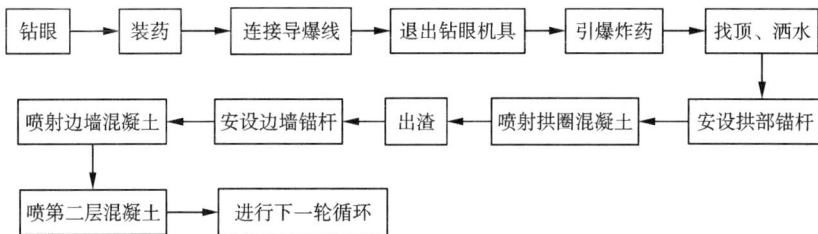

图 3-5　短台阶开挖法施工工艺流程图

2. 操作工艺

　　如图 3-6 所示，上下两个断面相距较
近，一般上台阶长度小于 5 倍洞宽，但应大
于 1～1.5 倍洞宽。上下断面基本上可以采用
平行作业，其作业顺序和长台阶法相同。

　　短台阶法能缩短支护结构闭合的时间，
改善初期支护的受力条件，有利于控制隧道
变形收敛速度和变形值，所以可以用于稳定
性较差的围岩，主要用于Ⅲ、Ⅳ级围岩。

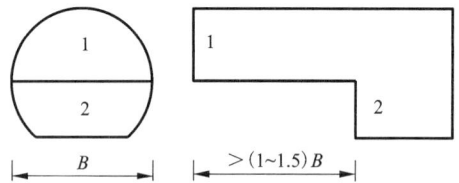

图 3-6　短台阶法开挖示意图

　　短台阶法的缺点是因为上台阶的长度有限，故出渣时对下半断面施工的干扰较大，不能
全部平行作业。为解决这种干扰，可采用长皮带机运输上台阶的石渣；在断面较大的隧道
中，还可设置由上半断面过渡到下半断面的坡道，将上台阶的石渣直接装车运出。过渡坡道
的位置可设在中间，亦可交替地设在两侧。

　　采用短台阶法时应注意：初期支护全断面闭合一般应在距开挖面30 m以内完成，或在上

半断面开挖后的 30 d 内完成，拖延过久会影响围岩的稳定性。当初期支护变形、下沉显著时，要提前闭合。台阶的长度应在满足围岩稳定性要求的前提下，尽量保证施工机械开展正常的工作，如果二者有矛盾，则应以确保围岩稳定为重，而适当考虑降低机械化的程度。

3.5.4 超短台阶法施工工艺

1. 工艺流程

超短台阶法施工工艺流程见图 3-7。

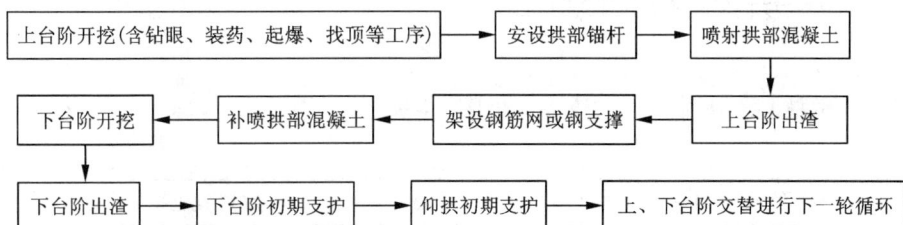

图 3-7 超短台阶法施工工艺流程图

2. 操作工艺

如图 3-8 所示，这是一种适应于在软弱地层中开挖的施工方法，一般在膨胀性围岩及土质地层中采用。为了尽快形成初期闭合支护以稳定围岩，上下台阶之间的距离进一步缩短，上台阶仅超前 3~5 m。由于上台阶的工作场地小，只能将石渣堆到下台阶再运

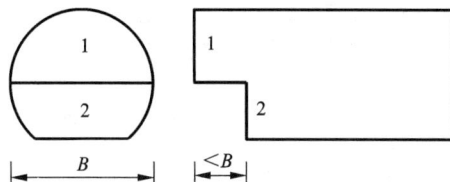

图 3-8 超短台阶法开挖示意图

出，对下台阶会形成严重的干扰，故不能平行作业，只能采用交替作业，因而施工进度会受到很大的影响。由于围岩条件差，初期支护的及时施做很重要，其作业顺序如下：

①用一台停在台阶下的长臂挖掘机或单臂掘进机开挖上半断面至一个进尺。

②安设拱部锚杆、钢筋网或钢支撑，喷拱部混凝土。

③用同一台机械开挖下半断面至一个进尺。

④安设边墙锚杆、钢筋网，接长钢支撑，喷边墙混凝土（必要时加喷拱部混凝土）。

⑤喷仰拱混凝土，必要时设置仰拱钢支撑。

⑥经量测，在初期支护基本稳定后，灌注二次模注混凝土衬砌。

如无大型机械也可采用小型机具交替地在上下部进行开挖。由于上半断面施工作业场地狭小，常常需要配置移动式施工台架，以解决上半断面施工机具的布置问题。

在软弱围岩中采用超短台阶法施工时应特别注意开挖工作面的稳定性，必要时可对围岩采用预加固或预支护措施，如向围岩中注浆或打入超前水平小导管等。

3. 施工要求

在所有台阶法施工中，开挖下半断面时要求做到以下几点：

①下半断面的开挖（又称落底）和封闭应在上半断面初期支护基本稳定后进行，或采取其

他有效措施确保初期支护体系的稳定性。例如,扩大拱脚、打拱脚锚杆、加强纵向连接等,使上部初期支护与围岩形成完整体系;或者,采用单侧落底或双侧交错落底,避免上部初期支护两侧拱脚同时悬空;或者,视围岩状况严格控制落底长度,一般采用1~3 m,并不得大于6 m。但如采取了必要的加强措施后,初期支护仍稳定不下来(这主要可能出现在稳定性很差的围岩中),则可以考虑提前施做二次模注混凝土衬砌,但必须修改参数以加强其支护能力。

②下部边墙开挖后必须立即喷射混凝土,严格按规定施做初期支护。

③量测工作必须及时,以观察拱顶、拱脚和边墙中部位移值,当发现速率增大时,应立即进行底(仰)拱封闭。

3.5.5 环形开挖留核心土法施工工艺

1. 工艺流程

环形开挖留核心土法施工工艺流程详见图3-9。

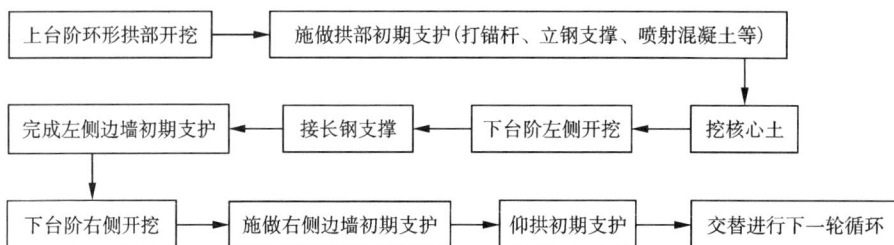

图3-9 环形开挖留核心土法施工工艺流程图

2. 操作工艺

环形开挖留核心土法开挖进尺不宜过长,一般为0.5~1.0 m。上部核心土和下台阶的距离,一般可为1~2倍洞宽,见图3-10。作业顺序如下:

①用人工或单臂掘进机开挖环形拱部(在能不爆破时尽量不爆破,以免扰动围岩)。

②施做拱部初期支护,如架立钢支撑、打锚杆、喷混凝土。

③在拱部初期支护的保护下,挖掘核心土。

④挖掘下台阶,随时接长钢支撑,施做边墙初期支护并封底。

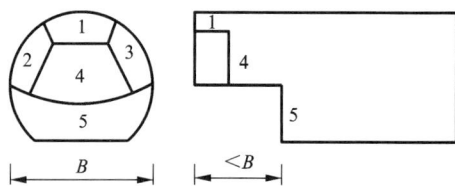

图3-10 环形开挖留核心土法示意图

⑤根据初期支护的变形情况适时施做二次模筑混凝土衬砌。

由于拱部环形开挖高度较小,工作空间有限,一般只能采用短锚杆。而当地层较松软,锚杆不易形成有效支护时,亦可不设锚杆。

环形开挖留核心土法的主要优点是,由于上部留有核心土支挡着开挖面,而且能迅速及时地施做拱部初期支护,所以开挖工作面稳定性好,核心土和下部开挖都是在拱部初期支护保护下进行的,施工安全性好。因为有核心土支护工作面,故台阶的长度可以加长(比超短台阶法的台阶要长,相当于短台阶法的台阶长度),因而减少了上、下台阶的施工干扰,施工速度可加快。

施工应注意的问题有：虽然核心土增强了开挖面的稳定，但开挖中围岩要经受多次扰动，而且断面分块多，支护结构形成全断面封闭的时间长，这些都有可能使围岩变形增大。因此，它常需要结合辅助施工措施对开挖工作面及其前方岩体进行预支护或预加固。

3.5.6 单侧壁导坑法施工工艺

1. 操作工艺

如图 3-11 所示，该法确定侧壁导坑的尺寸很重要，若侧壁导坑尺寸过小，则其分割洞室跨度增加开挖稳定性的作用不明显，且施工机具不方便开展工作；若过大，则导坑本身的稳定性降低，从而需要增强临时支护，而由于大部分临时支护都是要拆掉的，

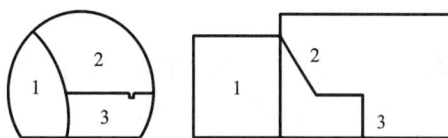

图 3-11 单侧壁导坑法示意图

故导致工程成本增加。一般侧壁导坑的宽度不宜超过 0.5 倍洞宽，高度以到起拱线为宜，这样，导坑可分二次开挖和支护，不需要架设工作平台，人工架立钢支撑也较方便。导坑与台阶的距离没有硬性规定，但一般应以导坑施工和台阶施工不发生干扰为原则。在短隧道中往往先挖通导坑，而后再开挖台阶。上、下台阶的距离则视围岩情况参照短台阶法或超短台阶法拟定。

单侧壁导坑法的施工作业顺序为：

①开挖侧壁导坑，并施做闭合临时支护，可将喷射混凝土、钢筋网、钢支撑及锚杆根据具体需要予以组合，并适当考虑导坑靠 2、3（图 3-11 所示）部的锚杆对它们开挖的不利影响，可酌情不打锚杆，仅以钢支撑和喷混凝土或再加钢筋网支护。

②开挖上台阶，进行拱部初期支护，使其一侧支承在导坑的初期支护上，另一侧支承在下台阶上。

③挖下台阶，进行另一侧边墙的初期支护，并尽快施做底部初期支护，使全断面形成闭合支护。

④拆除导坑临空部分的临时支护。

⑤施做二次模注混凝土衬砌。

单侧壁导坑法通过形成闭合支护的侧导坑将隧道断面的跨度一分为二，有效地避免了大跨度开挖造成的不利影响，明显地提高了围岩的稳定性，这是它的主要优点。但因为要施做侧壁导坑的内侧支护，随后又要拆除，因而会使工程造价增加。单侧壁导坑法适用于断面跨度大，地表沉陷难于控制的软弱松散围岩。

3.5.7 双侧壁导坑法施工工艺

1. 工艺流程

双侧壁导坑法施工工艺流程见图 3-12。

2. 操作工艺

双侧壁导坑法操作工艺，如图 3-13 所示。导坑尺寸拟定的原则同单侧壁导坑法，但宽度不宜超过断面最大跨度的 1/3。左、右侧导坑应错开开挖，以避免在同一断面上同时开挖

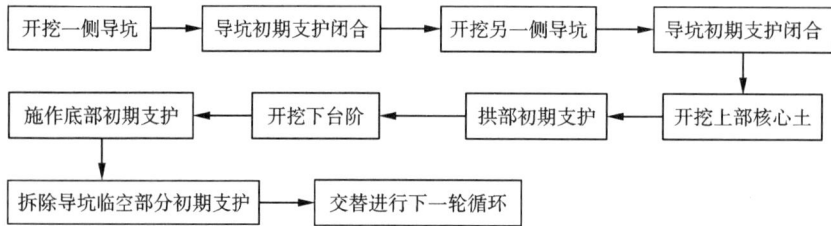

图 3-12 双侧壁导坑法施工工艺流程图

而不利于围岩稳定，错开的距离应根据开挖一侧导坑所引起的围岩应力重分布的影响不致波及另一侧已成导坑的原则确定，亦可以工程类比之，一般取为 7～10 m。双侧壁导坑法施工作业顺序为：

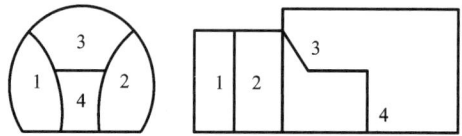

图 3-13 双侧壁导坑法示意图

①开挖一侧导坑，及时将其初期支护闭合。

②两导坑掌子面相隔适当距离后开挖另一侧导坑，并施做初期支护闭合。

③开挖上部核心土，施做拱部初期支护，拱脚支承在两侧壁导坑的初期支护上。

④开挖下台阶，施做底部的初期支护，使初期支护全断面闭合。

⑤拆除导坑临空部分的初期支护。

⑥待隧道收敛位移、拱顶下沉基本稳定后，施做二次模注混凝土衬砌。

3.5.8　中隔墙法施工工艺

1. 工艺流程

工艺流程见图 3-14。

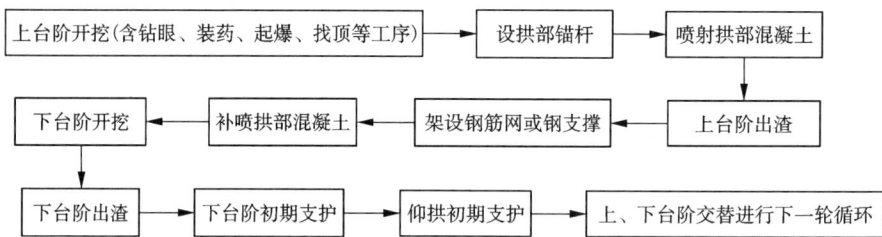

图 3-14　中隔墙法施工工艺流程图

2. 操作工艺

CD 法的具体施工工艺，如图 3-15 所示。施工步骤如下：

①1 部开挖后，除底部外，立即施做初期支护。

②依次开挖 2 部、3 部，从上往下接长中隔墙，并施做仰拱支护，第 3 部支护完毕后，就形成了"蛋"形的半跨支护。

③依次开挖支护 4 部、5 部、6 部，最后拆除中隔墙。

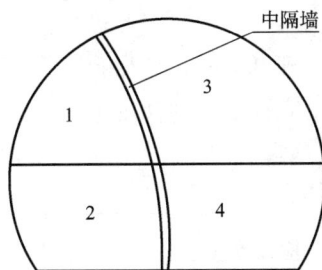

图 3－15　CD 法施工示意图

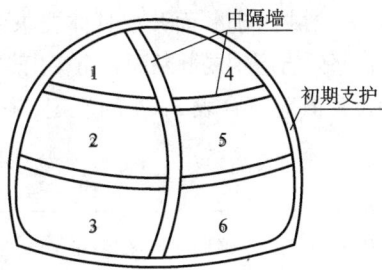

图 3－16　CRD 法施工示意图

3.5.9　交叉中隔墙法施工工艺

1. 工艺流程

交叉中隔墙法施工工艺流程见图 3－16。

2. 操作工艺

CRD 法的施工顺序与 CD 法基本相同。中隔墙采用的构件有格栅钢架或型钢钢架，当需要较大的刚度时，采用型钢。钢架沿隧道纵向的榀间距为 0.5～1.0 m。榀与榀之间用纵向筋（$\phi 20 \sim \phi 22$ mm）连接，以加强结构的空间稳定性。

3.6　质量标准

（1）每次钻眼爆破开挖后，应对开挖断面进行检查，开挖轮廓应满足衬砌要求。

（2）炮眼痕迹保存率应达到：硬岩不少于 80%；中硬岩不少于 70%；软岩不少于 50%，并应在开挖面周边均匀分布。最小允许炮眼痕迹保存率不得小于规定值的 60%，且两茬炮衔接台阶的最大尺寸不得超过 150 mm（大型钻孔台车开挖除外）。

（3）整体式衬砌断面开挖具体要求。

①开挖断面应符合设计要求。

②严格控制开挖断面，不得有欠挖；仅在围岩抗压强度大于 30 MPa，并经监理工程师确认不影响衬砌结构稳定和强度时，岩石个别突出部分（每平方米内不大于 0.1 m²）可侵入衬砌，侵入量不得大于 50 mm；拱墙脚以上 1.0 m 内断面，严禁欠挖。每环衬砌前应做一次检查，并进行记录。

③衬砌断面外的超挖应符合表 3－3 的规定。

表 3－3　隧道断面允许超挖值

开挖部位	硬岩（相当于Ⅰ级围岩）/mm	中硬岩、软岩（相当于Ⅱ～Ⅳ级围岩）/mm	破碎松散岩石及土质［相当于Ⅴ～Ⅵ级围岩（一般不需要爆破开挖）］/mm	检查数量	检查方法
拱部	平均 100 最大 200	平均 150 最大 250	平均 100 最大 150	每 5～10 m 检查一次，衬砌紧跟时，每衬砌前检查一次	量测周边轮廓断面、绘断面图核对
边墙、仰拱、隧底	平均 100	平均 100	平均 100		

（4）复合式衬砌断面开挖具体要求。

①在坚硬岩层中局部断面岩石突出部分，每平方米内不大于 $0.1\ m^2$；侵入断面不大于 50 mm。

②超挖值应符合表 3-4 的规定；衬砌预留补强加固量应符合设计规定。

表 3-4　锚喷衬砌断面允许超挖值

围岩	平均线性超挖/mm	最大超挖/mm	检查数量	检验方法
硬岩	100 ~ 180	200	每 5 ~ 10 m 检查一次	测绘周边轮廓断面核对设计断面图
中硬岩	180 ~ 200	250		
软岩	200 ~ 250	250		

注：1. 平均线性超挖＝超挖面积/开挖断面周长（不包括隧道底部超挖和隧道底部宽度）。

　　2. 最大超挖指最大超挖处至开挖轮廓切线的垂直距离。

③开挖轮廓预留变形量应符合设计要求；设计无规定时，预留变形量不超过表 3-5 参考值。

表 3-5　开挖轮廓预留变形量参考值（三车道）

围岩级别	预留变形量/mm	检查数量	检验方法
Ⅱ	10 ~ 50	每 5 ~ 10 m 检查一次，初期支护紧跟时，锚喷前检查一次	测绘周边轮廓断面核对设计断面图
Ⅲ	50 ~ 80		
Ⅳ	80 ~ 120		
Ⅴ	100 ~ 150		
Ⅵ	现场测量确定		

（5）隧道贯通标准。

①隧道内两相向施工中线在贯通面上的极限误差应符合表 3-6 的规定。

表 3-6　隧道贯通极限误差

级别	两开挖洞口间长度/m	贯通极限误差/mm
横向	< 3000	150
	3000 ~ 6000	200
	> 6000	300
高程	不限	70

②由洞外设置洞口投点桩时，测量误差和洞内支导线放样测量误差引起的贯通面产生的贯通中误差应不大于表 3-7 的规定。

表 3 - 7　贯通中误差

测量部位	两开挖洞口间长度/m			高程中误差 /mm
	<3000	3000～6000	>6000	
	贯通中误差			
洞外	45	60	90	25
洞内	60	80	120	25
全部隧道	75	100	150	35

3.7　成品保护

（1）隧道开挖后应立即对岩面喷射混凝土，以防岩体发生松弛。

（2）对隧道内的轴线桩、平面控制三角网基点桩应有防护和遮盖措施，避免开挖爆破过程造成损坏。

3.8　安全环保措施

3.8.1　安全措施

（1）爆破材料的运输、储存、加工、现场装药、连线、起爆及瞎炮处理，必须遵守《爆破安全规程》（GB 6722—2011）的有关规定。

（2）进行爆破时，人员应撤至受爆破影响范围之外，一般距爆破工作面的距离应不少于200 m。爆破期间，除引爆电路外，所有动力及照明电路均应断开或改移到距爆破点不小于50 m的地点。

（3）当开挖面与衬砌面平行作业时，应根据混凝土强度、围岩特性以及爆破规模等因素确定其距离，一般不宜小于30 m。

（4）爆破后必须立即进行安全检查，查出有未起爆的瞎炮，应按《爆破安全规程》（GB 6722—2011）的有关规定进行处理，确认无误后才能出渣。

（5）坑道中如遇有害气体，所有人员应立即停止工作，并撤至洞外。应采取措施，在确认无危险后，方可继续进洞施工。

（6）施工过程中应对有害气体定时检测、记录，并报监理工程师检查。

（7）凡在有害气体隧道施工，应安装连续监测可燃气体和有害气体的分析仪和报警器，报警器应既能视觉报警，又能听觉报警。

（8）项目负责人应为隧道开挖工作人员提供各种必要的安全工具、安全灯。在可能出现有害气体地区还应提供防毒面具。

3.8.2　环保措施

（1）弃渣装运应按监理工程师批准的方案进行，不得干扰任何施工作业或其他设施。

（2）所有弃渣堆顶面及坡脚处，或与原地面衔接处均应修筑永久排水设施和其他必要的防护工程,以确保地表径流不致冲蚀弃渣堆。并根据有关环保要求和当地地形特点妥善防护。必须避免因弃渣而引起排水不畅、污染水源及因过高堆积而引起明塌崩溃等不良后果。

(3)弃渣区整修后,须经监理工程师验收合格。

(4)项目负责人应对隧道施工中,可能造成地下水流的改变或形成洞顶地表塌陷等产生的影响提出必要的预防措施。

3.9 质量记录

(1)隧道开挖断面进尺检查记录。

(2)隧道掌子面地质状况与地下水状况记录。

(3)隧道开挖断面超、欠挖质量检查记录。

(4)隧道开挖轮廓线与预留沉降量记录。

(5)隧道中线、高程控制网测量质量记录。

(6)隧道贯通误差质量评定表。

4　隧道钻爆作业施工工艺标准

4.1　总则

4.1.1　适用范围

本标准适用于采用钻爆法施工的山岭交通隧道和城市交通隧道。

4.1.2　编制参考标准及规范

(1)公路工程技术标准(JTG B01—2014)。
(2)公路勘测规程(JTG C10—2007)。
(3)公路隧道设计规范(JTG D70—2004)。
(4)公路工程抗震规范(JTG B02—2013)。
(5)公路隧道施工技术细则(JTG F60—2009)。
(6)公路工程质量检验评定标准(JTG F80/1—2017)。
(7)爆破安全规程(GB 6722—2014)。

4.2　术语

4.2.1　临空面

临空面又叫作自由面,指暴露在大气中的开挖面。

4.2.2　最小抵抗线

炮眼药包中心到临空面的最短距离,称为最小抵抗线(W)。

4.2.3　掏槽眼

隧道开挖断面最初爆破时只有一个临空面,为提高爆破效果,先在爆破断面的适当位置(一般在中央偏下部)布置几个让其最先起爆的炮眼(或者是空眼),为邻近炮眼的爆破创造临空面,此类炮眼称为掏槽眼,如图4-1中的1号炮眼。

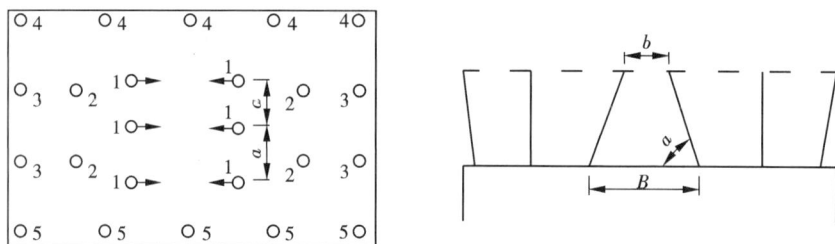

图 4 - 1　炮眼种类及布置

a—炮眼间距；b—炮眼顶面宽；B—炮眼底面宽

4.2.4　周边眼

沿隧道周边布置的炮眼称为周边眼，如图 4 - 1 中的 3、4、5 号炮眼。其作用在于炸出一个合适的爆破轮廓。按其所在位置不同，又可分为帮眼（3 号眼）、顶眼（4 号眼）和底眼（5 号眼）。

4.2.5　辅助眼

位于掏槽炮眼与周边炮眼之间的炮眼称为辅助眼，如图 4 - 1 中的 2 号炮眼。其作用是扩大掏槽炮眼炸出的槽口，为周边炮眼的爆破创造临空面。

4.2.6　光面爆破

光面爆破是通过正确确定周边眼的各爆破参数，使爆破后的围岩断面轮廓整齐，最大限度地减轻爆破对围岩的振动和破坏，尽可能地维持围岩原有完整性和稳定性的爆破技术。光面爆破的起爆顺序为：掏槽眼—辅助眼—周边眼—底板眼。

4.2.7　预裂爆破

预裂爆破实质上是光面爆破的一种，其爆破原理与光面爆破相同，只是分区起爆顺序不同。它是首先起爆周边眼，在其他炮眼未爆破之前先沿着开挖轮廓线预爆破出一条用以反射爆破冲击波的裂缝。预裂爆破的分区起爆顺序为：周边眼—掏槽眼—辅助眼—底板眼。

4.3　施工准备

4.3.1　技术准备

（1）施工人员必须熟悉隧道所处位置工程的地质状况。对设计图纸、资料给出的地质须进行现场核对，必要时作补充调查。

（2）根据地质条件、隧道长度、断面大小、埋置深度及地面环境条件，并综合考虑安全、经济、工期等要求，合理选择隧道开挖方法（见洞身开挖工程施工工艺）。

（3）根据选择的开挖方法确定洞内排水系统和通风方式。

（4）根据选择的开挖方法确定装渣运输方式。

（5）做好技术交底工作，编制不同围岩级别地段的隧道施工组织计划，确定隧道弃渣方案，并报请建设和监理单位审批。

（6）对于有可能出现的不良地质地段，应提出施工处理预案，并经设计、监理、建设单位等会审确认。

（7）设置隧道的水准点、中线点、导线控制点。

4.3.2 材料准备

开挖爆破器材：炸药、导爆管、非电雷管（毫秒级）。

4.3.3 主要机具

（1）机械：凿岩机（或凿岩台车）、空压机、轴流风机、装载机、铲车、自卸卡车等。

（2）工具：铁锹（尖、平头两种）、风镐、一齿锄、钢卷尺等。

（3）测量仪器：经纬仪、水准仪。

4.3.4 作业条件

（1）各级围岩地段的开挖爆破方案已经由监理工程师批准。

（2）爆破器材准备妥当，管理符合有关安全规程要求。

（3）钻眼与运渣机械设备各种施工机具已经到位，操作人员具备上岗资格。

（4）隧道通风机械、空压机、供风与供水管安装调试完毕，试运转正常。

（5）隧道弃渣方案与场地已准备好。

4.3.5 劳动力组织

参见洞身开挖工程施工工艺。

4.4 工艺设计和控制要求

4.4.1 技术要求

1. 基本要求

在进行洞身钻爆施工时应注意以下几点：

（1）掌握掌子面岩性变化、结构面组合及其稳定状态等。

（2）掌握掌子面含水状态或涌水量、涌水压力、涌水的污浊度。

（3）掌握洞内氧气浓度、二氧化碳浓度、可燃性气体浓度和有毒有害气体浓度。

（4）关注已施工区间的围岩及支护的动态表现，特别要关注裂隙、裂缝、错位、挤入等现象的出现和发展。

（5）注意加强地表防、排水工作，减少地表水对隧道施工地段的影响。

2. 开挖作业要求

（1）按设计要求开挖出断面（包括形状、尺寸、表面平整、超欠挖等要求）。

（2）石渣块度（石渣大小）适中，抛掷范围相对集中，便于装渣运输。

（3）钻眼工作量少，掘进速度快，少占作业循环时间，并尽量节省爆破器材。

（4）爆破在充分发挥其能力的前提下，减小对围岩的振动破坏，以保证围岩的稳定。

（5）减少对施工用机具设备及支护结构的破坏，减少对周围环境的破坏。

3．钻爆作业要求

（1）钻爆作业必须按照钻爆设计进行。当开挖条件出现变化时，爆破设计应随围岩条件的变化而做相应改变。

（2）钻炮眼前应绘出开挖断面的中线、水平和断面轮廓，并根据爆破设计标出炮眼的位置，经检查符合设计要求后，方可钻眼。

（3）应采用水湿法钻孔。

（4）炮眼的深度、角度、间距应按设计要求确定，并应符合设计精度要求。

（5）钻眼完毕后，应按炮眼布置图进行检查，并做好记录，经检查合格后，方可装药。

（6）装药前应将炮眼内泥浆、存水及石粉吹洗干净，所有装药的炮眼均应及时堵塞炮泥，周边眼的堵塞长度不宜小于200 mm。采用预裂爆破法时，应从药包顶端起堵塞，不得只在眼口堵塞。

（7）爆破后应设专人负责清帮清顶，同时要对开挖面和未衬砌地段立即进行检查，如察觉可能产生险情时，承包人应采取措施，及时处理。

（8）连拱隧道衬砌断面的开挖爆破属分部开挖作业，应严格遵守"短进尺、弱爆破"的原则，遵守有关"爆破与振动"的作业要求。核心围岩的开挖爆破，不得对已衬砌结构的安全产生影响甚至破坏。

4．装渣与弃渣运输

（1）在隧道施工组织设计中提出的装渣运输方案，应根据断面大小、施工方法、机具设备、运量要求等确定方案，并不断地改进装、运、卸和调车作业，减少干扰，提高运输效率，保证作业安全。

（2）在长大隧道施工中，应建立工程运输调度，根据施工安排编制运输计划，统一指挥，提高运输效率。

（3）装渣应选用在隧道断面内能发挥高效率的机具，装渣能力应与运输车辆的容积相适应。运输方式根据隧道长度、机具设备和施工条件，选用有轨或无轨的运输方式；报请监理工程师批准后，在施工过程中承包人必须严格执行批准的运输方案，切忌二次倒运。

（4）有轨运输与无轨运输的作业要求应符合《公路隧道施工技术规范》（JTG F60—2009）第7.2节的规定。

（5）弃渣装运应按监理工程师批准的方案进行，不得干扰任何施工作业或其他设施。

（6）在弃渣场地的选择上，应考虑卸渣方便、不占良田、不堵塞航道、不污染环境。弃渣区整修后，应经监理工程师验收合格。

4.4.2　材料质量要求

（1）隧道爆破中使用的炸药，应满足爆炸威力大、使用安全、产生有毒气体少的质量要求。

（2）隧道爆破用的炸药，标准药卷规格为外径 ϕ32 mm，装药净重150 g，长度200 mm。

另外，常用的药卷直径型号还有 $\phi22$ mm、$\phi25$ mm]$\phi35$ mm、$\phi40$ mm 等，长度为 165 ~ 500 mm，可按爆破设计的装药结构和用药量来选择使用。

（3）隧道爆破中应尽可能采用塑料导爆管和非电毫秒雷管。

4.4.3 职业健康安全要求

（1）爆破材料的运输、储存、加工、现场装药、连线、起爆及瞎炮处理，必须遵守《爆破安全规程》（GB 6722—2011）的有关规定。

（2）进行爆破时，人员应撤至受爆破影响范围之外，一般距爆破工作面的距离应不少于 200 m。爆破期间，除引爆电路外，所有动力及照明电路均应断开或改移到距爆破点不小于 50 m 的地点。

（3）当开挖面与衬砌面平行作业时，应根据混凝土强度、围岩特性以及爆破规模等因素确定其距离，一般不宜小于 30 m。

（4）爆破后必须立即进行安全检查，查出有未起爆的瞎炮时，应按《爆破安全规程》（GB 6722—2011）的有关规定进行处理，确认无误后才能装渣。

4.4.4 环境要求

（1）坑道中如遇有害气体，所有人员应立即停止工作，并撤至洞外。承包人应采取措施，在确认无危险后，方可继续进洞施工。

（2）应对隧道中的有害气体定时检测、记录，并报监理工程师检查，隧道中有害气体不得超过洞身开挖工程施工工艺4.3的标准。

（3）凡在有害气体隧道施工，应安装连续监测可燃气体和有害气体的分析仪和报警器，报警器应既能视觉报警，又能听觉报警。

（4）隧道工作人员应佩戴各种必要的安全装备。在可能出现有害气体地区还应佩戴防毒面具。

4.5 施工工艺

4.5.1 工艺流程

隧道钻爆作业流程见图4－2。

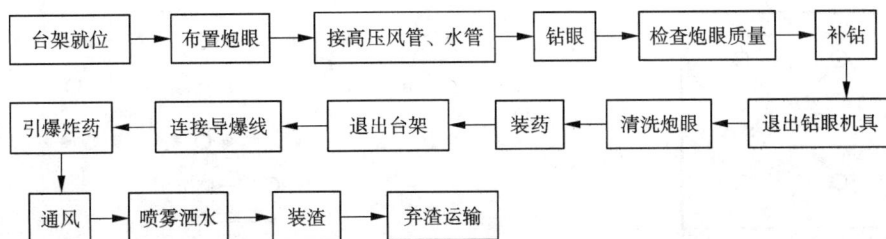

图4－2 隧道钻爆作业流程图

4.5.2 钻眼爆破操作工艺

(1)目前在隧道钻眼作业中,广泛使用的是风动凿岩机(简称风钻)和液压钻孔台车。

(2)掏槽眼的形式。根据施工方法、开挖断面大小、围岩状况和凿岩机具的不同,可将掏槽方式分为斜眼掏槽和直眼掏槽。

①斜眼掏槽。它的种类很多,如锥形掏槽、爬眼掏槽、各种楔形掏槽、单斜式掏槽等。隧道爆破中比较常用的是垂直楔形掏槽和锥形掏槽。

(a)垂直楔形掏槽。掏槽炮眼呈水平对称布置(图4-1),爆破后将炸出楔形槽口。表4-1列出了一些经验值供参考。

表4-1 垂直楔形掏槽炮眼布置参数

围岩级别	$\alpha/(°)$	斜度比	a/mm	b/mm	炮眼个数/个
Ⅰ级	55~70	(1:0.47)~(1:0.37)	300~500	200	6
Ⅱ级	70~75	(1:0.37)~(1:0.27)	500~600	250	6
Ⅲ级	75~80	(1:0.27)~(1:0.18)	600~700	300	4~6
Ⅳ级以上	70~80	(1:0.27)~(1:0.18)	700~800	300	4

注:α—炮眼轴线与开挖面之间的夹角;a—上下两炮眼的间距和同一平面上一对掏槽眼眼底的距离;b—影响此种掏槽爆破效果的重要因素。

(b)锥形掏槽。这种炮眼呈角锥形布置。根据掏槽炮眼数目的不同可分为三角锥、四角锥及五角锥等。图4-3为四角锥掏槽,它常用于受岩层层理、节理、裂隙等影响较大的围岩及竖井的开挖爆破。

②直眼掏槽。所有掏槽炮眼均垂直于开挖面的掏槽形式,称为直眼掏槽。目前多采用大直径(大于100 mm)中空直眼掏槽,利用钻孔台车钻眼。为了保证掏槽炮眼爆炸后岩渣有足够的膨胀空间,一般要求空眼体积为掏槽槽口的2%~10%为宜。常用的直眼掏槽形式有:

(a)柱状掏槽。它是充分利用大直径空眼作为临空孔和岩石破碎后的膨胀空间,使爆破后能形成柱状槽口的掏槽爆破。作为临空孔的空眼数目,视炮眼深度而定,一般当孔眼深度小于3.0 m时取一个;孔眼深度为3.0~3.5 m时,采用双临空孔;孔眼深度为3.5~5.15 m时采用三个孔,如图4-4所示。第一个起爆装药孔离开临空孔的距离应不大于1.5倍临空孔直径D。

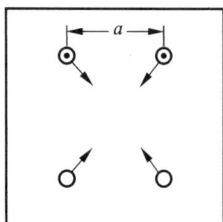

图4-3 锥形掏槽

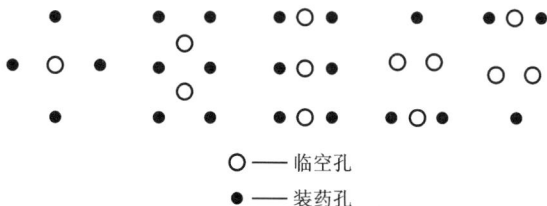

○——临空孔

●——装药孔

图4-4 螺旋形掏槽

（b）螺旋形掏槽。中心眼为空眼，邻近空眼的装药眼与空眼之间距离逐渐加大，其连线呈螺旋形状，如图 4-5 所示。装药眼与空眼之间距离分别为 $a=(1.0\sim1.5)D$；$b=(1.2\sim2.5)D$；$c=(3.0\sim4.0)D$；$d=(4.0\sim6.0)D$。D 为空眼直径，一般不宜小于 100 mm，亦可用 $\phi60\sim\phi70$ mm 的钻头钻成 8 字形双孔。爆破按 1、2、3、4 顺序起爆。

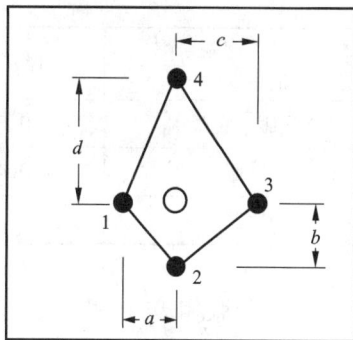

图 4-5 螺旋形掏槽

（3）炸药品种的选择、用量及其分配。炸药品种的选择及用量计算应充分考虑岩石的抗爆破性、炸药的性能和价格，以获得较好的爆破效果和较低的费用。

①炸药品种的选择。炸药的品种有很多，应根据现场实际的岩石情况及各种炸药的性能进行选用。但应注意的是，越脆和韧性越强的岩体，应选用猛度较高、爆速较高的炸药。

②炸药的用量。目前多采取先用体积法计算出一个循环的用药总量，然后按各种类型炮眼的爆破特性进行分配，再在爆破实践中加以检验和修正，直到取得良好的爆破效果为止。用体积法计算用药总量 Q 的公式为：

$$Q = kLS \qquad (4-1)$$

式中：Q 为一个爆破循环的总药量，kg；k 为爆破单位体积岩石的炸药平均消耗量，简称炸药的单耗量，kg/m³；L 为一个爆破循环的掘进进尺，m；S 为开挖断面的面积，m²。

③炸药单耗量 k 值的确定。隧道爆破中实际采用的 k 值通常为 $0.7\sim2.5$ kg/m³，表 4-2 是断面积为 $4\sim20$ m² 的隧道爆破开挖的 k 值表。20 m² 以上的大断面隧道，其 k 值参照有关工程实例选取。

表 4-2 隧道爆破炸药单耗量 k 值（kg/m³）

岩石条件		4~6 m²		7~9 m²		10~12 m²		13~15 m²	16~20 m²
		硝铵炸药	62%胶质炸药	硝铵炸药	62%胶质炸药	硝铵炸药	62%胶质炸药	硝铵炸药	硝铵炸药
岩石等级	软岩（$f<3$）	1.50	1.10	1.30	1.00	1.20	0.90	1.20	1.10
	次坚岩（$f=3\sim6$）	1.80	1.30	1.60	1.25	1.50	1.10	1.40	1.30
	坚石（$f=6\sim10$）	2.30	1.70	2.00	1.60	1.80	1.35	1.70	1.60
	特坚石（$f>10$）	2.90	2.10	2.50	2.50	2.25	1.70	2.10	2.00

注：f 为岩石的硬度系数。

④炸药量的分配。总的炸药量应分配到各个炮孔中去。由于各种炮眼的作用及受到的岩石夹制情况不同，装药数量亦不相同。通常按装药系数 α 进行分配，α 参考表 4-3 取值。

（4）炮眼深度、炮眼直径与炮眼数量。

①炮眼深度 L。炮眼深度应与装渣运输能力相适应，使每个作业班能完成整数个循环，而且使掘进每米隧道消耗的时间最少，炮眼利用率最高。目前较多采用的炮眼深度为 $1.2\sim3.5$ m。目前确定炮眼深度的方法有两种。

表 4 - 3　装药系数 α 值

围岩级别 \ 炮眼名称	IV、V	III	II	I
掏槽眼、底眼	0.5	0.55	0.6	0.65 ~ 0.80
辅助眼	0.4	0.45	0.5	0.55 ~ 0.70
周边眼	0.4	0.45	0.55	0.60 ~ 0.75

（a）采用斜眼掏槽时，炮眼长度受开挖面大小的影响，炮眼深度不宜过大。故最大炮眼深度 L 一般取断面宽度（或高度）B 的 0.5 ~ 0.7 倍。

（b）利用每一掘进循环所要求的进尺数及实际的炮眼利用率来确定，即

$$L = l / \eta \qquad (4 - 2)$$

式中：l 为每掘进循环的计划进尺数，m；η 为炮眼利用率，一般要求不低于 85%。

②炮眼直径 D。必须根据石质、凿岩能力、炸药性能等条件综合考虑，合理选择炮眼直径。

（a）药卷直径 d 的大小应与炮眼直径相匹配，以免发生管道效应，导致药卷拒爆。

（b）实际爆破中，可用不耦合系数 λ 来控制药卷直径 $\lambda = D/d$（它反映了炮眼孔壁与药卷之间的空隙程度），一般应将 λ 值控制在 1.1 ~ 1.4，且要求药卷直径不小于该炸药的临界直径。

（c）实际爆破设计时，对掏槽眼及辅助眼应采用较小的 λ 值，以提高炸药的爆破效率；对周边眼则可采用较大的 λ 值，以减小对围岩的破坏。

③炮眼数量 N。炮眼数量可按下式计算：

$$N = \frac{Q}{q} = \frac{kS}{\alpha \gamma} \qquad (4 - 3)$$

式中：q 为单孔平均装药量，$q = \alpha \gamma L$；α 为装药系数，即装药长度与炮眼全长的比值，随围岩、炮眼级别不同而不同，一般取 $\alpha = 0.5 ~ 0.8$，γ 为每延米药卷的炸药重量，kg/m；2 号岩石硝铵炸药每米重量见表 4 - 4。

表 4 - 4　2 号岩石硝铵炸药每米药卷重量

药卷直径/mm	32	35	38	40	45	50
$\gamma / (\mathrm{kg \cdot m^{-1}})$	0.78	0.96	1.10	1.25	1.59	1.90

（5）炮眼布置。

布置原则：

①将计算出的炮眼数目均匀或大致均匀地分布于开挖面上。

②掏槽眼一般应布置在开挖面中央偏下部位，其深度应比掘进眼深 15 ~ 20 cm。为炸出平整的开挖面，除掏槽和底部炮眼外的所有掘进眼眼底应落在同一个平面上。底部炮眼深度一般与掏槽眼相同或略小。

③掏槽眼槽口尺寸一般为 1.0 ~ 2.5 m²，要与循环进尺、断面大小和掏槽方式相协调。

④辅助眼应由内向外,逐层布置,逐层起爆,逐步接近开挖断面轮廓形状。

⑤周边炮眼应严格按照设计位置布置,断面拐角处应布置炮眼。为满足钻机钻眼需要和减少超欠挖,周边眼设计位置应考虑3%~5%的外插斜率。并应使前后两排炮的衔接台阶高度(即锯齿形的齿高)最小为佳,一般要求为100 mm左右,最大也不应大于150 mm。一般的,对于松软岩层,眼底应落在设计轮廓线上;对于中硬岩及硬岩,眼底应落在设计轮廓线以外100~150 mm。底板眼的眼底一般都落在设计轮廓线以外。

⑥当炮眼深度超过2.5 m时,靠近周边炮眼的内圈炮眼应与周边眼有相同的斜率倾角。

⑦当岩层层理明显时,炮眼方向应尽量垂直于层理面,如节理发育,则炮眼位置应避开节理,以防卡钻和影响爆破效果。

布置方法:

①直线形布眼。将炮眼按垂直方向或水平方向,围绕掏槽开口成直线形逐层排列,简称直线图式布孔,如图4-6所示。这种布孔图式,形式简单并且容易掌握,同排炮眼的最小抵抗线一致,间距一致,前排眼为后排眼创造临空面,爆破效果较好。

②多边形布孔。如图4-7(a)所示,这种布孔形式是围绕着掏槽开口,由里向外将炮孔逐层布置成正方形,长方形或多边形等基本规则的图式。

③弧形布孔。如图4-7(b)所示,顺着拱部弧形轮廓线,把炮孔布置成逐层的弧形图式。此外,还可将开挖面上部炮孔布置成弧形,下部炮孔布置成直线形,以构成混合形布孔图式。

④圆形布孔。当开挖断面为圆形时,可将炮孔围绕断面中心逐层布置成圆形图式。这种布孔图式,多用在圆形隧道、泄水洞以及圆柱形竖井的开挖中。

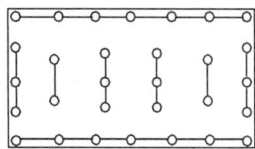

图4-6 直线形布眼

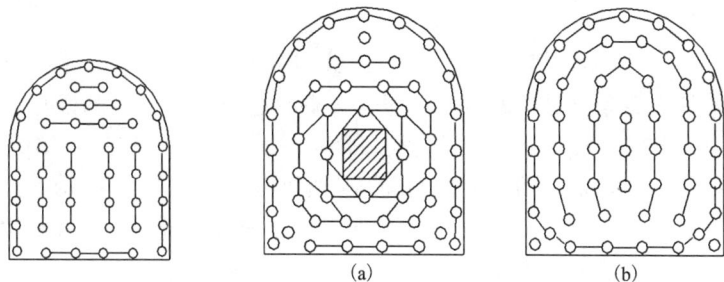

图4-7 多边形及弧形布眼

(6)装药与堵塞。

①按起爆药卷在炮眼中的位置和其中雷管的聚能穴的方向可以分为正向装药和反向装药,按其连续性则可分为连续装药和间隔装药。

②掏槽眼和辅助眼多采用大直径药卷孔底连续装药,周边眼可采用小直径药卷连续装药或大直径药卷间隔装药。

③炮孔装药后需要堵塞,堵塞材料应有较好可塑性、能提供较大摩擦力以及不透气等,常用黏土和砂的混合物制作(1:3的砂和黏土混合物,再加2%~3%的食盐)成炮泥进行堵塞。还可用塑料水袋等作堵塞材料。堵塞长度为1/3的炮眼长度,当眼长小于1.5 m时,堵塞长度须为眼长的1/2左右。

④当炮眼很深时,也可不用堵塞。

(7)周边眼的控制爆破。隧道控制爆破主要指光面爆破和预裂爆破两种方式：

①光面爆破。光面爆破的成功与否主要取决于爆破参数的确定。其主要参数包括：周边炮眼的间距，光面爆破层的厚度，周边炮眼密集系数和装药集中度等。通常是采取简单的计算并结合工程类比加以确定，在初步确定后一般都要在现场爆破实践中加以修正改善。

（a）周边炮眼间距 E。在不偶合装药的前提下，光面爆破应满足炮孔内静压力合力 F 必须小于爆破岩体的极限抗压强度，而大于岩体的极限抗拉强度的条件，如图4−8所示。

$$[\sigma_l] \cdot E \cdot L \leq F \leq [\sigma_c] \cdot d \cdot L$$

即 $$E \leq \frac{[\sigma_c]}{[\sigma_l]} \cdot d = K_i \cdot d \qquad (4-4)$$

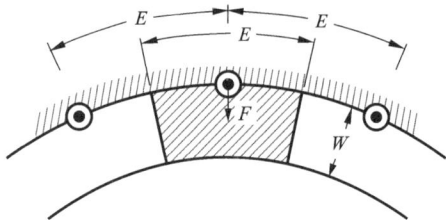

图4−8 周边炮眼布置

式中：$[\sigma_l]$ 为岩体的极限抗拉强度，MPa；$[\sigma_c]$ 为岩体的极限抗压强度，MPa；F 为炮孔内炸药爆炸静压力合力，N；d 为炮孔直径，cm；L 为炮孔深度，cm；K_i 为孔距系数，$K_i = [\sigma_c]/[\sigma_l]$。

一般取 $K_i = 10 \sim 16$。当炮眼直径为 $34 \sim 45$ mm 时，$E = 350 \sim 700$ mm。对于隧道跨度小、围岩坚硬以及节理裂隙发育岩石，宜取偏小些的 E 值，对于软质或完整性好的岩石宜取较大的 E 值。

（b）光面层厚度及炮眼密集系数。光面层就是周边炮眼爆破的那一部分岩层。其厚度就是周边炮眼的最小抵抗线 W。周边炮眼间距 E 与最小抵抗线 W 的比值 k 称为周边炮眼的密集系数，其大小对光面爆破效果有较大的影响。实践表明，光面爆破以 $k = 0.8$ 左右为宜，光面层厚度一般应取 $500 \sim 900$ mm。

（c）装药量。周边炮眼的装药量，通常用线装药密度，即每米长炮眼的装药数量来表示。该数量既能提供足够的破岩能量，又不会造成围岩过度的破坏。通常应根据围岩条件、炸药品种、孔距和光面层厚度等因素综合考虑确定，一般控制在 $0.04 \sim 0.4$ kg/m。

（d）正确的技术措施是获得良好光面爆破效果的重要保证。在光面爆破中，常采用的技术措施有：使用低爆速、低猛度、低密度、传爆性能好、爆炸威力大的炸药；采用不偶合装药结构；严格掌握与周边炮眼相邻的内圈炮眼的爆破效果，周边炮眼应同步起爆；严格控制装药集中度，必要时采用间隔装药结构。为了克服眼底岩石的夹制作用，通常需要在炮眼底部加强装药。

②预裂爆破。预裂爆破的周边眼间距 E、预留内圈岩层厚度、装药量及装药集中度均较光面爆破要小。预裂爆破只要求先在周边眼之间炸出贯通裂缝，即预留光面层，因而单孔装药量可较少，炸药分布比较均匀，对围岩的破坏扰动更小。由于贯通裂缝的存在，使得主体爆破产生的应力波在向围岩传播时受到大量衰减，从而更有效地减少了对围岩的扰动，所以预裂爆破更适用于稳定性较差的软弱破碎岩层中。

(8)起爆方法、起爆顺序及时差。

①起爆方法。在目前的隧道开挖爆破中多采用导爆管系统起爆法。

导爆管起爆系统由导爆管、分流连接装置和终端雷管组成。导爆管起爆系统的传爆元件是导爆管本身，导爆管的接长和传爆的分流则可以使用专门的分流连接元件，也可以利用非电雷管的爆炸来实现。

在隧道爆破中，针对隧道开挖断面较小，炮眼数量多而密集的特点，多采用以集束连接为主的混合连接方式，见图4-9。

集束连接方法，是指把若干根导爆管捆绑在一个非电雷管上，利用雷管爆炸的冲击波来实现分流传爆的方法。根据导爆管传爆和导爆管雷管分流传爆的特性，在非电导爆管起爆系统中，可以实现孔外延期方式起爆。当雷管段数不足，即只有少数几段延期雷管可供使用时，为获得较长的延期时间，可以把段数相同或不相同的若干个雷管串联使用。必须注意的问题是，当先后起爆时

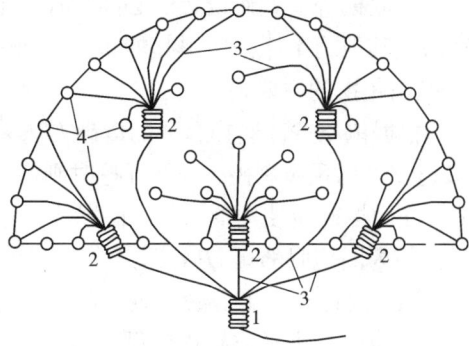

图4-9　导爆管起爆系统
1—引爆雷管；2—导爆雷管与导爆管束连接结
3—导爆管；4—炮孔；

差较大时，有时会破坏后续起爆网路而造成拒爆，需要有相应的防范措施。

②起爆顺序及时差。

除预裂爆破的周边眼是最先起爆外，在一个开挖断面上，起爆顺序是由内向外逐层起爆。这个起爆顺序可以用迟发雷管的不同延期时间（段别）来实现。内圈炮眼先起爆，外圈炮眼后起爆，这个顺序不能颠倒。为了保证内外圈炮眼的先后起爆顺序，常跳段选用毫秒雷管。

各层炮眼之间的起爆时差越小，爆破效果越好。常采用的时差为 40 ~ 200 ms，称为微差爆破。但在深孔爆破时，要将掏槽炮眼与辅助炮眼之间的时差加大，以保证掏槽炮在此时差内将石渣抛出槽口，防止槽口淤塞，为后续辅助炮眼的爆破提供有效的临空面。

同圈眼必须同时起爆，尤其是掏槽眼和周边眼，以保证同圈眼的共同作用效果。

延期时间有孔内控制和孔外控制两种方法。孔内控制是将迟发雷管装入孔内的药卷中来实现微差爆破，这是常用的方法，但装药要求严格。孔外控制是将迟发雷管装在孔外，在孔内药卷装入即发雷管实现微差爆破，这便于装药后进行系统检查，但先爆雷管可能会炸断其他管线，造成瞎炮。由于毫秒雷管段数较多和延期时间精度的提高，现多采用孔内控制微差爆破，而较少采用孔外控制。

若一次爆破孔眼数量较多，雷管段数不够用时，可采用孔内、孔外混合及串联、并联混合网络。

（9）瞎炮处理。

在发生瞎炮后，必须严格按照安全技术规程处理。一般处理方法是：

①引爆。即在瞎炮旁不大于 300 mm 处打一平行炮眼，装药引爆，使瞎炮殉爆。若无打平行炮眼的条件，或炮眼已裂碎、断裂，则可用裸露药包处理。

②用雷管引爆的药包，产生瞎炮后，允许小心地用竹木器具掏出原填炮泥，直至发现药包，然后再装一个起爆药包重新诱爆。

③如因炸药失效，可往炮眼灌入盐水，使炸药完全失效，然后再用竹木器具掏出炸药。

④无堵塞的反向装药结构的炮眼，产生瞎炮后可再装一个起爆药包诱爆。

（10）隧道爆破开挖中的超挖处理。

①超挖包括两部分，一部分是为了修正设计的开挖净空尺寸而设置的必要的外插角和考

虑到测量、立模等误差而设置的必要的加宽值,即所谓的允许超挖值;另一部分是由地质因素、钻爆或其他施工原因所引起的超挖。前一部分应尽量减小,后一部分则应设法避免。

②控制超挖的主要措施有:

(a)根据地质条件选择合适的爆破方法和钻爆参数。一般讲,硬岩隧道宜采用光面爆破,软岩隧道宜采用预裂爆破,分部开挖时则宜采用预留光面层爆破。

(b)光面爆破应使用低密度、低爆速、低猛度、高爆力的炸药。要合理选用起爆雷管段数,掌握好内圈炮眼的爆破效果。

(c)测量放样要正确。必须划出隧道开挖轮廓线和炮孔位置。用激光导向时,拱顶、拱腰、起拱线及路面水平位置均应设置激光点。

(d)加强钻孔技术管理,提高钻孔精度。严格控制开孔位置、外插角和孔底位置。加强钻孔管理,提高钻孔人员素质。

(e)建立健全开挖、测量、爆破质量管理检查制度。严格按照设计标准施工和验收。

4.5.3 装渣与运输操作工艺

装渣运输作业由装渣、运输和卸渣三个环节组成。

(1)装渣作业。

①在选择出渣方式时,应对隧道或开挖断面的大小、围岩的地质条件、一次开挖量、机械配套能力、经济性及工期要求等相关因素综合考虑。

②渣量计算。出渣量应为开挖后的虚渣体积,单循环爆破后石渣量 Z 可按下式计算:

$$Z = R \cdot \Delta \cdot L \cdot S \quad (\mathrm{m}^3) \tag{4-5}$$

式中: R 为岩体松胀系数,见表 4-5; Δ 为超挖系数,视爆破质量而定,一般可取 1.15 ~ 1.25; L 为设计循环进尺,m; S 为开挖断面面积,m^2。

表 4-5 岩体松胀系数 R 值

岩体级别	I	II	III	IV	V		VI	
土石名称	石质	石质	石质	石质	砂夹卵石	硬黏土	黏性土	砂砾
松胀系数 R	1.85	1.8	1.7	1.6	1.35	1.30	1.25	1.15

③装渣方式。目前隧道施工中一般都采用机械装渣,但仍须配备少数人工辅助。

④装渣机械。

(a)装渣机的选择应充分考虑围岩及坑道条件、工作宽度以及运输车辆的匹配和组织,要求外形尺寸小、坚固耐用、操作方便和生产效率高,以充分发挥各自的工作效能,缩短装渣时间。

(b)目前隧道装渣机械多采用铲斗式装渣机。这种装渣机多采用轮胎走行(也有采用履带走行的)。该类装渣机转弯半径小,移动灵活,铲装力强,铲斗容量大,达 0.76 ~ 3.8 m^3,工作能力强,卸渣准确方便,具有装渣效率高,适用性强的特点,通常与大型自卸汽车配套使用。它采用燃油发动机驱动,燃油废气会污染洞内空气,须配备净化器或加强通风。

(2)运输作业。

①目前我国隧道施工的洞内运输(出渣和进料)普遍采用有轨运输和无轨运输两种方式。

②有轨运输是铺设轻型窄轨线路,用专门的出渣车辆装渣,小型机车牵引,适用于长大(3 km 以上)隧道的施工。无轨运输则多采用自卸汽车运输,适用于全断面、半断面等大断面开挖隧道的出渣运输。

③有轨运输。

(a)运输车辆:有轨运输较普遍采用的出渣车辆有斗车、梭式矿车和槽式列车等。

(b)牵引机车:隧道施工常用的牵引机车为蓄电池电机车(俗称电瓶车)。在长大隧道施工中有时采用接触式或接触 - 蓄电池混合供电式电动机车牵引,即在成洞地段采用接触式供电,非成洞地段用蓄电池供电。这种方式可以延长蓄电池使用时间。

(c)运输轨道布置。

隧道内用于机车牵引的轨道,宜采用 16 kg/m 或 16 kg/m 以上的钢轨,轨距一般为600 mm 或 750 mm。洞内轨道纵坡应与隧道纵坡相同,洞外可不同,但一般不超过2%。最小曲线半径,在洞内应不小于 7 倍机车车辆轴距,洞外一般不小于 10 倍轴距,使用有转向架的梭式矿车时,最小曲线半径不小于 12 m。曲线轨道应有适当的加宽和外轨超高值。

当隧道地质条件较好,要求施工速度快和运输能力较大时,应布置双车道运输。为满足调车需要,应每隔 100 ~ 200 m 设一渡线,每隔 2 ~ 3 个渡线设一反向渡线,如图4 - 10 所示。在距离开挖面 15 ~ 20 m 处设置菱形浮放道岔,空车斗车和装满石渣的斗车分别停在两股道上,用机车进行调车作业。

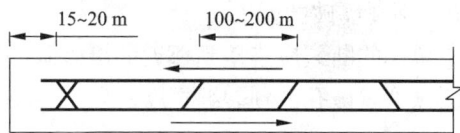

图 4 - 10 双车道布置示意图

当隧道施工采用平行导坑方案时,通常在平行导坑中设单车道加错车道,正洞为单车道加局部双车道,两者共同构成一个完整的双股道运输体系。利用平行导坑组成的运输系统适用于施工速度要求快的隧道。

(d)出渣运输道路是有轨运输的命脉,其质量优劣对隧道掘进速度影响很大。因此,必须设固定的专业小组进行铺设和维修,以保证运输道路畅通无阻,避免脱轨掉道等事故的发生。

④无轨运输。

(a)无轨运输车辆应选用车身低短、车斗容量大、转弯半径小、车体坚固、轮胎耐磨、配有废气净化装置、并能双向驾驶的自卸汽车,以增加运行中的灵活性,避免洞内回车和减轻对洞内空气的污染。

(b)无轨运输的调车作业主要是解决会车、错车和装渣场地问题。根据不同的隧道开挖断面和洞内运输距离,常用的调车方式有:

有条件构成循环通路时,最好制定单向行使的循环方案,以减少会车、错车需用场地及待避时间;当开挖断面较小,只能设置单车通道而装渣点距洞口又较近时,可考虑汽车倒行进洞至装渣点装渣,正向开行出洞,不设置错车、回车场地,如果洞内运行距离较长时,可在适当位置将导洞向侧壁加宽构成错车、回车场地,以加快调车作业;当隧道开挖断面较大,足够并行两辆汽车时,应布置成双车通道,在装渣点附近回车,空车、重车各行其道,可以提高出渣速度。

（3）卸渣作业。

由洞内运出的石渣，一般可考虑进行三个方面的处理：

①选用合乎强度标准的岩块加工成衬砌混凝土材料的粗骨料。

②用作路基填方或洞外工作场地填方。

③弃置于山谷或河滩。

4.6 质量标准

（1）爆破后隧道断面开挖轮廓成形，岩面平整，超挖和欠挖符合规定要求，无危石等。

（2）光面爆破的质量标准。

①残留炮孔痕迹，应在开挖轮廓面上均匀分布。炮孔痕迹保留率：硬岩不少于80%，中硬岩不少于70%，软岩不少于50%。

②相邻两孔之间的岩面平整，孔壁不应有明显的爆破裂隙。

③相邻两孔之间出现的台阶形误差不得大于150 mm。

（3）预裂爆破的要求。

①单一的断裂应连接到邻近的爆破眼，并在每个预裂孔眼内还保留有一半的孔深。

②预裂爆破孔的预裂缝宽度一般不宜小于5 mm。

4.7 成品保护

（1）隧道掌子面爆破时对后面新浇注衬砌混凝土的震速要求，不得超过表4-6规定值。

表4-6 新浇注衬砌混凝土的震速限值

混凝土龄期/h	震速限值/$(mm \cdot s^{-1})$
12~24	7.25
24~48	13.5
48~120	25

4.8 安全环保措施

4.8.1 安全措施

（1）爆破器材应设专人严格保管，严格领用手续。对器材应定期进行检查，失效及不符技术条件要求的，不得使用。

（2）雷电将临时，应立即停止所有地面或地下的炸药运输和短程搬运，所有人员应立即撤至安全地点，并将雷电来临或雷电已过的信号，通知洞内工作人员。

（3）爆破作业已完成的地段，应安装并使用经批准的雷电监控器和自动报警灯。

4.8.2　环保措施

(1)爆破与振动的环境措施。

①避免因爆破或其他作业所引起地面振动，不得损坏地面现有建筑物和公共设施。

②所有的爆破和施工操作，对地面现有建筑物振动的最大震速应小于 25 mm/s。

③在最邻近爆破地点的现有建筑物所量测的爆破冲击噪音，不得超过 130 dB。使用有线频反应的最大冲击记录仪记录的爆破时空气超压不得超过 0.005 MPa。

④设计图纸中规定禁止爆破的地方严禁爆破。

⑤应提供合格的仪器、量测人员和资料分析人员。监测并记录每次爆破的振动情况及空气增压情况，调整爆破作业，使震速不超过允许值。

(2)在进行隧道施工时，弃渣场地应尽量少破坏天然植被，以最大限度地作为路基填方用土，综合挖填平衡要求。

(3)所有弃渣堆顶面及坡脚处，或与原地面衔接处均应修筑永久排水设施和其他必要的防护工程，以确保地表径流不致冲蚀弃渣堆。

4.9　质量记录

(1)炮眼布置质量检查记录。

(2)炮眼深度与角度质量抽查记录。

(3)爆破后开挖轮廓面上炮孔痕迹保留率质量检查记录。

5　喷射混凝土工程施工工艺标准

5.1　总　则

5.1.1　适用范围

本标准适用于采用钻爆法施工的山岭交通隧道和城市交通隧道。

5.1.2　编制参考标准及规范

（1）公路工程技术标准（JTG B01—2014）。
（2）公路勘测规范（JTG C10—2007）。
（3）公路隧道施工技术细则（JTG F60—2009）。
（4）公路工程施工安全技术规范（JTG F90—2015）
（5）公路工程质量检验评定标准（JTG F80/1—2017）。

5.2　术　语

5.2.1　干喷混凝土

干喷混凝土是将砂、石、水泥按一定比例干拌均匀投入喷射机，同时加入速凝剂，用高压空气将混合料送到喷头，再在该处与高压水混合后以高速喷射到岩面上。

5.2.2　湿喷混凝土

湿喷混凝土是用湿喷机压送拌和好的混凝土，在喷头处添加液态速凝剂，再喷到岩面上。

5.2.3　潮喷混凝土

潮喷混凝土是将砂、石料预加水，使其浸润成潮湿状，再加以水泥拌和均匀，从而降低上料和喷射时的粉尘，其工艺流程同干喷。

5.2.4　钢纤维喷射混凝土

钢纤维喷射混凝土是指在喷射混凝土中加入一定数量的钢纤维。由于钢纤维均匀分布在混凝土中，为混凝土提供了非连续性的微型配筋，从而提高了材料的抗拉、抗弯、抗冲击和耐磨性以及早期强度、韧性和延展性，并改善了其他物理力学性能。

5.2.5　SEC法

SEC法是水泥裹砂法喷射混凝土技术的简称。SEC法喷射混凝土具有黏结性能良好、回弹量少(低于15%)、粉尘浓度低(小于10 mg/m³)、强度高且稳定、一次喷射厚度大(可达100～400 mm)、有涌水时也容易喷敷等优点。克服了干式喷射混凝土施工粉尘多，回弹量大等缺点，并提高了喷射混凝土的质量。

5.3　施工准备

5.3.1　技术准备

1. 材料的准备
(1)核实水泥和速凝剂的品种、标号和出厂日期以及储备量是否足够。
(2)检查砂、石料是否符合质量要求，并有足够储备量。
(3)保证施喷用水的水量和压力。
2. 机械(具)的准备
(1)检查发电机、空压机运转是否正常。
(2)检查搅拌机、上料机、喷射机就位是否恰当，试车运转是否良好。
(3)检查风、水电线路是否处于良好状态。
(4)施喷前应进行试风、通水，情况正常才能开始喷射作业。
3. 施喷场地准备
(1)检查隧道开挖轮廓线，如有欠挖应处理。
(2)清理松动岩块和墙脚处的弃渣。
(3)用高压水(风)冲洗受喷岩面(易潮解、泥化的岩面只能用高压风清扫)。
(4)对滴、漏水处应采取措施进行处理。
(5)作喷射混凝土厚度的标志(如利用锚杆的外露部分或在岩面上用快凝水泥浆黏铁钉等)。
(6)做好回弹物回收及利用的安排。

5.3.2　材料准备

(1)主要原材料：水泥、砂子、石子、速凝剂、水、钢筋、钢纤维。
(2)高压风管、水管、喷射作业脚手架等。

5.3.3　主要机具

主要机具设备：混凝土喷射机、上料机、搅拌机、机械手、空压机等。

5.3.4 作业条件

（1）喷射混凝土的各种原材料准备就绪，并经抽检合格。

（2）施喷场地的各项准备工作已经完成。

（3）喷射机、水箱、风包、注浆机经过密封性能和耐压性能的试验已能正常运转。

（4）喷射混凝土的混合料的配合比和外加剂的种类与掺量已经确定并经试验满足强度和耐久性要求。

（5）喷射混凝土的施工方案，包括喷射方式、机具设备、操作方法、混合料配合比及外加剂等，已由监理工程师批准。

（6）施工班组对各个施工技术环节已很熟悉，且喷射手已熟练地掌握了喷射技术。

5.3.5 劳动力组织

喷射混凝土作业劳动力组织见表 5-1。

表 5-1 喷射混凝土作业劳动力组织

工种	人数	工作地点	职责范围
施工队长	1	整个施工现场	负责跟班组织施工管理工作、协助总指挥工作等
工班长	1	喷射混凝土作业面	负责跟班组织施工，协调各工种交叉作业等
技术员	1	喷射混凝土作业面	负责跟班解决施工中的技术问题、编写技术措施等
安全员	1	喷射混凝土作业面	负责跟班检查安全措施、安全措施的执行情况及安全教育工作，对安全生产负责
质量检查员	1	喷射混凝土作业面	负责跟班检查工程质量，组织各工种交接及质量保证措施的执行情况，对工程质量负责
喷射混凝土操作工	6	喷射混凝土作业面	负责喷射混凝土的上料、拌和、喷射等工作
空压机操作工	1	空压机房	负责喷射混凝土时的压缩空气供应，空压机的操作控制及保养维修
管道工	1	空压机房至作业面	负责风、水管道的安装与维修，保证其正常工作
电工	1	整个施工现场	负责现场动力、照明、通信等电器系统的维修保护
试验工	1	现场、实验室	负责喷射混凝土各种原材料的材质、配合比与强度的抽样试验工作
机械工	1	空压机房至作业面	负责喷射混凝土机械维修保养
材料员	1	材料仓库	负责现场材料供应及管理
杂工	2	整个施工现场	负责喷射混凝土原材料的搬运及现场清理等
总计	19		

注：此表为一个作业班施工配备人员，未计后勤、行政等人员。

5.4　工艺设计和控制要求

5.4.1　技术要求

（1）喷射作业区的气温不应低于5℃，混合料进入喷射机的温度不应低于5℃。

（2）喷射混凝土宜采用湿喷工艺，混凝土应密实、饱满、表面平顺，其强度应达到设计要求。

（3）外加剂对所用水泥的适应性和其他因素均应在施工前通过实验室试验，并经监理工程师的认可。

（4）喷射混凝土加筋，非镀锌焊接钢筋网应符合《锚杆喷射混凝土支护技术规范》（GB 50086—2001）的规定。

（5）喷射钢纤维混凝土所用钢纤维其质量及技术要求应符合图纸要求，并应符合《锚杆喷射混凝土支护技术规范》（GB 50086—2001）及《钢纤维混凝土结构设计与施工规程》（CECS38：92）的有关规定。

（6）喷射设备应能连续均匀混料并喷射。混料设备应严格密封，以防外来物质侵入。在混合料中添加钢纤维时，宜采用钢纤维播料机。

（7）空压机应适用于所选用的喷射设备，并具有足够的气压和流率，且应保持连续优质作业。

（8）喷嘴水压必须高于压缩空气的压力。施工中必须保持连续供水。

（9）喷射混凝土与围岩的黏结强度试验宜在现场按《锚杆喷射混凝土支护技术规范》（GB 50086—2001）附录A的规定进行。

（10）在已有混凝土面上进行喷射时，应清除剥离部分，以保证新老混凝土之间具有良好的黏结强度。

（11）按施工前试验所取得的方法与条件进行喷射混凝土作业，在喷射混凝土达到初凝后方能喷射下一层。首次喷射混凝土厚度应不少于50 mm，另有批准或按图纸所示者除外。

（12）喷射混凝土作业须紧跟开挖面时，下次爆破距喷射混凝土作业完成时间的间隔不得小于4 h。

（13）喷射混凝土回弹物的重复利用掺入量不宜大于15%。

（14）当受喷面有水时，先清除岩层表面之水，混凝土中可根据试验结果增添外加剂。

（15）开挖断面周边有金属杆件和钢支撑时，应保证将其背面喷射填满，黏结良好。

5.4.2　材料质量要求

1. 水泥

（1）所用水泥的要求是掺入速凝剂后凝结快、保水性好、早期强度增加快、收缩小。

（2）一般优先采用325号以上的普通硅酸盐水泥，其次是矿渣硅酸盐水泥、火山灰质硅酸盐水泥。在有专门使用要求的情况下采用特种水泥。

（3）所使用的各种水泥，其性能应符合现行的国家水泥标准。

（4）对于矾土水泥以及过期或受潮结块的水泥不能使用。

2. 砂子

(1)喷射混凝土的用砂应符合普通混凝土所要求的用砂标准。

(2)一般采用中砂或粗中砂,细度模数一般宜大于2.5。

(3)砂的含泥量不大于5%,含水量按质量计以控制在5%~7%为宜。

(4)砂的颗粒级配见表5-2。

表5-2 砂的颗粒级配表

筛孔尺寸/mm	0.15	0.30	1.20	6.0
w(累计筛余)/%	95~100	70~95	20~55	0~10

表5-3 石子的颗粒级配表

筛孔尺寸/mm	5	10	20
w(累计筛余)/%	95~100	30~60	0~5

3. 石子

(1)喷射混凝土应采用坚硬、耐久的卵石或碎石。

(2)石子的最大粒径一般不宜超过管内径的1/3,最大粒径不超过20 mm。

(3)石子的颗粒级配可参考表5-3使用。

(4)石子的含泥量不得大于10%。

(5)为减少回弹量,石子的级配应将大于15 mm粒径的颗粒控制在20%以下。

(6)喷钢纤维混凝土所用的石子,其粒径以小于10 mm为宜。

(7)当用碱性速凝剂时,不能使用含有活性二氧化硅的碎石或卵石(如流纹岩、安山岩类石料),以免产生碱骨料反应,引起喷射混凝土的开裂。

4. 速凝剂

速凝剂使用前应做速凝效果试验,要求初凝不超过5 min,终凝不超过10 min。

5. 水

(1)喷射混凝土用水的要求与普通混凝土相同,水中不应含有影响水泥正常凝结与硬化的有害杂质。

(2)不得使用污水、pH小于4的酸性水和含硫酸盐量(按SO_4计算)超过水的重量1%的水。

6. 钢纤维

钢纤维的抗拉强度不得低于380 MPa;直径0.3~0.5 mm;长度20~25 mm,且不得大于25 mm;截面形状为圆形或矩形,外形为平直线端头带弯钩。常用的钢纤维为碳素钢纤维,用于耐高温混凝土的为不锈钢纤维。

5.4.3 职业健康安全要求

(1)施工前,应认真检查和处理喷射混凝土支护作业区的危石,施工机具应布置在安全地带。

（2）锚喷支护必须紧跟开挖工作面，应先喷后锚，喷射作业中应有人随时观察围岩变化情况。

（3）喷射作业中，应定期检查电源线路和设备的电器部件，确保用电安全；应经常检查输料管和管路接头有无磨薄、击穿或松脱现象，发现问题，应及时处理。

（4）喷射作业中发生堵管时，应将输料管顺直，必须紧按喷头。疏通管路的工作风压不得超过 0.4 MPa。

（5）处理喷射机械故障时，必须使设备断电、停风。向施工设备送电、送风前，应通知有关人员。

（6）喷射作业中，非操作人员不得进入正进行施工的作业区，喷头前方严禁站人。

（7）喷射混凝土的操作人员必须穿戴安全防护用品。

5.4.4 环境要求

（1）喷射混凝土施工时应要求操作人员采用以下措施，最大限度地减少空气中的粉尘含量。

①适当增加砂石含水率。

②改进喷头结构，采用半湿式喷射。

③严格控制喷射机的风压。

④作业人员穿戴防护用具。

⑤在作业区安装集尘装置。

⑥采用可遥控操作的喷射机械手或喷射机组。

（2）洞内气温不得超过 28℃；噪音不得大于 90 dB。

5.5 施 工 工 艺

5.5.1 工艺流程

（1）干喷与潮喷混凝土施工工艺流程见图 5 - 1。

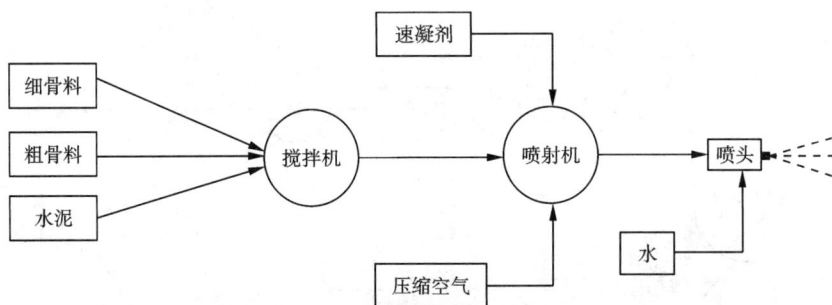

图 5 - 1 干喷与潮喷混凝土工艺流程图

（2）湿喷工艺流程见图 5 - 2。

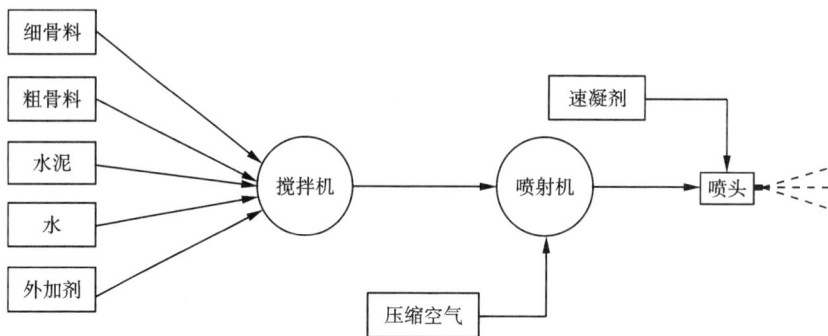

图 5 - 2　湿喷混凝土工艺流程图

（3）钢纤维喷射混凝土工艺流程见图 5 - 3。

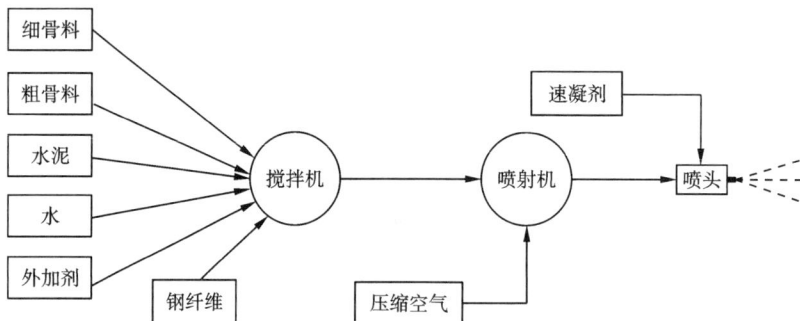

图 5 - 3　钢纤维喷射混凝土工艺流程图

（4）水泥裹砂混凝土(SEC 法)工艺流程见图 5 - 4。

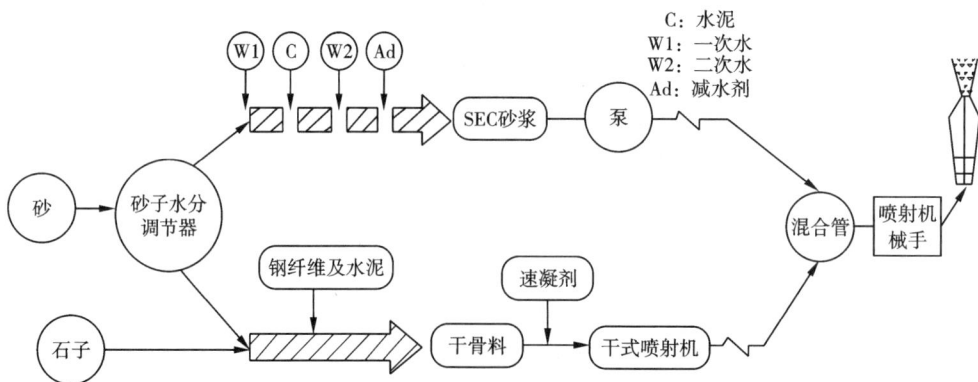

图 5 - 4　SEC 法喷射混凝土工艺流程图

5.5.2 操作工艺

1. 喷射混凝土的配合比和水灰比

(1)射混凝土的配合比(质量比,水泥:中砂或中粗砂:石子),对于隧道边墙采用1:(2~2.5):(2~2.5);对于隧道拱部采用1:2:(1.5~2.0)较为合适。

(2)喷射混凝土的水灰比一般为0.4~0.5。

2. 速凝剂的选用与掺量

(1)速凝剂有固体和液体两种。目前国内主要使用固体粉末状速凝剂,如红星一型、711型、阳泉二型、782型、8880型等,其中以红星一型应用最广。

(2)速凝剂的掺量应通过试验确定,一般为水泥质量的2%~4%(喷拱部时可用3%~4%,喷边墙时可用2%~3%)。

3. 施喷作业时的风压控制

(1)一般要求风源风压应稳定在0.4~0.65 MPa才能在喷嘴处使风压稳定在0.1~0.25 MPa。只有稳定的风压,才能保证喷射混凝土的质量。若风压过小,则喷射动能太小,粗骨料冲不进砂浆层而脱落;若风压过大,则喷射动能大,粗骨料会碰撞岩面而回弹。

(2)初步选择风压时,可参考风压与混合料水平运送长度(输料管长度)的简单关系,即工作风压=1+0.013×输料管长度(m)。当向上垂直输送时,由于重力作用所需的风压比水平运输时每增高10 m加大20~30 kPa。

4. 施喷作业时的水压控制

为保证高压水从水环孔眼中射出并形成水雾,使干拌和料充分湿润水化,水压要比风压高0.1~0.15 MPa。一般喷射作业区的系统水压应大于0.4 MPa。

5. 喷嘴与受喷岩面之间的距离和角度

(1)通常在喷头上接一个直径为100 mm长为0.8~1.0 m的塑料拢料管。它使水泥充分水化,且喷射混凝土束集中及回弹石子不致伤害喷射手。

(2)当风压适宜时,喷嘴与受喷岩面之间的距离以0.8~1.2 m为宜。

(3)喷嘴与受喷岩面的角度,一般应垂直或稍微向刚喷射过的混凝土部位倾斜(不大于10°),以使回弹物受到喷射束的约束,抵消部分弹回能量而减少回弹量。喷射拱部时应沿径向喷射。

6. 一次喷射的厚度及各喷层之间的间隔时间

(1)当喷层较厚时须分层喷射。一次喷射的厚度应根据喷射效率、回弹损失、混凝土颗粒之间的凝聚力和喷层与受喷面间的黏着力等因素确定。一次喷射厚度见表5-4。

表5-4 一次喷射厚度/mm

部位	掺速凝剂	不掺速凝剂
边墙	70~100	50~70
拱部	50~60	30~40

(2)各喷层间的间隔时间与水泥品种、施工温度等因素有关。当采用红星一型速凝剂时可在5~10 min以后进行下一次喷射。采用碳酸钠速凝剂时要在30 min以后才能进行下一次喷射。

7. 喷射分区与喷射顺序

(1)为了减少喷射混凝土因重力作用而引起的滑动或脱落现象,喷射时应按照分段、分部、分块、由下而上,先边墙后拱墙和拱腰,最后喷拱顶的原则进行。

（2）图5－5所示为6 m长的基本段，其中又分为2 m长的三个小段，每段高1.5 m（指边墙），顺次横向推移，从"1"向"3"喷射，待"3"喷完20～30 min以后，"1"部混凝土已终凝，就可进行下一高度的喷射作业。如需在其上进行第二层喷射，也不会造成第一层混凝土被冲坏的现象，不论边墙还是拱部都是如此。

（3）喷射混凝土时，喷头要正对受喷岩面，均匀缓慢地按顺时针方向作螺旋形移动，一圈压半圈，绕圈直径为200～300 mm。

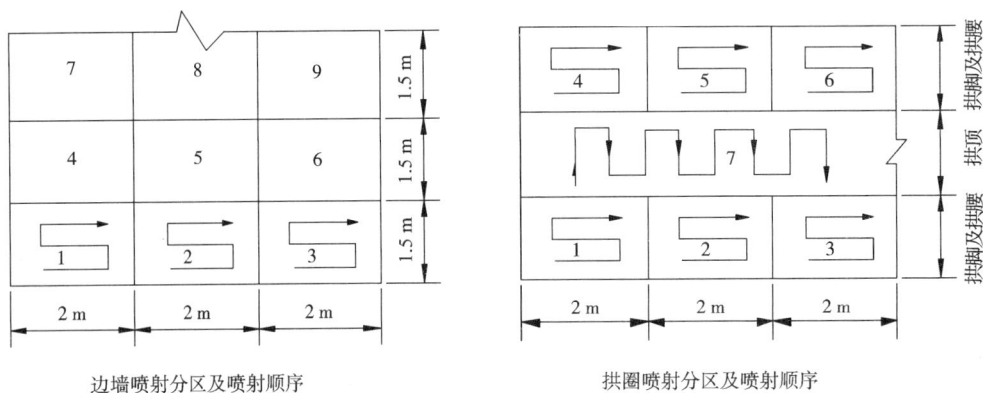

图5－5

（4）对凹凸悬殊的岩面，喷射时应注意喷射次序要先下后上，先两头后中间，以减少回弹量。正常状态下喷射混凝土的回弹率拱部不超过25%，边墙不超过15%。

8.堵管问题的处理

（1）遇到堵管发生时，喷射机司机应立即关闭马达，随后关闭风源，喷射手将软管拉直，然后用手锤敲击以寻找堵管处。

（2）当敲击钢管时发音混浊，或敲击胶管时有发硬感觉处，即为堵管部位。找到堵管部位后，可将风压升到0.3～0.4 MPa（不超过0.5 MPa），并用锤击堵管部位，使其畅通。

（3）排除堵管时，喷嘴前方严禁站人，以免被喷伤。

9.钢纤维喷射混凝土施工作业

（1）喷射钢纤维混凝土时，可直接使用现有的喷射混凝土机械或将其稍加改进。

（2）钢纤维的掺入量为混凝土混合料重量的3%～6%。

（3）为了减少堵塞，应尽量取消输料管90°弯头及减少其直径的突然变化。

（4）选用的钢纤维长度应不大于输料管直径的一半。

（5）在钢纤维喷射混凝土施工中，最重要的问题是均匀拌和，防止钢纤维结团和降低回弹量。

（6）在喷射钢纤维混凝土表面时，应再喷敷厚度为10 mm的水泥砂浆，水泥砂浆的强度等级不应低于钢纤维混凝土的等级。

10.SEC法喷射混凝土作业

（1）主要操作工艺。

①将部分砂子用表面水调匀机将砂粒表面含水率调节均匀。

②按最佳造壳水灰比加入水与水泥进行第一次拌和,使砂子造壳。

③再加剩余水、减水剂等进行第二次拌和,制成 SEC 砂浆,用泵压送。

④最后把剩余的砂、石干料加速凝剂后送入干式喷射机,两者在混合管混合后由喷嘴喷出。

(2)该法的关键是砂浆的最佳含水量,水少了成干粉状,水多了与普通砂浆相同。最佳含水量与水泥用量、砂的细度模数有关,应通过试验确定,一般为总用水量的 30% ~ 40%。用最佳含水量拌和出的砂浆遇水基本不破坏,砂粒无裸露现象,外壳圆滑,干后外壳用手搓不掉,二次拌和时水泥流失也很少。

(3)用最佳含水量减去造壳用的天然含水量即为第一次拌和用水量。

(4)喷射混凝土配合比确定后,应根据砂浆泵和喷射机的生产能力分配造壳用砂量(即实际配料情况应与设备输送能力相符)。造壳用砂量一般为总用砂量的 50% ~ 60%。砂浆的流动度控制在 230 ~ 280 mm 为宜。

(5)在喷射过程中,应通过砂浆泵的调速电机,调整其转速,使砂浆泵的输浆量与喷射机的喷出量相匹配。

5.6　质量标准

5.6.1　每批原材料进库(场)

每批原材料进库(场)均应进行质量检查与验收。施工中对喷射混凝土及水泥砂浆的原材料、配合比及拌和均匀性,每工班至少检查两次,尤其要注意控制砂子的含水量。

5.6.2　喷射混凝土强度

(1)检查喷射混凝土强度时,应就地提取混凝土试件,其数量为每 10 m 至少在拱部和边墙各取一组,材料或配合比变更时另取一组,每组至少取三块,进行抗压强度试验。当有特殊设计要求时,可增做抗拉强度、喷射混凝土与岩面的黏结力、抗渗性等相应的试验。

(2)合格条件是:同批试块(指同一配合比)的抗压强度平均值不得低于 C20 或设计要求强度等级;任一组试块抗压强度平均值,最低不得低于设计强度等级的 85%,同批试块为 3 ~ 5 组时,低于设计强度等级的试块组数不得多于一组。

(3)强度不符合要求时,应查明原因,采取措施,一般可用加厚的办法予以补强。

5.6.3　喷层厚度

(1)可用插针、凿空等方法进行厚度检查。喷射时可插入长度比设计厚度大 50 mm 的粗铁丝,纵、横向 1 ~ 2 m 设一根作为施工控制用。

(2)喷射完成后每 10 m 至少检查一个断面,从拱顶中线起每隔 2 m 凿孔检查一个点。

(3)合格条件是:每个检查断面上,全部检查孔处喷射混凝土的厚度 60% 以上应不小于设计厚度,其余均不小于设计厚度的 1/2。但钢筋网喷射混凝土的最小厚度应不小于 60 mm。

5.6.4　喷层外观与围岩黏结情况

(1)喷射混凝土表面应无裂纹。

(2)要求喷层与岩石黏结紧密,受喷面无松动岩块,墙脚无松动岩块,墙脚无岩渣堆积。

(3)用锤敲击方式检查是否有空洞,如有空洞应凿除洗净重喷。

5.7　成品保护

(1)喷射混凝土终凝后2 h起即应开始洒水养护,洒水次数以能保持混凝土具有足够的湿润状态为定,养护期不得少于14 d。以便使水泥充分水化,喷射混凝土强度得到均匀增长,减少或防止混凝土的收缩开裂,确保喷射混凝土的质量。

(2)黄土或其他土质隧道喷射混凝土以采用喷雾养护为宜,防止洒水软化下部土层。

5.8　安全环保措施

5.8.1　安全措施

(1)管道安装应正确,连接处应紧固密封。当管道通过道路时,应设置在地槽内并加盖保护。

(2)喷射机内部应保持干燥和清洁,加入的干料配合比及潮湿程序,应符合喷射机性能要求,不得使用结块的水泥和未经筛选的砂石。

(3)作业前重点检查项目应符合下列要求:

①安全阀灵敏可靠。

②电源线无破裂现象,接线牢固。

③各部密封件密封良好,对橡胶结合板和旋转板出现的明显沟槽及时修复。

④压力表指针在上、下限之间,根据输送距离,调整上限压力的极限值。

⑤喷枪水环(包括双水环)的孔眼畅通。

(4)启动前,应先接通风、水、电,开启进气阀逐步达到额定压力,再启动电动机空载远转,确认一切正常后,方可投料作业。

(5)机械操作和喷射操作人员应有联系信号,送风、加料、停料、停风以及发生堵塞时,应及时联系,密切配合。

(6)在喷嘴前方严禁站人,操作人员应始终站在已喷射过的混凝土支护面以内。

(7)作业中,当暂停时间超过1 h时,应将仓内及输料管内的干混合料全部喷出。

(8)发生堵管时,应先停止喂料,对堵塞部位进行敲击,迫使物料松散,然后用压缩空气吹通。此时,操作人员应紧握喷嘴,严禁甩动管道伤人。当管道中有压力时,不得拆卸管接头。

(9)转移作业面时,拱风、拱水系统应随之移动,输料软管不得随地拖拉和折弯。

(10)停机时,应先停止加料,然后再关闭电动机和停送压缩空气。

(11)作业后,应将仓内和输料软管内的干混合料全部喷出,并应将喷嘴拆下清洗干净,清除机身内外黏附的混凝土料及杂物。同时应清理输料管,并应使密封件处于放松状态。

5.8.2 环境、职业健康安全措施

1. 环境管理措施

喷射混凝土施工时应采取下列综合房尘措施:

(1)在保证顺利喷射的条件下,增加骨料含水率。

(2)在喷射机或混合料搅拌处,设置集尘器或除尘器。

(3)在粉尘浓度较高的地段,设置除尘帷幕。

(4)加强作业区的通风,通风方式宜采用吸风式。

(5)现场搅拌机、空压机等均采取降燥措施,以降低机器噪声对周围环境的影响。

2. 职业健康安全管理措施

(1)施工中,应定期检查电源线路和设备的电器部件,确保用电安全。

(2)喷射机、风包、输水管等应进行密封性能和耐压实验,合格后方可使用。

(3)喷射混凝土施工作业中,要经常检查出料弯头、输料管和管路接头等有无磨损、击穿或松脱等现象,发现问题,应及时处理。

(4)处理机械故障时,必须使设备断电、停风应先停风。

(5)喷射作业中处理堵管时,应先停风,停止供料,顺着管路敲击,人工清理。

(6)喷射混凝土施工用的工作台架应牢固可靠,并应设置安全栏杆。

(7)喷射混凝土作业人员应穿戴防尘用具。

5.9 质量记录

(1)喷射混凝土原材料(水泥、砂、石、水)质量抽样检测记录。

(2)速凝剂试验效果质量记录。

(3)喷射混凝土强度质量检查记录。

(4)喷射混凝土厚度质量检查记录。

(5)喷射混凝土外观与黏结状况质量检查记录。

钢纤维喷射混凝土的抗拉、抗弯、抗冲击及抗拉拔强度见表5-5。

表5-5 钢纤维喷射混凝土抗拉、抗弯、抗冲击、抗拉拔强度

项目	抗拉强度/MPa	抗弯强度/MPa	抗冲击/次	抗拉拔强度/MPa
素喷射混凝土	210.4	5.8	10~40	7.9
钢纤维喷射混凝土	47.8	7.9~8.6	100~500	13.4

钢纤维喷射混凝土的早期强度比素混凝土大为提高,这一特性对围岩的快速支护及隧道的病害整治具有特别意义。表5-6为钢纤维喷射混凝土与素喷射混凝土早期强度的比较。

拉裂性、弹性模量和延展性均为抗裂性的重要指标,即韧度。韧度被定义为材料完全分离前所吸收的总能量。它可由应力-应变曲线或荷载-挠度曲线下的面积求得。对素混凝

土，其韧度与裂纹的扩展有关，而当混凝土内含有钢纤维时，如纤维未被拉断或拔出，则裂纹不会扩展。研究表明，钢纤维喷射混凝土的弹性模量大于素喷射混凝土的弹性模量。在喷射混凝土中投放的钢纤维越多，其弹性模量越高。但过多的钢纤维会导致拌和的困难和管道、喷嘴处的堵塞。一般钢纤维的掺入量为喷射混凝土体积的 1% ~ 2% 。

表 5 - 6　钢纤维喷射混凝土与素喷射混凝土早期强度比较

龄期/d	素喷射混凝土/MPa	钢纤维喷射混凝土/MPa
2	0.004	0.027
4	0.018	0.059
8	0.114	0.197
24	3.816	5.997
72	12.09	13.31
120	15.95	17.72
168	17.78	16.42

衡量钢纤维喷射混凝土延展性的指标之一是它在 90% 极限荷载下的拉应变。该应变值越大，则材料的延性越好。美国卡顿进行的快速加载弯曲试验说明，在 90% 极限荷载作用下，钢纤维喷射混凝土试件外缘的拉应变为 320 ~ 440 $\mu\varepsilon$，而素喷射混凝土拉应变只有 192 $\mu\varepsilon$。

必须指出，钢纤维喷射混凝土的物理力学性能，受到钢纤维的形状、长径比、掺入量及在混凝土中的分布状态、排列方向等各种因素的影响。

6　锚杆工程施工工艺标准

6.1　总则

6.1.1　适用范围

本标准适用于采用矿山法施工的隧道。

6.1.2　编制参考标准及规范

(1)公路工程技术标准(JTG B01—2014)。

(2)公路隧道设计规范(JTG D70—2004)。

(3)公路隧道施工技术细则(JTG F60—2009)。

(4)公路工程质量检验评定标准(第一册 土建工程)(JTG F80/1—2017)。

6.2　术语

6.2.1　砂浆锚杆

砂浆锚杆是使用水泥砂浆作为锚固剂的锚杆。此类锚杆安装简便,成本较低廉,但是锚固力较弱,多用于岩石构造较完整的边坡保护或者临时锚固的地点,隧道施工经常使用。

6.2.2　楔缝式锚杆

杆体由端头切缝的圆钢和铁楔组成,杆体插入锚孔后,冲击杆体,使铁楔胀开切缝,形成具有锚固力的锚杆。

6.2.3　胀壳式锚杆

机械内锚头在锚杆体向锚杆孔外位移时胀大并撑紧孔壁,从而形成具有锚固力的锚杆。

6.2.4　缝管式锚杆

缝管式锚杆是一种全长锚固,主动加固围岩的新型锚杆,它的立体部分是一根纵向开缝的高强度钢管,当安装于比管径稍小的钻孔时,可立即在全长范围内对孔壁施加径向压力和阻止围岩下滑的摩擦力,加上锚杆托盘托板的承托力,从而使围岩处于三向受力状态,并实现岩层稳固。

6.2.5 早强药包锚杆

早强药包锚杆全名为早强药包内锚头锚杆,是以快硬水泥卷或早强砂浆卷或树脂作为锚固剂的内锚头锚杆。

6.2.6 中空注浆锚杆

中空注浆锚杆的锚杆体采用中空设计,杆体中孔作为钻进高压风水通道和注浆通道,与实心杆体相比,中空杆体设计可获得更好的刚度和抗剪强度。锚杆体外表面全长标准大螺距螺纹结构,螺纹结构便于锚杆的切割和接长,与光滑杆体相比增加了锚杆体与注浆材料的黏接面积从而提高了锚固力。

6.3 施工准备

6.3.1 技术准备

(1)检查锚杆材料、类型、规格、质量以及性能是否与设计相符。
(2)根据锚杆类型、规格及围岩情况选择钻孔机具及其他所需工具。

6.3.2 材料准备

1. 锚杆钢筋
(1)全长黏结锚杆:可采用 3 号钢、20MnSi 钢和 5 号钢,现场制作。
(2)其他类型锚杆:由工厂生产定型产品,直接购买。
2. 锚杆黏结剂
(1)早强药包。
①树脂药包。
(a)不饱和聚酯树脂,用纤维纸袋(或塑料袋)装不饱和聚酯树脂、速凝剂和填料,袋中有一玻璃管,管中装有固化剂和填料。
(b)环氧树脂,分为两个塑膜袋,外袋装环氧树脂与填料的胶泥状混合物,内袋装聚乙烯聚酰胺。
②快硬水泥药包。以快硬水泥为黏结剂。
(2)砂浆:水泥砂浆沿锚杆杆体全长黏结。
(3)锚杆垫板:厚 6 ~ 10 mm 的钢板或铸铁,规格:150 mm × 150 mm 或 200 mm × 200 mm。

6.3.3 主要机具

(1)钻孔机具:一般采用气腿式和向上式凿岩机。当在土层中钻孔时,宜采用干式排渣的回旋式钻机。

（2）合金钻头。

（3）套筒扳手：用于施加预应力。

（4）锚杆拉力计：用于拉拔试验。

（5）风压表：用于测试注浆压力。

（6）注浆泵：用于锚孔的水泥砂浆灌注。

（7）打击套筒：用于配合锚杆安装。

6.3.4 作业条件

应保证安设凿岩机的作业空间，且能满足锚杆的设置长度。

6.3.5 劳动力组织

根据施工进度安排和工程数量，按劳动定额和工班组织安排劳动组织计划，见表6-1。

表6-1 隧道锚杆支护施工劳动力组织

工种	人数	工作地点	职责范围
施工队长	1	整个施工现场	负责跟班组织施工管理工作、协助总指挥工作等
工班长	1	初期支护现场	负责跟班组织施工，协调各工种交叉作业等
技术员	1	初期支护现场	负责跟班解决施工中技术问题、编写技术措施等
安全员	1	初期支护现场	负责跟班检查安全措施、安全操作规程的执行情况，对安全生产负责
质量检查员	1	初期支护现场	负责跟班检查工程质量，各工种交接及质量保证措施的执行情况，对工程质量负责
钻眼机械操作工	25	初期支护现场	负责打炮眼、装药、连线爆破；找顶、打锚杆眼、装锚杆
支撑操作工	8	初期支护现场	负责隧道掌子面安设钢支撑
电工	1	初期支护现场	负责现场动力、照明、通信等电器系统的维修保护
机械工	1	平台上、下	机械维修保养
总计	40		

注：此表为一个作业班施工配备人员，未计后勤、行政等人员。

6.4 工艺设计和控制要求

6.4.1 技术要求

1. 钻孔

（1）钻孔前应根据设计要求定出孔位，做好标记，孔位允许偏差为 ± 15 mm。

（2）钻孔应圆而直，钻孔方向宜尽量与岩层主要结构面垂直。

（3）水泥砂浆锚杆孔径应大于杆体直径15 mm；其他形式锚杆孔径应符合设计要求。

2. 钻孔深度

(1)水泥砂浆锚杆孔深允许偏差为 ±50 mm。

(2)楔缝式锚杆孔深不应小于杆体的有效长度,且不应大于杆体有效长度 30 mm。

(3)早强药包锚杆孔深应与杆体长度配合恰当。

3. 注浆

(1)注浆开始或中途暂停超过 30 min 时,应用水润滑注浆罐及其管路。

(2)注浆孔口压力不得大于 0.4 MPa。

(3)注浆管应插至距孔底 50～100 mm 处,锚杆杆体插入孔内的长度不得短于设计长度的 95%。

6.4.2 材料质量要求

1. 浆锚杆材料质量要求

(1)应优先使用普通硅酸盐水泥,条件不具备时可使用矿渣硅酸盐或火山灰硅酸盐水泥。

(2)水泥砂浆强度等级不得低于 C20。配合比(质量比):水泥:砂:水宜为 1:(1～1.5):(0.45～0.5),砂的粒径不宜大于 3 mm。

(3)砂浆应拌和均匀,随拌随用,一次拌和的砂浆应在初凝前用完。

(4)早强水泥砂浆锚杆采用硫铝酸盐早强水泥并掺早强剂;注浆作业开始或中途停止超过 30 min 时,应测定砂浆坍落度,其值小于 10 mm 时,不得注入罐内使用。

(5)宜采用清洁、坚硬的中细砂,粒径不宜大于 3 mm,使用前应过筛。

(6)锚杆杆体应调平直、除锈和除油。

2. 楔缝式锚杆材料质量要求

(1)必须检查管径,同批成品管径径差不宜超过 0.5 mm。

(2)根据围岩情况选择钻头,使钻头直径符合设计要求。

(3)安装用冲击器尾部必须淬火,硬度(HBC)宜为 48～53。

(4)钻杆长度必须大于锚杆长度。

3. 胀壳式锚杆材料质量要求

(1)锥形螺母、内锚头(胀壳)的尺寸应符合锚固要求。

(2)螺纹应配合良好,使得拧紧杆体时能顺利地将内锚头胀开。

(3)备齐配套工具,做好螺扣的保护措施。

4. 缝管式锚杆材料质量要求

(1)必须检查管径,同批成品管径径差不宜超过 0.5 mm。

(2)根据围岩情况选择钻头,使钻头直径符合设计要求。

(3)安装用冲击器尾部必须淬火,硬度(HBC)宜为 48～53。

(4)钻杆长度必须大于锚杆长度。

5. 早强药包锚杆材料质量要求

(1)树脂或快硬水泥等黏结剂必须是黏液或糊状,能填满空隙、包裹杆头,并且能迅速地凝为固体、卡住锚杆。

(2)安装前应检查树脂卷、水泥卷等药卷的质量,变质者不得使用。

(3)杆体可用普通 3 号圆钢加工而成。

6.中空注浆锚杆材料质量要求

根据需要可选用自钻式和非自钻式。锚杆杆体、垫板、螺母、止浆塞以及注浆接头等均应符合设计要求。

6.4.3 职业健康安全要求

（1）作业时应保证足够的通风与照明。爆破后在掌子面上形成的危石应清除干净，以保证施做锚杆与钢架时的安全。

（2）应指定专人按规定进行锚杆抗拔力试验，防止锚杆滑脱造成事故。

（3）黏结式锚杆施工时，注浆人员必须穿戴防护用具（胶皮手套、口罩、眼镜、防护罩等）。

（4）在注浆作业开始前和结束后，应认真检查、清洗机械管路及接头。检查后，应经过试运转方可开始正式作业，以防止发生剧烈振动、管路堵塞等现象。

（5）当发生注浆管路或接头堵塞时，须在消除压力之后，方可进行拆卸及维修。

6.4.4 环境要求

锚杆在现场制作时，应及时清理剩余的边角材料。黏结式锚杆施工时，应按工艺规程施做，保证黏结剂不外泄，避免污染环境。

6.5 施工工艺

6.5.1 砂浆锚杆施工工艺

1. 工艺流程

砂浆锚杆施工工艺流程如图6-1所示。

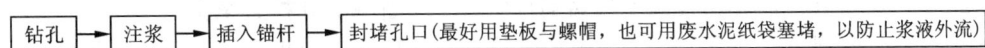

钻孔 → 注浆 → 插入锚杆 → 封堵孔口（最好用垫板与螺帽，也可用废水泥纸袋塞堵，以防止浆液外流）

图6-1 砂浆锚杆施工工艺流程

2. 操作工艺

水泥砂浆锚杆结构见图6-2。

（1）钻孔方向宜尽量与岩层主要结构面垂直。孔钻好后用高压水将孔眼冲洗干净（若是向下钻孔，须用高压风吹净水），并用塞子塞紧孔口，防止石渣或泥土掉入孔内。

图6-2 水泥砂浆锚杆

（2）先注浆后插杆体时，注浆管应先插到钻孔底；开始注浆后，应徐徐均匀地将注浆管往外抽出，并始终保持注浆管口埋在砂浆内，以免浆中出现空洞。

（3）锚杆杆体宜对中插入，插入后应在孔口将杆体固定。

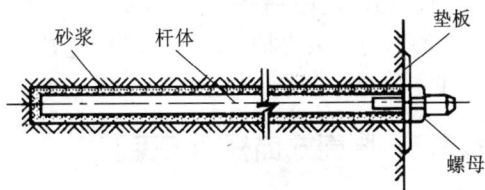

(4)注浆时应堵塞孔口，随着水泥砂浆的注入缓慢匀速地拔出注浆管，随即迅速将杆体插入，可锤击或通过套筒用风钻冲击，使杆体强行插入钻孔。

(5)注浆是否饱满，可根据孔口是否有砂浆挤出来判断，若孔口无砂浆流出，则应将杆体拔出重新注浆。

(6)注浆体积应略多于需要体积。

6.5.2 楔缝式锚杆施工工艺

1. 工艺流程

楔缝式锚杆施工工艺流程如图 6-3 所示。

钻孔 → 插入锚杆 → 在锚杆尾端施加冲击力 → 上好垫板 → 拧紧螺帽

图 6-3 楔缝式锚杆施工工艺流程

2. 操作工艺

楔缝式锚杆结构见图 6-4。

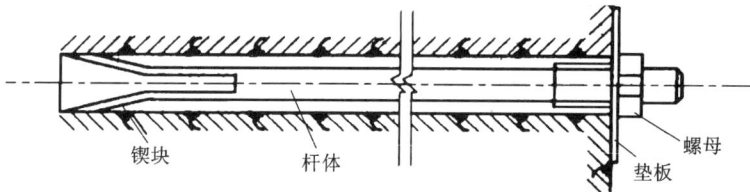

图 6-4 楔缝式锚杆结构

(1)楔缝式锚杆的安装是先将楔头插入楔缝，轻轻敲击使其固定于缝中，然后插入孔底，并以适当的冲击力冲击锚杆尾端，使楔头全部插入楔缝为止。打紧楔头时应注意丝扣不被损坏。为了防止杆尾受冲击力变形，可采用打击套筒保护。

(2)锚杆送入孔内时不得偏斜。安设后应立即上好托板，并拧紧螺帽。

(3)要求锚杆具有一定的预张力，施加预拉力时，其拧紧力矩不应小于 100 N·m，可采用测力矩扳手或定力矩扳手来拧紧螺帽，以控制锚固力。

(4)1 昼夜后应再次紧固螺母，以后还须定期检查，如发现有松弛情况，应及时紧固。

(5)楔缝式锚杆一般作为临时支护，其杆体可以回收。

(6)若作为永久支护，楔缝式锚杆应补注水泥砂浆，且锚杆施加预张力应在砂浆初凝前完成，并注意减少砂浆的收缩率。

6.5.3 胀壳式锚杆施工工艺

1. 工艺流程

胀壳式锚杆施工工艺流程如图 6-5 所示。

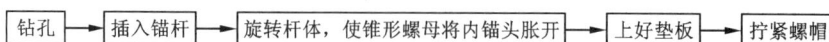

钻孔 → 插入锚杆 → 旋转杆体，使锥形螺母将内锚头胀开 → 上好垫板 → 拧紧螺帽

图 6-5 胀壳式锚杆施工工艺流程

2.操作工艺

胀壳式锚杆结构见图6-6。

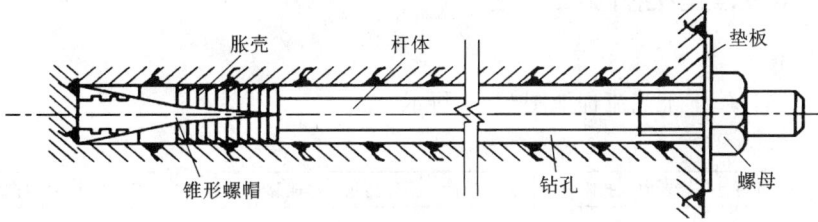

图6-6 胀壳式锚杆结构

(1)将锥形螺母、胀壳式内锚头及杆体组装好,插入孔眼。此时锥形螺母通过其端部的尖角抵住孔眼底岩石,不发生转动,旋转杆体,使胀壳式内锚头与锥形螺母之间发生相对转动,内锚头随之胀开并紧紧地顶住岩石。然后安装垫板、拧紧螺帽。

(2)1昼夜后应再次紧固,以后还要定期检查,如发现有松弛情况,应及时紧固。

(3)胀壳锚杆一般作为临时支护,其杆体可以回收。

(4)若作为永久支护,应补注水泥砂浆,且锚杆施加预张力应在砂浆初凝前完成,并注意减少砂浆的收缩率。

6.5.4 缝管式锚杆施工工艺

1.工艺流程

缝管式锚杆施工工艺流程如图6-7所示。

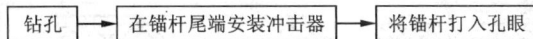

图6-7 缝管式锚杆施工工艺流程

2.操作工艺

缝管式锚杆结构见图6-8。

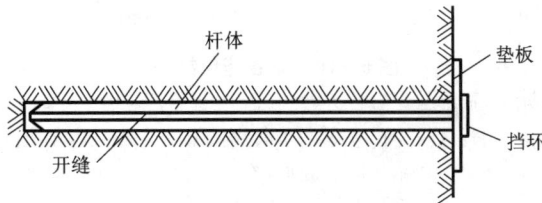

图6-8 缝管式锚杆结构

(1)锚杆端头为锥形,尾部有一凸出的挡环,以便与风动凿岩机连接,冲击打入钻孔。锚杆受挤压后,开缝缩小,杆体表面与孔壁岩面形成摩擦阻力,以此提供锚固力,且随着围岩的变形，锚固力还会增大。

（2）当有环境水腐蚀时，锚杆摩擦力会逐渐减小，此时就只能作为临时支护。

6.5.5 早强药包锚杆施工工艺

1．工艺流程

早强药包锚杆施工工艺流程如图6-9所示。

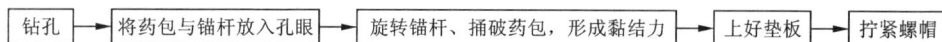

钻孔 → 将药包与锚杆放入孔眼 → 旋转锚杆、捅破药包，形成黏结力 → 上好垫板 → 拧紧螺帽

图6-9 早强药包锚杆施工工艺流程

2．操作工艺

早强药包锚杆结构见图6-10。

图6-10(a)为采用树脂黏结剂时的锚杆全图；图6-10(b)为不饱和聚酯树脂黏结剂；图6-10(c)为快硬水泥黏结剂。它们的施做工艺是相同的。

（1）安装时，应在杆体上做出孔深标记，先将药包送入孔内，再将杆体插入孔中将药包送到孔底，用锚杆捅破药包，并搅拌，形成端头黏结力。快硬水泥黏结剂则是先吸水软化，再装入孔眼内，然后迅速插入或打入杆体。

（2）安装完毕后，为避免杆体自重下滑，应在孔口用楔子楔紧杆体。

（3）应注意温度变化对黏结剂的影响。

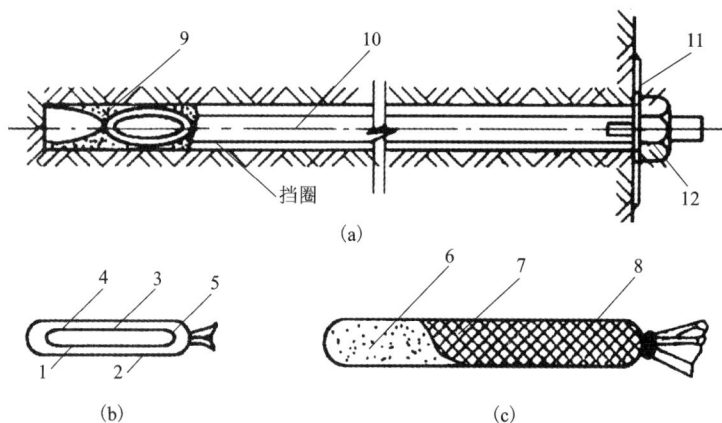

图6-10 早强药包锚杆

1—不饱和聚酯树脂+加速剂+填料；2—纤维纸或塑料袋；3—固化剂+填料；4—玻璃管；
5—堵头(树脂胶泥封口)；6—快硬水泥；7—湿强度较大的滤纸筒；8—玻璃纤维纱网；
9—树脂锚固剂；10—带麻花头杆体；11—垫板；12—螺母

6.5.6 中空注浆锚杆施工工艺

1．工艺流程

（1）自进式中空注浆锚杆施工工艺流程如图6-11所示。

| 锚杆自带钻头、钻孔 | → | 往锚杆的中空眼内注浆 | → | 上好垫板 | → | 拧紧螺帽 |

图 6 - 11 自进式中空注浆锚杆施工工艺流程

(2)非自进式中空注浆锚杆施工工艺流程如图 6 - 12 所示。

| 钻孔 | → | 插入锚杆 | → | 往中空眼注浆 | → | 上好垫板 | → | 拧紧螺帽 |

图 6 - 12 非自进式中空注浆锚杆施工工艺流程

2. 操作工艺

中空注浆锚杆结构见图 6 - 13。

(1)自进式与非自进式的区别在于锚杆是否自带钻头。自带钻头能克服孔眼卡钎的弊病,保证锚杆的设计锚固长度,但一根锚杆要用掉一个钻头,造价偏高。

(2)通过中空眼注浆,浆液从杆体与孔眼之间的空隙反流出来,可以判定浆液已经饱满。

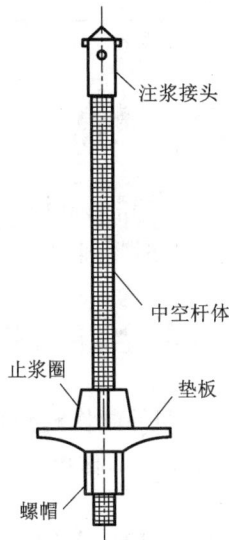

注浆接头

中空杆体

止浆圈   垫板

螺帽

图 6 - 13 中空注浆锚杆结构

6.6 质量标准

6.6.1 锚杆支护

(1)锚杆的材质、类型、质量、规格、数量和性能必须符合设计和规范的要求。

(2)锚杆插入孔内的长度不得短于设计长度的 95%。

(3)砂浆锚杆和注浆锚杆的灌浆强度应不小于设计和规范要求,锚杆孔内灌浆应密实饱满。

(4)锚杆垫板应满足设计要求,垫板应紧贴围岩,围岩不平时要用 M10 砂浆填平。

(5)锚杆应垂直于开挖轮廓线布设。对沉积岩,锚杆应尽量垂直于岩层面。

（6）必须通过实测来保证锚杆支护的质量，见表 6 - 2。

表 6 - 2　锚杆支护实测项目

项次	检查项目	规定值或允许偏差	检查方法和频率	权值
1	锚杆数量/根	不少于设计	按分项工程统计	3
2	锚杆拔力/kN	28d 拔力平均值≥设计值，最小拔力不小于 0.9 设计值	按锚杆数 1% 且不小于 3 根做拔力试验	2
3	孔位/mm	±15	尺量：检查锚杆数的 10%	2
4	钻孔深度/mm	±50	尺量：检查锚杆数的 10%	2
5	孔径/mm	砂浆锚杆：大于杆体直径 +15；其他锚杆：符合设计要求	尺量：检查锚杆数的 10%	2
6	锚杆垫板	与岩面紧贴	检查锚杆数的 10%	1

6.7　成品保护

（1）砂浆锚杆安设后不得随意敲击，其端部 3 d 内不得悬挂重物。
（2）各类端部固定的锚杆，应按规定及时紧固螺帽，保证锚固力。

6.8　安全环保措施

洞内支护完成后，及时清理现场；在洞外制作锚杆时，应符合环境保护规定，不得遗留下废弃材料；未用完的材料应进行登记；新、旧材料清理后应堆放在便于运出现场的地方。

6.9　质量记录

6.9.1　锚杆支护

（1）锚杆施工现场质量记录表。
（2）锚杆支护工程检验批质量验收记录表。
（3）锚杆支护分项质量验收记录表。
（4）锚喷混凝土支护分项工程质量验收记录表。

7 钢架支撑工程施工工艺标准

7.1 总则

7.1.1 适用范围

本标准适用于采用矿山法施工的隧道。

7.1.2 编制参考标准及规范

(1)公路工程技术标准(JTG B01—2014)。
(2)公路隧道设计规范(JTG D70—2004)。
(3)公路隧道施工技术细则(JTG F60—2009)。
(4)公路工程质量检验评定标准(第一册 土建工程)(JTG F80/1—2017)。

7.2 术语

7.2.1 格栅钢架

通俗地说,格栅钢架是由钢筋和铁板制作成的拱架。

7.2.2 型钢钢架

型钢钢架是采用型钢(如工字钢、槽钢、H 型钢等),按设计的弧度,冷弯成形。

7.3 施工准备

7.3.1 技术准备

(1)检查钢架材料、类型、规格、质量以及性能是否与设计相符。
(2)钢架应在洞外进行试拼装,符合要求后方能在洞内安装。

7.3.2 材料准备

(1)根据设计要求,按格栅、型钢分别准备材料。

（2）确定钢架加工方式，有委托加工与现场加工两种。委托加工时要向加工单位提供各项设计和技术要求，组织对成品的检验，合格后方能进场。

7.3.3 主要机具

主要机具有：扳手等现场拼装工具，冷弯机、电焊机等。

7.3.4 作业条件

应提供足够的施做空间，以保证钢架能随着开挖台阶的下落而往下延伸拼装。

7.3.5 劳动力组织

根据施工进度安排和工程数量，按劳动定额和工班组织安排劳动组织计划，见表7-1。

表7-1 隧道钢架支护施工劳动力组织

工种	人数	工作地点	职责范围
施工队长	1	整个施工现场	负责跟班组织施工管理工作、协助总指挥工作等
工班长	1	初期支护现场	负责跟班组织施工，协调各工种交叉作业等
技术员	1	初期支护现场	负责跟班解决施工中的技术问题、编写技术措施等
安全员	1	初期支护现场	负责跟班检查安全措施、安全操作规程的执行情况，对安全生产负责
质量检查员	1	初期支护现场	负责跟班检查工程质量，各工种交接及质量保证措施的执行情况，对工程质量负责
钻眼机械操作工	25	初期支护现场	负责打炮眼、装药、连线爆破；找顶、打锚杆眼、装锚杆
支撑操作工	8	初期支护现场	负责隧道掌子面安设钢支撑
电工	1	初期支护现场	负责现场动力、照明、通信等电器系统的维修保护
机械工	1	平台上、下	机械维修保养
总计	40		

注：此表为一个作业班施工配备人员，未计后勤、行政等人员。

7.4 工艺设计和控制要求

7.4.1 技术要求

（1）钢架结构形式及其接头，应简单牢固，并尽可能定型化。
（2）钢架相互之间应用纵撑连接牢固，构成整体。
（3）当施工区段很短或可能发生纵向荷载时，应设置纵向斜撑，以防钢架倾倒。
（4）钢架基础上的浮渣必须清除，地层松软时应加设钢垫板。
（5）钢架架设后应迅速喷射混凝土，且应保证混凝土保护层的设计厚度。

（6）钢架就位后，其与围岩之间应用楔块楔紧，楔块的个数在 10 个左右。

（7）预支护的锚杆或钢管应从钢架的腹部穿过，其尾端应与钢架焊接牢固。

7.4.2 材料质量要求

（1）所用钢材进场时按批量和型号分批试验。检验内容包括对标志、厂家、品种、数量、外观检查，并按规定抽样做力学性能试验，进口钢材还须做化学试验分析，符合要求才能使用。

（2）钢筋工、电焊工应持证上岗，以保证钢架制作质量。

（3）现场制作时，经对设计图重新确认无误后，进行实地放样，先加工一榀完整的钢架，进行现场拼装，检查其尺寸、焊接质量等，符合要求后再批量加工。

（4）加工完毕后，对成品尺寸，质量进行检查，发现问题，及时解决处理，保证产品合格。

（5）钢架成品应编号，并按顺序码放。

7.4.3 职业健康安全要求

作业时应保证足够的通风与照明。爆破后在掌子面上形成的危石应清除干净，以保证施做钢架时的安全。

7.4.4 环境要求

钢架在现场制作时，应及时清理剩余的边角材料。

7.5 施工工艺

7.5.1 工艺流程

钢架支撑工程施工工艺流程如图 7-1 所示。

掌子面出渣完毕 → 喷射混凝土 → 打设系统锚杆架 → 设钢架 → 设置纵向连接钢筋 → 喷射混凝土覆盖

图 7-1 钢架支撑工程施工工艺流程

7.5.2 操作工艺

钢架结构见图 7-2。

（1）掌子面应有明显的中线标记，避免钢架偏离中线，现场设交叉十字线控制。

（2）架设钢架时，每个断面一侧至少测 5 组支距，与设计支距相比较，差值超过 10 mm 时应进行调整。

（3）沿边墙距底板一定距离拉 1 根横线，依据此线，测 3 组数据，边墙 2 组，中线 1 组，与设计值比较，差值超过 20 mm 的应进行调整。

（4）隧道开挖了一个循环进尺时，应检查开挖断面的净空，合格后立即架格栅钢架（或型钢钢架)。

(5)每榀钢架由数段节段拼装而成,其接头是施工薄弱处,节段的长度应在方便工人搬运与架立的前提下,尽量长一点,以减少接头的数量。

(6)每榀钢架节段之间的连接会直接影响到钢架的安全性。一般采用连接垫板对接,将螺栓孔对齐,穿上螺栓,拧紧。

(7)每榀钢架拼装完成并检查无误后,焊接钢架纵向连接筋($\phi18 \sim 22$ mm),其环向间距不大于 1 m。

(8)钢架与围岩之间的混凝土保护层厚度不应小于 40 mm,临空一面的保护层厚度不应小于 20 mm。

(9)为防止钢架承载后下沉,其下端应设在稳固的地层上,或设在为扩大承压面的钢板、混凝土垫块上,格栅底脚埋入隧道基底的深度不应小于 15 mm,当有水沟时不应高于水沟底面。

(10)开挖下台阶时,为防止钢架拱脚下沉,可考虑在拱脚下设置纵向托梁,把几榀钢架连为一整体,或者施做锁脚锚杆。

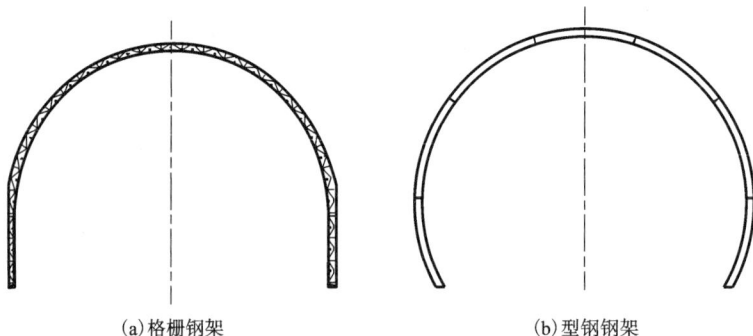

(a)格栅钢架　　　　　　　　(b)型钢钢架

图 7-2　钢架结构

7.6　质量标准

7.6.1　钢架支护

(1)钢架的拼装允许误差为:沿隧道周边轮廓误差不应大于 ±30 mm;平面翘曲应小于 ±20 mm。

(2)钢架应垂直于隧道中线,上、下、左、右偏差应小于 ±50 mm;钢架倾斜度应小于2°;拱脚高度应低于上半断面底线以下 150 ~ 200 mm。

7.7 成品保护

7.7.1 格栅钢架成品保护

（1）格栅钢架比较柔性，在运至掌子面的过程中，为使其不变形，应轻搬轻放，严禁乱扔或用重物敲打。

（2）钢架在掌子面拼装完毕后，应尽快喷射混凝土予以保护。

7.7.2 型钢钢架成品保护

（1）型钢钢架多用工字钢，其垂直和水平方向的强度和刚度是不相同的，未加工时的钢材都较长，容易发生扭曲变形，应注意保护。其制作工艺比格栅钢架要求要高，如工地加工条件不理想，一般都委托加工。在运输过程中应注意成品的保护。

（2）钢架在掌子面拼装完毕后，应尽快喷射混凝土予以保护。

7.8 安全环保措施

洞内支护完成后，应及时清理现场；在洞外制作钢架时，应符合环境保护规定，不得遗留下废弃材料；未用完的材料应进行登记；新、旧材料清理后应堆放在便于运出现场的地方。

7.9 质量记录

7.9.1 钢架支护

（1）型钢钢架检验批质量验收记录表。

（2）钢架喷射砼支护工序质量验收记录表。

（3）钢架支护隐蔽工程记录表。

8 二次衬砌工程(整体式模板台车衬砌)施工工艺标准

8.1 总则

8.1.1 适用范围

本标准适用于采用钻爆法施工的山岭交通隧道和城市交通隧道。

8.1.2 编制参考标准及规范

(1)公路工程技术标准(JTG B01—2014)。
(2)公路勘测规程(JTG C10—2007)。
(3)公路隧道设计规范(JTG D70—2004)。
(4)公路工程抗震规范(JTG B02—2013)。
(5)公路隧道施工技术细则(JTG F60—2009)。
(6)公路工程质量检验评定标准(JTG F80/1—2017)。

8.2 术语

8.2.1 二次衬砌

二次衬砌是隧道工程施工在初期支护内侧施做的模筑混凝土或钢筋混凝土衬砌,与初期支护共同组成复合式衬砌。

8.3 施工准备

8.3.1 技术准备

(1)熟悉衬砌混凝土施工的作业程序、安全规程与质量要求。
(2)提出混凝土的浇注程序和浇注分块图(含施工缝的位置),报请监理工程师批准。
(3)核测断面的中线、水平和开挖轮廓。

(4)放线定位,确定衬砌立模位置。

(5)清除虚渣,排除积水,找平支承面。

(6)架设安装拱架模板或模板台车就位。

(7)进行模注混凝土原材料抽样检查和配合比试验。

8.3.2 材料准备

(1)混凝土原材料:水泥、砂子、碎石、水、外加剂和混合材、钢筋等。

(2)其他主要工程材料:钢模板、铁丝、高压风管、水管等。

8.3.3 主要机具

(1)机械:模板台车、混凝土搅拌机、混凝土输送泵(或混凝土运输车)、空压机、振捣棒等。

(2)工具:铁锹(尖、平头两种)、风镐、一齿锄、钢卷尺等。

(3)测量仪器:经纬仪、水准仪。

8.3.4 作业条件

(1)模注衬砌地段的隧道底部虚渣、杂物、淤泥与积水已清理排除干净。

(2)隧道中线、标高、断面轮廓经测量检查符合设计要求。

(3)模板台车就位并已调试好各机构的工作状态,各部分尺寸符合隧道内轮廓精度要求。

(4)混凝土原材料抽样检查合格。

(5)混凝土的配合比经试验满足工程要求,并经监理工程师签认合格。

(6)混凝土搅拌与运送设备准备就绪,调试运转正常。

(7)复合式衬砌的防水层已敷设完毕。

8.3.5 劳动力组织

模注混凝土作业劳动力组织,如表8-1所示。

表8-1 模注混凝土作业劳动力组织

工种	人数	工作地点	职责范围
施工队长	1	整个施工现场	负责跟班组织施工管理工作、协助总指挥工作等
工班长	2	浇灌混凝土作业区1人 混凝土搅拌站1人	负责混凝土浇注时施工作业安排; 负责混凝土搅拌时各项工作安排
技术员	1	整个作业现场	负责跟班解决施工中的技术问题、控制施工质量等
安全员	1	浇灌混凝土作业区	负责跟班检查安全措施、安全措施的执行情况及安全教育工作,对安全生产负责
质量检查员	1	混凝土作业区域	负责跟班检查工程质量,组织各工种交接及质量保证措施的执行情况,对工程质量负责

续表 8-1

工种	人数	工作地点	职责范围
浇灌混凝土操作工	8	浇灌混凝土作业区	负责混凝土的浇灌、振捣等工作
搅拌混凝土操作工	4	混凝土搅拌站	负责混凝土的上料、拌和、输送等工作
管道工	1	空压机房至作业区	负责风、水管道的安装与维修，保证其正常工作
电工	2	整个施工现场	负责现场动力、照明、通信等电器系统的维修保护
试验工	1	现场、实验室	负责模注混凝土各种原材料的材质、配合比与强度的抽样试验工作
机械工	2	空压机房至作业面	负责混凝土浇注时各种机械维修保养
材料员	1	材料仓库	负责现场材料供应及管理
杂工	2	整个施工现场	负责模注混凝土原材料的搬运及现场清理等
总计	27		

注：1. 此表为一个作业班施工配备人员，未计后勤、行政等人员。

2. 此表适用于在隧道洞口附近设混凝土搅拌站，采用泵送混凝土的情况。

8.4　工艺设计和控制要求

8.4.1　技术要求

（1）二次模注混凝土衬砌的施做时间，在满足下列条件后应尽早施做：

①各测试项目所显示的围岩和喷锚支护变形已基本稳定，位移速度有明显减缓趋势。

②已产生的各项位移已达预计位移量的80%以上。

③拱脚附近水平收敛小于0.2 mm/d，或拱顶下沉速率小于0.15 mm/d。

④二次衬砌要求距离掌子面不宜超过200 m。

（2）自稳性很差的围岩，可能长时间达不到基本稳定条件，当初期支护的混凝土发生大量明显裂缝，而支护能力又难以加强，变形无收敛趋势时，在报请监理工程师批准后，应提前施做仰拱及二次衬砌。衬砌中可采取增设钢筋和提高混凝土强度等级的措施。

（3）具有地下水侵蚀性的地段。根据工地水样化验结果，必须针对侵蚀类型采用不同类型的抗侵蚀性混凝土。

（4）当围岩级别有变化时，衬砌断面的级别亦应相应变化，但应获得监理工程师批准。围岩较差地段的衬砌，应向围岩较好地段伸延，一般伸延长长度为5 m。

（5）模筑混凝土灌筑应尽可能实施机械化作业。一般情况下，优先采用整体模板台车，混凝土输送泵的配套方式。

（6）模注衬砌拱架与模板的架设应位置准确，连接牢固，严防走动，并遵守以下规定：

①拱架、模板在使用前要先在样台上试拼装，重复使用时应注意检查，如有变形，及时纠正。

②模板接头应整齐平顺，挡头板与岩壁间缝隙应嵌堵紧密。

③应按隧道中线确定拱架位置。

④对墙基标高进行检查。立曲墙架时，应标出路面水平控制位置。

(7)模注衬砌混凝土的施工应满足下列技术要求：

①模注混凝土的配合比、原材料的计量、拌和、运输、养生和沉降缝、施工缝的处理必须符合图纸规定。

②除非获得监理工程师的批准，隧道工程所有混凝土均应采用带自动计量的混凝土拌和站(楼)拌和、混凝土输送泵输送。

③混凝土应采用先墙后拱法浇注，非经监理工程师批准，不得使用先拱后墙法浇注。

④模注混凝土应振捣密实，无孔洞、无蜂窝麻面。

⑤混凝土应按有关规定取样作强度试验，试验结果应符合图纸要求。

⑥所有养护与拆模工作都必须遵照有关的规程进行。

(8)边墙施工应符合下列要求：

①基底虚渣、污物和基坑内积水必须排除干净，严禁向有积水的基坑内倾倒混凝土干拌和物。

②边墙基础扩大基础的扩大部分、及仰拱的拱座应结合边墙施工一次完成。

(9)在施工安排中，应尽快修筑仰拱，以利衬砌结构的整体受力；软弱围岩地段，仰拱应先于衬砌浇注完成。

(10)对隧道运营期间的通信、监控、供电、照明、通风等设施安装时所需的各种预埋(预留)管件，应按图纸所示的位置准确埋设。

8.4.2　材料质量要求

(1)水泥。拌制混凝土的水泥，可用硅酸盐水泥、普通硅酸盐水泥、火山灰质硅酸盐水泥、粉煤灰硅酸盐水泥和快硬硅酸盐水泥等，必要时也可采用其他特种水泥。水泥品种应根据混凝土结构所处的环境条件和工程需要来选择；水泥标号应根据所配制的混凝土标号选定，一般隧道衬砌应选用不低于325号的普通硅酸盐水泥。

(2)砂子。拌制混凝土的细骨料应选用坚硬耐久、粒径在5 mm以下的天然砂或机制砂。砂中不应有黏土团块、炭煤、石灰、杂草等有害物质混入。

(3)石子。拌制混凝土用的粗骨料，应为坚硬耐久的碎石、卵石或两者的混合物。颗粒级配为连续级配。当通过试验，具有充分技术、经济依据时，也可采用其他的颗粒级配。

(4)外加剂。外加剂使用前必须经过试验，确定其性质、有效物质含量、溶液配制方法和最佳掺量。

(5)混合材。混合材在使用前应进行材质鉴定和掺入量试验，测定不同掺加量对混凝土性能的影响，确定最佳掺入量。

(6)水。模注混凝土用水的要求与喷射混凝土相同。

(7)钢筋。主筋应采用螺纹钢筋：规格一般为$\phi18\sim\phi22$ mm；箍筋采用光面钢筋：规格为$\phi6\sim\phi12$ mm。

(8)混凝土应采用机械搅拌，严格按照选定的配合比供料和加水，特别要严格控制加水量，保证水灰比的正确性，使混凝土硬化后能获得设计所要求的强度和耐久性。

8.4.3 职业健康安全要求

（1）混凝土搅拌站周围应设置安全防护设施。

（2）隧道掌子面距离混凝土衬砌浇注作业区小于200 m时，浇注混凝土期间，掌子面应禁止爆破作业。

（3）混凝土浇注作业时，除安全检查监督人员外，非操作人员不得攀上拱架。

（4）浇注混凝土的操作人员应穿戴安全防护用品。

8.4.4 环境要求

混凝土浇注作业区至洞口的距离超过100 m后，应进行机械通风，保证作业环境满足洞身开挖工程施工工艺的要求。

8.5 施工工艺

8.5.1 工艺流程

二次衬砌工程施工工艺流程如图8-1所示。

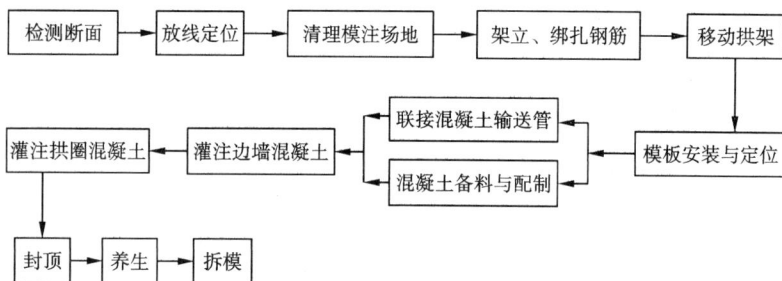

图8-1 二次衬砌工程施工工艺流程图

8.5.2 操作工艺

1. 混凝土材料的准备

模筑混凝土的材料与级配，应符合隧道衬砌的强度和耐久性要求，同时必须重视其抗冻、抗渗和抗侵蚀性等。

2. 模筑衬砌施工准备

（1）根据隧道中线和水平测量，检查开挖断面是否符合设计要求，欠挖部分按规范要求进行凿除，并做好断面检查记录。

（2）放线定位。根据隧道中线、标高及断面设计尺寸，测量确定衬砌立模位置，并放线定位。放线定位时，为了保证衬砌不侵入建筑限界，应计入预留沉落量，并注意曲线地段的加宽。

①施工预留误差量一般是将初衬内轮廓尺寸扩大50 mm

②预留沉落量的数值可根据监控量测数据确定或参照经验确定。

(3)清除浮渣,整平墙脚基面。墙脚地基应挖至设计标高,并在灌筑前清除虚渣,排除积水,找平支承面。

(4)拱架模板整备。目前隧道施工大多使用整体移动式模板台车。模板台车应在洞外组装并调试好各机构的工作状态,检查好各部尺寸,保证进洞后投入正常使用。每次脱模后应清理模板表面,并予检修。

(5)立模。根据放线位置,架设安装拱架模板或模板台车就位,安装和就位后,应做好各项检查,包括:位置、尺寸、方向、标高、坡度、稳定性等。

①衬砌所用的拱架、墙架和模板宜采用定型的金属结构。模板应表面光滑,接缝严密,不漏浆。模板表面应在浇注混凝土前涂刷经过批准的脱模剂。

②模扳与支架应有足够的强度、刚度和稳定性,能安全地承受所浇注混凝土的重力、侧压力及在施工中可能产生的各项荷载。

③拱(墙)架的间距,一般为1 m,最大不超过1.5 m。

④拱架的夹板、螺栓、拉杆等应安装齐全。拱架(包括模板)标高应预留沉降量,应不大于50 mm。

⑤立跨度较大的拱架时,在拱架外缘沿辐射线方向,应用支撑与围岩顶紧,防止浇注中拱架变形。

⑥浇灌混凝土前,应将初期支护层或防水层表面的粉尘清除干净,并洒水润湿。

3.混凝土的制备

(1)混凝土开始搅拌前,应进行如下准备工作:

①对搅拌机及上料设备进行检查并试运行。

②对所有计量器具进行检查并定磅。

③校对施工配合比。

④对所有原材料的质量、规格、品种、产地及牌号等进行检查,并与施工配合比进行核对。

⑤对砂石的含水率进行检测,如有变化及时调整配合用水量。

(2)上料。现场拌制混凝土时,一般是计量好的原材料先汇集在上料斗中,由上料斗进入搅拌筒。水及液态外加剂经计量后,在往搅拌筒中进料的同时,直接注入搅拌筒。原材料汇集到上料斗的顺序如下:

①无外加剂掺合料时,依次进入料斗的顺序为石子、水泥、砂。

②有掺合料时,其顺序为石子、水泥、掺合料、砂。

③有干粉状外加剂时,其顺序为石子、外加剂、水泥、砂,或顺序为石子、水泥、砂、外加剂。

4.混凝土的运送

(1)当隧道不太长时,混凝土输送泵可安装在搅拌站处,直接接料,泵送入模。

(2)隧道较长时,应采用搅拌车运送混凝土,以防运输时间过长而离析或初凝。

(3)混凝土的途中运输的时间应尽量缩短,一般不应超过45 min。运至灌筑地点的混凝土如有离析现象时,应进行再搅拌后方可灌筑入模。

（4）由搅拌站运出的混凝土，在任何情况下均不得在中途加水。

5. 混凝土灌筑施工

隧道衬砌混凝土的灌筑应注意以下几点：

（1）浇注混凝土应尽可能直接入仓，自由跌落（垂直地或倾斜地）距离不应大于1.2 m。

（2）保证捣固密实，使衬砌具有良好的抗渗防水性能，但振捣时不得损坏防水层。

（3）应注意对称灌筑，两侧同时或交替进行，以防止未凝混凝土对拱架模板产生偏压而使衬砌尺寸不合要求。

（4）混凝土应分层灌筑，每层厚度一般为150～300 mm。

（5）混凝土灌筑必须保证其连续性。灌筑层之间的间隔，应能使混凝土在前一层初凝前灌筑完毕。若因故不能连续灌筑，则在继续浇注新混凝前，应先凿除已硬化的前层混凝土表面上的松软层和水泥砂浆薄膜，并将表面凿毛，用压力水冲洗干净。

（6）采用移动式混凝土泵或其他获准的机具连续浇注时，一次浇注段长度不应超过30 m，并应防止混凝土离析。

（7）衬砌的分段施工缝应与设计沉降缝、伸缩缝及设备洞位置统一考虑，合理确定位置。

（8）当混凝土面超过拱顶时，泵管出口应埋设在混凝土面以下，保证拱顶所有空间能填满、填实。

（9）灌筑拱圈混凝土时，应从两侧拱脚开始，同时向拱顶分层对称地进行，层面应保持辐射状。

（10）拱圈封顶应随拱圈的浇注及时进行；拱顶封口应留70～100 mm。封顶、封口的混凝土应适当降低水灰比，并认真捣固密实，不得漏水。

6. 混凝土的养护与拆模

（1）一般情况下，衬砌混凝土灌筑后10～20 h即应开始浇水养护。

（2）养护延续时间和每天洒水次数，应根据衬砌灌筑地段的气温、相对湿度和所用水泥的品种确定。

（3）使用普通硅酸盐水泥时一般应连续养护7～14 d。

（4）为防止混凝土开裂和损伤，拆模工作应满足表8-2的质量要求。

表8-2　衬砌检查项目表

检查项目	允许偏差	检查方法
混凝土强度/MPa	在合格范围之内	按JTJO74-98附录检查
衬砌厚度/mm	不小于图纸规定	每40 m检查一个断面，用激光断面仪来确定厚度
墙面平整度/mm	20	每40 m用2 m直尺每侧检查3处

7. 仰拱、铺底的浇注

（1）应对仰拱和铺底的施做时间、分块施工顺序和与运输的干扰问题进行合理安排。

（2）仰拱和铺底可以纵向分条、横向分段灌筑。

①纵向通常可分为左右两部分，交替进行，有条件时尽量整体一次性浇注。

②横向分段长度应视边墙施工缝、伸缩缝、沉降缝及运输要求来确定。

③当侧压力较大时,底部开挖分段长度不能太长,以免墙角挤入。

④待仰拱和铺底纵向贯通,且混凝土达到一定强度后,方能允许车辆通行。其端头可以采用石渣填成顺坡通过。

(3)仰拱浇注前应清除虚渣、杂物、排除积水,保证仰拱坐落在新鲜岩面上。

(4)后于边墙施工的仰拱,浇注前已成仰拱拱座的应凿毛、冲洗干净,保持湿润,再浇注混凝土。

(5)浇注仰拱应采用大样板,并由仰拱中心向两侧对称进行,仰拱与边墙衔接处应捣固密实。

8.沉降缝、施工缝和伸缩缝施工

(1)围岩存在对衬砌有不良影响的硬、软岩层分界处应设置沉降缝。

(2)Ⅵ～Ⅴ级围岩洞口约50 m范围内,必要时可每隔10 m左右设置沉降缝。

(3)沉降缝的设置位置,应使拱圈、边墙和仰拱在同一里程断面上贯通。

(4)施工缝应近于水平或垂直,并用模板或其他经批准的措施形成预定的形状,以保证与后续工程紧密地连接。除非另有规定,否则施工缝不设键槽。

(5)在严寒地区,应在洞口和易受冻害地段设置伸缩缝。

(6)衬砌的施工缝应与设计的沉降缝结合布置。

(7)在有地下水的隧道中,所有沉降缝、施工缝和伸缩缝均应进行防水处理。

(8)隧道整体式衬砌内不允许存在水平接缝和倾斜的接缝。

9.隧道超挖与衬砌背后空隙处理

隧道超挖部分与衬砌背后空隙必须回填密实,并按下列要求与衬砌同时施工:

(1)边墙基底以上1 m范围内的超挖,应用与边墙相同材料一次灌筑。

(2)其余部位,超挖在允许范围内,应采用与衬砌相同材料灌筑。

(3)超挖大于规定时,可用片石混凝土或浆砌片石回填密实(但初期支护必须与围岩密贴)。当围岩稳定、干燥无水时,可先用干砌片石回填,再在衬砌背后压浆。

(4)为防止拱顶形成空洞,应预留压浆孔,二次衬砌完成后压浆。

8.6 质量标准

8.6.1 隧道模注衬砌的允许偏差及检查方法

隧道模注衬砌的允许偏差及检查方法,如表8-2所示。

8.6.2 隧道总体的允许偏差和检查方法

隧道总体的允许偏差和检查方法,如表8-3所示。

表 8 - 3　隧道总体检查项目

项次	检查项目		规定值或允许偏差	检查方法
1	隧道宽/mm	车行道	±10	每 20 m(曲线)或 50 m(直线)用尺量 1 个断面宽度
		净总宽	不小于设计	
2	隧道净高/mm		不小于设计	每 20 m(曲线)或 50 m(直线)用尺量 1 个断面高度。
3	轴线偏位/mm		20	每 20 m(曲线)或 50 m(直线)用经纬仪检查 1 处
4	路线中心线与隧道中心线的衔接/mm		20	将引道中心线和隧道中心线延长至两侧洞口，比较其断面位置
5	边坡、仰坡坡度		不大于设计	用坡度板检查

8.6.3　模注衬砌钢筋要求

模注衬砌配置有钢筋时：

(1)钢筋搭接位置和长度必须符合构造要求。

(2)钢筋的绑扎和焊接质量应符合施工要求。绑扎缺扣和松扣的数量不应超过绑扎总数的 10%；钢筋网片漏焊、开焊不得超过焊数的 2%，且不应集中。

8.6.4　模注混凝土衬砌拆模前要求

为防止混凝土开裂和损伤，模注混凝土衬砌拆模前应满足下列要求：

(1)直边墙混凝土应达到设计强度的 25%。

(2)曲边墙和围岩压力不很大的拱圈混凝土须达到设计强度的 70%。

(3)围岩压力很大的拱圈要求达到设计强度的 100%。

8.6.5　模注衬砌的外观要求

模注衬砌的外观应满足下列要求：

(1)洞内无渗漏水现象。

(2)混凝土表面密实，任一延米的隧道面积中，蜂窝麻面面积不超过 0.5%，深度不超过 10 mm。

(3)结构轮廓线条应顺直美观。

8.6.6　隧道铺底要求

隧道的铺底即为路面结构的基层(平整层)，其表面高程不得大于图纸规定的基层顶面高程，横坡应与路面横坡一致。

8.6.7　边沟及电缆沟质量要求

(1)按图纸所示标高浆砌好，边沟纵坡符合图纸要求，底面平顺。

(2)所有盖板铺设平稳,无晃动或吊空,边缘整齐,两端与沟壁的缝隙应用砂浆填平。

8.7 成品保护

(1)衬砌拆模工作应谨慎从事,防止碰伤边、角、楞面。

(2)在严寒地区冬季灌筑的混凝土应采取防寒措施,防止冻坏衬砌。

(3)浇注混凝土时以及拆模时应避免对预埋(预留)管件有损伤、碰歪等不良情况。

8.8 安全环保措施

8.8.1 安全措施

(1)严禁利用拱架兼作脚手架,防止模板走动变形和出现意外事故。

(2)浇灌混凝土时,应经常检查输料管和管路接头有无磨薄、击穿或松脱现象,发现问题,应及时处理。

(3)浇灌混凝土与出渣等工序平行作业时,模板台架附近应有专职的安全人员看守,台架上应有警示灯或反光标志。

(4)施工中,应定期检查电源线路和设备的电器部件,确保用电安全。

8.8.2 环保措施

(1)搅拌混凝土产生的废水,应先经过沉砂池、沉淀池处理后,才可排入指定的区域。

(2)浇灌混凝土后的剩余混凝土、钢筋放样后的边角料,应尽量回收利用,不得随意堆弃。

8.9 质量记录

(1)隧道中线和水平与内轮廓断面检查记录。

(2)混凝土原材料与配合比质量抽查记录。

(3)混凝土强度质量抽查记录。

(4)衬砌混凝土厚度质量检查记录。

(5)钢筋质量、放样、绑扎质量抽查记录

(6)衬砌背后空洞检查记录。

9 特殊地质地段施工工艺标准

9.1 总则

9.1.1 适用范围

本标准适用于特殊地质地段中采用矿山法施工的隧道。

9.1.2 编制参考标准及规范

(1)公路工程技术标准(JTG B01—2014)。

(2)公路勘测规程(JTG C10—2007)。

(3)公路隧道设计规范(JTG D70—2004)。

(4)公路隧道施工技术细则(JTG/T F60—2009)。

(5)公路工程质量检验评定标准(第一册 土建工程)(JTG F80/1—2017)。

(6)公路工程混凝土结构防腐技术规范(JTG/T B07-01—2006)。

(7)公路隧道养护技术规范(JTG H12—2015)。

9.2 术语

9.2.1 膨胀土

膨胀土是指土中黏土矿物成分主要由亲水性矿物组成,同时具有吸水显著膨胀软化和失水收缩硬裂两种特性,且具有湿胀干缩往复变形的高塑性黏性土。决定膨胀性的亲水矿物主要是蒙脱石黏土矿物。

9.2.2 黄土

按黄土形成的年代,有老黄土和新黄土之分。老黄土指形成于下更新世 Q_1 的午城黄土和中更新世 Q_2 的离石黄土。新黄土指普遍覆盖在上述黄土上部及河谷阶地地带的上更新世 Q_3 的马兰黄土及全新世 Q_4 下部的次生黄土。此外,还有新近堆积黄土,为 Q_4 的最新堆积物,多为近几十年至近几百年所形成的。一般来说,老黄土的稳定性比新黄土要好。

9.2.3 溶洞

溶洞是在岩溶水的溶蚀作用下，间有潜蚀和机械塌陷作用而造成的基本呈水平方向延伸的通道。溶洞是岩溶现象的一种。

9.2.4 塌方

塌方是指由于不良地质和水文地质、设计考虑不周或施工方法和措施不当而使围岩产生裂缝或破坏，或围岩内层理、节理等发生松弛、剥离，导致岩石、泥土大规模坍落的现象。

9.2.5 松散地层

松散地层指漂卵石地层、极度风化破碎岩石的松散体、砂夹砾石和含有少量黏土的土层、无胶结松散的干砂等。这类地层的胶结性弱、稳定性差，在隧道施工中极易发生坍塌。

9.2.6 流沙地层

流沙是沙土或粉质黏土在水的作用下丧失其内聚力后形成的，多呈糊浆状，所到之处，围岩失稳坍塌、支护结构变形，危害极大。

9.2.7 瓦斯地层

瓦斯是隧道内有害气体的总称，其成分以沼气(甲烷 CH_4)为主。当隧道中的瓦斯浓度达到爆炸限度时，一旦与火源接触，就会引起爆炸。

9.2.8 岩爆

岩爆是岩体中聚集的高弹性应变能，因隧道开挖而发生的一种应力释放现象。它的形成需要两个条件：

(1)地层的岩性条件。岩爆只发生于结构完整或基本完整的脆性硬岩地层中。多见于石英岩、花岗岩、正长岩、闪长岩、花岗闪长岩、大理岩、花斑状大理岩、片麻岩等岩体；

(2)地应力条件。岩爆多发生于埋深大的隧道中，因只有埋深大才足以形成高地应力，在高地应力作用下，地层中才能积聚很高的弹性应变能。

9.3 施工准备

9.3.1 技术准备

核对设计提供的工程地质与水文地质的测绘资料是否符合实际，必要时补测钻探资料。须着重调查以下内容：

(1)岩层走向及地下水活动程度，裂隙的特征及其组合关系，尤其要重视断层、褶皱、破碎带对施工的影响。

(2)隧道通过岩溶地区。应查明溶洞分布情况，洞穴大小范围，有无泥水，与隧道位置的关系和影响隧道稳定的各种因素。

（3）隧道通过黄土地层。应鉴别是属于老黄土还是新黄土，了解其厚度及其中夹杂层成分。

（4）隧道通过含盐地层。应了解其分布范围、层位及厚度，对硫酸盐、碳酸盐含量大，膨胀压力大的含盐层，应查明地下水渗流情况及地下水中 SO_4^{2-} 离子、游离碳酸的含量。

（5）隧道通过泥石流地区。应了解其发生的条件和影响范围，查明是正在发展的还是停止发展的，判断施工地区是否受泥石流影响和泥石流对洞口、辅助导坑口的危害，并确定对泥石流的预防和整治措施。

（6）隧道通过含煤地层。应了解有害气体瓦斯（CH_4）的浓度、涌出量及压力等，并预计出现煤层及瓦斯突出的可能部位。

（7）隧道通过地下水发育地区。了解其来源、类型及水压、水量、水质及与地表水补排的关系；了解含水层、透水层、隔水层与地下水位分布组合对隧道施工的影响。

9.3.2 材料准备

1. 爆破器材

炸药、导爆索、传爆索、非电毫秒雷管，瓦斯地区应使用安全炸药，延期电雷管（总延期时间不大于 130 ms）。

2. 辅助施工材料

型钢钢架、格栅钢架、小导管（$\phi42 \sim \phi50$ mm）、管棚钢管（$\phi80 \sim \phi108$ mm）、注浆材料等。

3. 支护与衬砌材料

砂、石、水泥、外掺剂、钢筋、防水材料等。

9.3.3 主要机具

1. 机械

凿岩机、空压机、发电机、挖土机、推土机、铲车、自卸卡车、混凝土搅拌机、喷射混凝土机、注浆机等。

2. 测量仪器

经纬仪、水准仪、激光断面仪等。

3. 监测仪器

位移收敛计、精密水准仪、铟钢尺、瓦斯监测仪等。

9.3.4 作业条件

（1）所需排水系统已布置好。

（2）洞口作业场地已平整好。

（3）风、水、电均已接通。

（4）施工便道已开通。

（5）弃渣场地已落实。

9.3.5 劳动力组织

根据施工进度安排和工程数量，按劳动定额和工班组织分期安排劳动组织计划。

9.4 工艺设计和控制要求

9.4.1 技术要求

(1)必须进行施工监控量测,及时以量测数据反馈指导施工。

(2)在特殊地质地段中开挖隧道,辅助施工措施是关键,各种预支护和预加固手段必须严格按设计要求到位。

(3)爆破设计按围岩实际情况进行,原则是尽量少扰动围岩,必要时可选择不爆破而采用机械或手工挖掘。

9.4.2 材料质量要求

(1)水泥、砂、石、水及外掺剂的质量和规格必须符合设计和规范要求,按规定的配合比施工。

(2)钢筋、钢管的加工、接头、焊接和安装以及混凝土的拌制、运输、浇注、养护、拆模均须符合设计和规范要求。

(3)寒冷地区混凝土骨料应按有关规定进行抗冻试验,结果应符合规范要求。

9.4.3 职业健康安全要求

(1)施工过程中隧道内的氧气含量按体积计不应小于20%。

(2)隧道内气温不宜高于28℃。

(3)有害气体浓度控制。

①一氧化碳(CO)一般情况下不大于30 mg/m³。特殊情况下,施工人员必须进入工作面时,可为100 mg/m³,但工作时间不得超过30 min。

②二氧化碳(CO_2)按体积计不得大于0.5%。

③氮氧化物(NO_2)在5 mg/m³以下。

④甲烷(CH_4)按体积计不得大于0.5%。

(4)粉尘浓度控制。

含10%以上游离二氧化硅的粉尘,每立方米空气中不得大于2 mg;含10%以下游离二氧化硅的矿物性粉尘,每立方米空气中不得大于4 mg。

(5)噪声不宜大于80 dB。

(6)隧道施工必须采用机械通风。通风方式应根据隧道长度、施工方法和设备条件等确定。长隧道应优先考虑混合通风方式。当主机通风不能保证隧道施工通风要求时,应设置局部通风系统、风机间隔串联或加设另一路风管增大风量。如有辅助坑道,应尽量利用坑道通风。瓦斯地段通风,应将新鲜空气送至开挖面,将开挖面附近的瓦斯含量稀释到0.5%以下;并用排风管将瓦斯气体排到洞外,不允许瓦斯气体流入隧道后方内。

(7)隧道施工应定期测试粉尘和有害气体的浓度。

9.4.4 环境要求

(1)当采用注浆措施时,应尽量避免注浆材料的撒漏,对进入排水系统中的有害物质应做净化处理,避免流入当地水系破坏环境。

(2)合理选择弃渣场地,并按规范要求施做弃渣排水设计。若隧道通过的岩层含有放射性元素,应经严格测定后,依据含量浓度确定堆渣场地位置,并按规范要求做好处理措施。

9.5　施工工艺

特殊地质地段隧道施工的基本施工原则是"先治水、短开挖、弱爆破、强支护、早衬砌、勤量测、稳推进"。根据这一原则,制定切实可行的施工工艺和方法。当隧道通过膨胀土层、软弱黄土层、含水未固结围岩、溶洞、破碎带、岩爆、流沙以及瓦斯溢出地层时,应采用辅助施工措施。特殊地质隧道,除大面积淋水地段、流沙地段外,均可采取锚喷支护施工。不宜采用锚喷支护的地段,应采用构件支撑。特殊地质地段施工不宜采取全断面开挖。钻爆设计时,应严格控制炮眼数量、深度和装药量。自稳性极差的围岩宜采取压注水泥砂浆或化学浆液加固。模筑衬砌后面的空隙应密实回填,尤其是拱顶。仰拱应尽快施工,以使结构及时封闭成环。

9.5.1　膨胀性围岩地段施工工艺

1.工艺流程

膨胀性围岩地段施工工艺流程如图 9 - 1 所示。

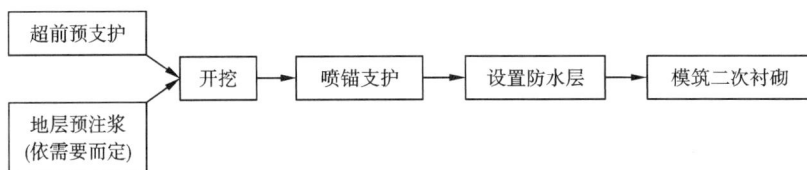

图 9 - 1　膨胀性围岩地段施工工艺流程图

2.操作工艺

隧道通过膨胀性地层时,应对围岩的压力和流变情况进行调查、量测,掌握围岩变形及压力的增长特性。

(1)应尽量减少对围岩的扰动和防止水的浸润,故宜采用无爆破掘进法。

(2)开挖过程中应尽可能缩短围岩的暴露时间,开挖后及时喷射混凝土以封闭围岩。

(3)支护应紧跟上,以尽快形成对围岩的约束,减少膨胀变形。可用锚喷及钢架或格栅钢架联合支护。

(4)膨胀压力很大时,可布置超前锚杆或小导管,形成闭合环。喷射混凝土层宜采用钢纤维混凝土,以提高喷层的抗拉和抗剪能力。并应使模筑砼衬砌结构及早闭合。

(5)在膨胀性围岩中,钢架支撑宜采用可缩性结构。支撑的制作与安装应符合下列规定:

①支撑的可缩接头,根据位移量确定,可设 2~3 个。

②接头的伸缩量,应根据隧道最大控制位移值计算确定,每个接头最大伸缩量不宜大于100 mm。

③可缩接头的滑动阻力，可按钢架支撑承受轴向力的1/2进行计算。

④当采用钢管制作支撑时，应设灌浆孔。可缩接头收缩合拢后，管内应灌满C15混凝土或10号砂浆。

⑤可缩接头处的喷射混凝土应设置纵向伸缩缝，待可缩接头合拢后再用喷射混凝土封闭。

⑥衬砌的拱部与边墙宜同时施工，仰拱应尽早完成，以形成整体性良好的永久性衬砌。

⑦如果膨胀压力太大，围岩变形速率难以收敛而需要提前做好拱圈衬砌时，则应在上台阶的底部设置临时混凝土仰拱或喷射混凝土仰拱，以临时形成拱圈封闭结构；在开挖下部时拆除临时仰拱，并尽快完成边墙和隧底仰拱，形成永久性衬砌结构。仰拱与边墙连接处应尽可能做成圆弧状，以减少应力集中。

9.5.2　黄土地层地段施工工艺

1.工艺流程

黄土地层地段施工工艺流程如图9-2所示。

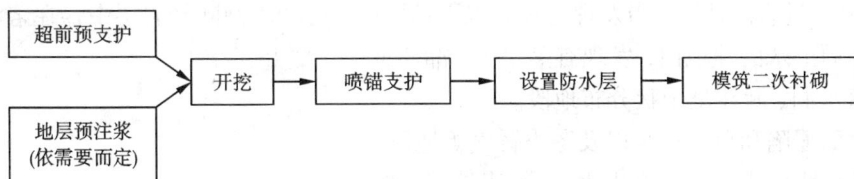

图9-2　黄土地层地段施工工艺流程图

2.操作工艺

(1)宜采用短台阶开挖法或环形开挖留核心土法。初期支护应紧跟开挖面施做，切实缩短黄土暴露的时间。

(2)做好地表水截排工作，雨水不得漫溢于洞口仰坡和边坡面。

(3)当隧道覆盖层浅、地表有下沉可能时，应采取防止地表下沉的措施。

(4)对黄土层中因构造节理切割而形成的不稳定部位应加强支护。

(5)黄土隧道宜采用复合式衬砌，开挖后以钢支撑、钢筋网、喷射混凝土和锚杆作为初期支护，必要时宜采用超前锚杆、管棚支撑加固围岩。

(6)施工中洞内应完善排水设施，保持路面干燥。当地下水量较大时，应在洞内采用井点降水法降低地下水位，或在洞外隧道开挖线两侧设深井降水。在干燥无水的黄土层中施工，应管理好施工用水，不使废水漫流。

(7)施工时要特别注意拱脚与墙脚处断面，如超挖过大，应用浆砌片石回填，如发现该处土体承载力不够时，应立即加设锚杆或其他措施予以加固。

(8)在开挖与灌筑仰拱前，为防止边墙向内位移，宜加设横梁顶紧，亦可在支撑钢架下部设置锁脚锚杆。

(9)在喷射混凝土时，喷射机的压力以不超过0.2MPa为宜。

(10)钻锚杆眼时，应尽量减少钻眼用水，以减少水对孔眼的浸湿作用。若粉尘不大，可考虑采用干钻。

9.5.3 溶洞地段施工工艺

1. 工艺流程

溶洞地段施工工艺流程如图9-3所示。

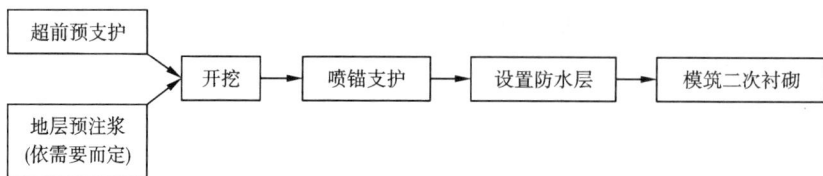

图9-3 溶洞地段施工工艺流程图

2. 操作工艺

（1）溶洞。

①隧道通过岩溶地区，当发现地表有以下情况时，可初步判断其岩层中存在溶洞、暗河。

（a）四周汇水的洼地内，发现有落水洞、漏斗或天然竖井存在。

（b）落水洞、漏斗呈带状分布地段。

（c）地面塌陷和草木丛生以及冬季冒气等地段。

（d）地表水消失或附近有出水点（泉眼）的地段。

②引排水措施。

（a）遇到暗河或溶洞有水流时，宜排不宜堵。应在查明水源流向及其与隧道位置的关系后，用暗管、涵洞、小桥等设施渲泄水流或开凿泄水洞将水排出洞外。

（b）当岩溶水流的位置在隧道顶部或高于隧道顶部时，应在适当距离处，开凿引水斜洞（或引水槽）将水位降低到隧底标高以下再行引排。当隧道设有平行导坑时，可将水引入平行导坑排出。

③堵填措施。

（a）对已停止发育、跨径较小、无水的溶洞，可根据其与隧道相交的位置及其充填情况，采用混凝土、浆砌片石或干砌片石予以回填封闭；或加深边墙基础，加固隧道底部。

（b）当隧道拱顶部有空溶洞时，可视溶洞的岩石破碎程度在溶洞顶部采用锚杆加固，并加设隧道护拱及拱顶回填的办法处治。

（2）跨越措施。

①当溶洞较大较深，不宜采用堵填封闭的方法，或充填物松软不能承载隧道结构时，可采用梁、拱跨越。跨越的梁端或拱座应置于稳固可靠的岩层上，必要时可灌筑混凝土进行加固。遇特大溶洞时，可采取明洞结构形式通过。

②当溶洞很大，地质情况复杂时，隧道衬砌可采用拉杆拱、边墙梁结构；有条件时，可采用锚索对溶洞与隧道连接处进行加固，锚索应为全长末胶结的自由受力锚索。

（3）绕行措施。

在岩溶区施工，个别溶洞处理耗时且困难时，可采取迂回导坑绕过溶洞，继续进行隧道前方施工，并同时处治溶洞，以节省时间，加快施工进度。绕行开挖中，应防止洞壁失稳。

(4)溶洞地段施工应符合下列要求：

①当达到溶洞边缘时，施工各工序应紧密衔接。同时设法探明溶洞的形状、范围、大小、充填物及地下水等情况，据以制定施工处理方案及安全措施。

②对小溶洞应填实。对大溶洞，当在充填物中开挖而充填物较松软时，可用超前支护法施工，如充填物为极松散的砾、块石堆积或有水，可在开挖前采取预注浆加固。

③施工中对溶洞顶部应经常检查，及时处理危石。当溶洞较高且顶部破碎时，应对洞顶采取网、锚、喷加固。

④在岩溶地段施工时，应尽量做到多打眼，打浅眼，并控制药量。

⑤当反坡施工遇到溶洞时，应准备足够数量的排水设备。

⑥判断有岩溶水时，应利用炮眼钻孔或超前探水钻孔作涌水预报，探明开挖面前方几米到几十米的水情，防止突水突泥事故的发生。

⑦溶洞内不得任意抛填隧道开挖弃渣。

9.5.4　塌方地段施工工艺

1. 工艺流程

塌方地段施工工艺流程参见图9-2。

2. 操作工艺

(1)塌方地段应加强预报工作。在处理塌方前，应详细调查其范围、形状、塌穴的地质构造，查明其诱发原因和塌方类型，据此确定处理方案。

(2)隧道塌方后，应先加固与塌方地段相邻的未塌方地段洞身，防止塌穴扩大，然后再处理塌方。

(3)洞内塌方处，模筑衬砌背后与塌穴洞壁之间必须紧密支撑，并根据下列几种情况分别处理：

①小塌方。应尽快采用喷射混凝土或锚喷联合支护封闭塌穴顶部和侧部，再进行清渣。在确保安全的前提下，也可在坍渣上架设临时支架，稳定顶部，然后清渣。临时支架的拆除要待灌筑衬砌混凝土达到要求强度后方可进行。最后要用浆砌片石或干砌片石将坍穴填满。

②大塌方。塌穴高、坍渣数量大，且坍渣体完全堵住洞身时，宜采取先护后挖的方法。在查清坍穴规模大小和穴顶位置后，可采用管棚法或注浆固结法稳固围岩和渣体，待其基本稳定后，按先上部后下部的顺序清除洞内渣体，并尽快完成模注混凝土衬砌(加强型)。对衬砌背后的空穴，可先用浆砌片石回填一定厚度(约2 m厚)，再以弃渣填实。当坍穴很大，全部填满有困难时，也可考虑采用喷锚支护等方法稳定塌穴洞壁，或请设计单位共同做出处理。

③塌方冒顶。在清渣前应先支护地表陷穴口，地层极差时，可在陷穴口附近地面布置地表锚杆加固地层，洞内坍体可采用管棚等方法穿越。

④当暗挖进洞，发生洞口塌方时，宜改用明洞的方法进洞。

⑤塌方时的防排水处理措施。

隧道塌方往往与地下水的活动密切相关，故"治塌应先治水"。一旦发生塌方，首先应积极采取措施，截断地表水渗入坍体范围，在洞内防止地下水渗入塌方地段，以免塌方继续扩大。具体措施有：

（a）将地表沉陷和裂缝用黏土紧密夯实，周围开挖截水沟，防止地表水渗入。

（b）坍体内有地下水活动时，应用管槽引至排水沟排出，以防止水对坍体的继续破坏。

（c）塌方冒顶的防排水处理：地表陷穴要用雨布遮盖，周围开挖临时排水沟，以防止雨水流入洞内。拱部回填可先用浆砌片石回填约 2 m 厚，在其上以弃渣或用一般土石回填至离地表 1～2 m，最后用黏土回填至略高于地表，并向四周倾斜，周围做好排水沟。

（d）岩爆引起塌方时，应采取以下措施：迅速将人员和机械撤至安全地段；采用摩擦型锚杆进行支护，增大锚杆的初锚固力；采用钢纤维喷射混凝土，抑制开挖面拱部围岩的剥落；采取挂钢筋网，必要时可用钢支撑加固；做好岩爆现象观察记录，以备分析；可采取声波探测，加强岩爆预报工作。

9.5.5 松散地层地段施工工艺

1. 工艺流程

松散地层地段施工工艺流程参见图 9 - 2。

2. 操作工艺

（1）在松散地层中施工，行之有效的方法是超前预支护和地层注浆预加固。开挖时应尽量减少对围岩的扰动，先护后挖，密闭支撑，尽早衬砌，封闭成环。主要方法有：

①超前锚杆或超前小钢管。适用于稳定性相对而言稍好的松散地层。

②超前管棚（含小导管注浆或大管棚）。适用于稳定性极差的砂黏土、亚黏土（黏土含黏土粒一般大于 60%，砂黏土含黏土粒 10%～30%，黏沙土含黏土 10% 以下）、粉砂、细砂、砂夹卵石夹黏土等地层。

③注浆加固。采用地层注浆的方法将松散地层固结为整体，再进行开挖，这是在这类地层中使用较多的一种方法。在砂夹砾石、粗砂且有侵蚀性水的地层中，采用水泥砂浆压注；在粉、细砂或有侵蚀性水时，可压注化学浆液。

（2）松散地层中含水，对隧道施工危害极大。可采用井点降水或注浆堵水等方法治理。

9.5.6 流沙地段施工工艺

1. 工艺流程

流沙地段施工工艺流程参见图 9 - 2。

2. 操作工艺

（1）及时调查清楚流沙的特性、规模，了解地质构成、贯入度、相对密度、粒径分布、塑性指数、地层承载力、滞水层分布、地下水压力和透水系数等，详细制定处治方案，其中治水是关键。

（2）在流沙地段开挖隧道，相应的施工措施有：

①当开挖遇到流沙时，应赶紧封闭流沙通道。

②加强防排水工作，防止沙层稀释和挟走沙粒，必要时可采取井点法降低地下水位，其集水管可用加气砂浆充填。

③将泥水抽排至洞外。当隧道很长时，可在洞内合适位置设临时蓄泥水池，将泥水在该池内经处理沉淀后抽出洞外，池内沉积的淤泥定期清除。

④采用化学药液注浆固结围岩时，注剂可采用悬浮型或溶液型浆液。

⑤应自上而下分部开挖，先护后挖，边挖边密封，遇缝必堵。也可采用超前注浆，以改善地层结构，然后再开挖。在流沙地段，原则上不宜采用喷锚支护，而宜采用构件支撑。

⑥可采用工字钢支撑或木支撑，设置底梁，支排的上下、纵横均应连接牢固。架设拱架时，拱脚应用方木或厚板铺垫。支撑背面应用木板或槽型钢板遮挡，严防流沙从支排间溢出。

⑦在流沙溢出口附近较干燥围岩处，应尽快打入锚杆或施做喷射混凝土层，加固围岩，防止溢出扩大。

(3)流沙地段开挖边墙马口，其长度不得大于 2 m，并应采取措施防止拱圈两侧不均匀下沉。拱部和边墙衬砌混凝土的灌筑应尽量缩短时差，尽快形成封闭环。

9.5.7　煤与瓦斯地层地段施工工艺

1. 工艺流程

煤与瓦斯地层地段施工工艺流程参见图 9－2。

2. 操作工艺

(1)在瓦斯溢出地段，应预先确定瓦斯探测方法，并制定瓦斯稀释措施、防爆措施、紧急救援措施等。

(2)在选择瓦斯地区的施工方法时，要求各工序间距尽量短，以便使衬砌及早封闭成环，同时应严格保证混凝土的密实性，以防瓦斯溢出。当开挖分部多时，岩层暴露的总面积多，成洞时间长，洞内各工序交错分散，易使瓦斯各处积滞浓度不匀，这对施工是很不利的。因此，应尽量选择分部少的施工方法，只要条件许可，就应尽可能采用全断面法开挖，因其工序简单、面积大、通风好，随挖随护，能够很快缩短煤层中瓦斯放出的时间和缩小围岩暴露面，有利于防止瓦斯。

(3)加强通风是防止瓦斯爆炸最有效的办法。把空气中的瓦斯浓度吹淡到爆炸浓度以下的 1/10～1/5，将其排出洞外。有瓦斯的隧道，必须采用机械通风，并配置备用风机，一旦原有通风机发生故障时，备用风机能立即供风，始终保证工作面空气内的瓦斯浓度在允许限度以内。当通风机发生故障或停止运转时，洞内工作人员应马上撤离到新鲜空气地区，直至通风恢复正常，瓦斯浓度降到允许限度以内，才能进入工作面继续工作。

(4)钻爆作业必须遵守下列规定：

①在煤层或有瓦斯岩层中，不允许打 400 mm 以下的浅眼，任何炮眼的最大抵抗线不得小于 300 mm。

②打眼时应采取湿式凿岩，严禁干式凿岩。

③应使用毫秒电雷管和安全炸药，并采用电力起爆。

④爆破电闸应安装在新鲜风流中，并与开挖面保持 200 m 左右的距离，或用放炮器起爆。

⑤应采用连续装药方式，雷管安放在最外一节炸药中，不得使用裸露药包。

(5)瓦斯地层施工必须采取下列安全措施：

①预先对各有关工种人员进行专门训练，经考试合格确认其已掌握有关防止瓦斯爆炸方面的技术操作知识后，方可上岗工作。装渣运输使用的金属器械和车辆不得与渣体撞击，铲装前必须将石渣洗湿，防止摩擦和碰击火花。避免使用内燃机械。

②通风用的风筒、风道、风门和风墙等设施，必须按规定制作，保持密闭，防止漏风和松

动塌落,施工中应派专人维修和保养,禁止频繁开启风门,确保风流稳定。

③风机用电应单独供给,当其他电源因瓦斯超限而切断时,风机电源必须能正常供电。

④组织工地救护组应进行专门抢救训练。备齐急救和抢险设备,并指定专人保管,经常保持其良好状态,不得挪做他用。

⑤隧道内严禁使用明火照明,不得带入易燃物品。

(6)瓦斯检测手段可采用瓦斯遥测装置、定点报警仪和手持式光波干涉仪。应重点检测下列地点:

①开挖面及其附近 20 m 范围内。

②断面变化交界处上部,导坑上部,衬砌与未衬砌交界处上部,以及衬砌台车内部等容易积聚瓦斯的地方。

③局扇 20 m 范围内的风流中。

④总回风流中。

⑤各洞室和通道。

⑥机械、电气设备及其开关附近 20 m 范围内。

⑦岩石裂隙、溶洞和采空区瓦斯溢出口。

⑧局部通风不良地段。

⑨技术负责人指定的检测地点。

(7)应加强瓦斯检查制度,在钻眼、装药、放炮前及放炮后四个环节上搞好瓦斯巡回检测工作。瓦斯检查应按下列规定执行:

①导坑内瓦斯含量在 0.5% 以下时,每隔 0.5~1 h 检查一次,在 0.5% 以上时,应随时检查,不得离开开挖面,发现异常应及时报告。

②当发现瓦斯含量在 1% 时,应停止工作,加强通风稀释,在瓦斯含量降到允许值后,才可恢复工作。

③瓦斯检查人员工作时应有安全防护装备。

(8)当有煤与瓦斯突出危险时,必须按《煤矿安全规程》的规定,制定专门的防突措施。

9.5.8 岩爆地层地段施工工艺

1. 工艺流程

岩爆地层地段施工工艺流程参见图 9-2。

2. 操作工艺

(1)岩爆的工程现象是:当隧道开挖时,岩体受到急剧破坏,岩片由围岩壁面上突发性地飞出,发出爆裂声,而且大都发生在隧道掌子面附近及侧壁上,有时频繁出现,有时甚至会延续一段时间后才逐渐消失。

(2)岩爆的防治可以采用以下措施:

①强化围岩。例如,喷射混凝土或喷钢纤维混凝土、锚杆加固、喷锚支护、网锚喷联合、钢支撑网喷联合等。这些措施的出发点是给围岩一定的径向约束,使岩的应力状态较快地从平面转向三维应力状态,以达到延缓或抑制岩爆发生的目的。

②弱化围岩。可往岩层中注水。调查结果表明,当隧道有涌水时是不会发生岩爆的,注水能改变岩石的物理力学性质,降低岩石的脆性和储存能量的能力。也可采用解除围岩中高

地应力的方法,如超前预裂爆破、排孔法、切缝法等。目的是消减围岩中的能量,使能量平和地转化或释放。

(3)岩爆地段隧道施工的注意事项有:

①如设有平行导坑,则平导应超前于正洞一定距离,以了解地质,判断是否会发生岩爆,为正洞施工达到相应地段时加强防治提供依据。如有条件,可采用声波探测预报岩爆的可能性。

②爆破应严格控制用药量,以尽可能减少对围岩的扰动。

③根据岩爆发生的频率和规模情况,必要时应考虑缩短爆破循环进尺。初期支护或衬砌要紧跟开挖面,以尽可能减少岩层的暴露面和暴露时间,防止岩爆的发生。

9.6　质量标准

9.6.1　洞身开挖

详见洞身开挖工程施工工艺。

9.6.2　喷射混凝土支护

详见喷射混凝土工程施工工艺。

9.6.3　锚杆支护

详见锚杆工程施工工艺。

9.6.4　钢筋网支护

1. 基本要求

(1)所用材料的质量和规格应符合设计要求。

(2)采用双层钢筋网时,第二层钢筋网应在第一层钢筋网被混凝土覆盖后铺设。

2. 实测标准

钢筋网支护实测项目标准,如表9-1所示。

表9-1　钢筋网支护实测标准

项次	检查项目	规定值或允许偏差	检查方法和频率	权值
1	网格尺寸/mm	±10	尺量:每50 m² 检查2个网眼	3
2	钢筋保护层厚度/mm	≥10	凿孔检查:每20 m 检查5个点	2
3	与受喷岩面的间隙/mm	≤30	尺量:每20 m 检查10个点	2
4	网的长宽/mm	±10	尺量	1

3. 外观标准

钢筋网与锚杆或其他固定装置应连接牢固,喷射混凝土时不得晃动。

9.6.5 混凝土衬砌

按二次衬砌工程施工工艺执行。

9.6.6 钢支撑支护

按钢架支撑工程施工工艺执行。

9.6.7 衬砌钢筋

1. 基本要求

钢筋的品种、规格、形状、尺寸、数量、接头位置必须符合设计要求和有关标准的规定。

2. 实测标准

衬砌钢筋实测项目标准,如表9-2所示。

表9-2 衬砌钢筋实测项目标准

项次	检查项目			规定值或允许偏差	检查方法和频率	权值
1	主筋间距/mm			±10	尺量:每20 m检查5个点	3
2	两层钢筋间距/mm			±10	尺量:每20 m检查5个点	2
3	箍筋间距/mm			±10	尺量:每20 m检查5个点	1
4	绑扎搭接长度	受拉	I级钢	30d	尺量:每20 m检查3个接头	1
			II级钢	35d		
		受压	I级钢	20d		
			II级钢	25d		
5	钢筋加工	钢筋长度/mm		-10,+5	尺量:每20 m检查5个点	1

3. 外观标准

无污秽、无锈蚀。

9.6.8 超前锚杆

1. 基本要求

(1)锚杆材质、规格等应符合设计和规范要求。

(2)超前锚杆与隧道轴线外插角宜为5°~10°,长度应大于循环进尺,宜为3~5 m。

(3)超前锚杆与钢架支撑配合使用时,应从钢架腹部穿过,尾端与钢架焊接。

(4)锚杆插入孔内的长度不得短于设计长度的85%。

(5)锚杆搭接长度应不小于1 m。

2. 实测标准

超前锚杆实测项目标准,如表9-3所示。

表 9 - 3　超前锚杆实测项目标准

项次	检查项目	规定值或允许偏差	检查方法和频率	权值
1	长度/mm	不小于设计	尺量：检查锚杆数的10%	2
2	孔位/mm	±50	尺量：检查锚杆数的10%	2
3	钻孔深度/mm	±50	尺量：检查锚杆数的10%	2
4	孔径/mm	符合设计要求	尺量：检查锚杆数的10%	2

3.外观标准

锚杆沿开挖轮廓线周边均匀布置，尾端与钢架焊接牢固，锚杆入孔长度符合要求。

9.6.9　超前钢管

1.基本要求

(1)钢管的型号、质量和规格等应符合设计和规范要求。

(2)超前钢管与钢架支撑配合使用时，应从钢架腹部穿过，尾端与钢架焊接。

(3)钢管插入孔内的长度不得短于设计长度的85%。

2.实测标准

超前钢管实测项目标准，如表9-4所示。

表 9 - 4　超前钢管实测项目标准

项次	检查项目	规定值或允许偏差	检查方法和频率	权值
1	长度/mm	不小于设计	尺量：检查钢管数的10%	2
2	孔位/mm	±50	尺量：检查钢管数的10%	2
3	钻孔深度/mm	±50	尺量：检查钢管数的10%	2
4	孔径/mm	符合设计要求	尺量：检查钢管数的10%	2

3.外观标准

钢管沿开挖轮廓线周边均匀布置，尾端与钢架焊接牢固，入孔长度符合要求。

9.7　成品保护

(1)模筑混凝土衬砌的拆模养护时间必须严格按规范要求进行。

(2)隧道的设计基准期是100年，应按《公路工程混凝土结构防腐技术规范》(JTG/T B07-01—2006)的规定保证混凝土的防腐蚀要求。

9.8　安全环保措施

(1)施工中应经常观察围岩和地下水的变异情况，量测支护、衬砌的受力情况，注意地形、地貌的变化，防止突然事故的发生。若有险情，应立即分析情况并采取措施，迅速处理。渗漏水地段，应先治水。

（2）当开挖面自稳性很差，难以开挖成形时，应在清除危石后尽快在开挖面上喷射厚度不小于 50 mm 的混凝土护面，必要时，可在开挖轮廓线处和开挖面上打设超前锚杆。超前锚杆长度宜大于开挖进尺的 3 倍。

（3）锚喷支护完成后仍不能提供足够的支护能力时，应及时设置钢架支撑，以加强支护。须符合下列要求：

①支撑应有足够的强度和刚度，能承受开挖后的围岩压力，支撑基础应铺设垫板。当支撑出现变形、断裂时，应立即加固或部分撤换。

②围岩出现底部压力，产生底鼓现象或可能产生沉陷时，应加设底梁。

③当围岩极为松软破碎时，必须先护后挖，暴露面应采用支撑封闭。

④根据现场条件，可结合管棚或超前锚杆等支护，形成联合支撑。

⑤撑作业应迅速、及时。

（4）当围岩压力过大，支撑下沉可能侵入衬砌设计断面时，必须挑顶，并按以下方法进行处理：

①拱部扩挖前发现顶部下沉，应先挑顶后扩挖。

②当扩挖后发现顶部下沉，应立好拱架和模板先灌筑满足设计断面部分的拱圈，待混凝土达到所需强度并加强拱架支撑后，再行灌筑其余部分。

③挑顶作业宜先护后挖。

9.9　质量记录

（1）钢筋、型钢出厂质量证明书。

（2）隐蔽工程验收记录。

（3）当采用构件支撑时，塌方地段的衬砌背后未能取出的木料应做记录。

10   隧道辅助作业工艺标准

10.1   总则

10.1.1   适用范围

本标准适用于采用钻爆法施工的山岭交通隧道和城市交通隧道。

10.1.2   编制参考标准及规范

(1)公路工程技术标准(JTG B01—2014)。
(2)公路勘测规程(JTG C10—2007)。
(3)公路隧道设计规范(JTG D70—2014)。
(4)公路工程抗震规范(JTG B02—2013)。
(5)公路隧道施工技术细则(JTG F60—2009)。
(6)公路工程质量检验评定标准(JTG F80/1—2017)。

10.2   术语

10.2.1   隧道辅助作业

为隧道施工的基本作业(钻爆、出渣、支护、衬砌等)提供必要的施工条件,并直接为基本作业服务的作业称为辅助作业。内容包括施工通风与防尘,压缩空气供应,施工供水与排水,施工供电与照明等。

10.2.2   三管两线

三管:通风管、高压风管、供水管;两线:运输线、供电与照明线。

10.3   施工准备

10.3.1   技术准备

（1）根据隧道的长度、工程与水文地质特征、施工方案等要求选择通风方式，计算通风风量和风压；选择通风机械的型号，安装与调试通风设备，安设通风管。

（2）根据隧道施工组织计划的技术要求，计算压缩空气供风量，选定空压机站设置位置、空压机数量与高压风管直径，安装空压机与配电设备，铺设高压风管管路。

（3）估算施工与生活用水量，配置供水设备，建蓄水池和泵水房，铺设供水管。

（4）估算隧道施工的总用电量，选择隧道施工供电方式，选用和安装施工供电变压器，布置和安装供电线路。

（5）根据隧道施工照明标准选购和安装照明灯具类型。

10.3.2   材料准备

（1）供风与供水器材：通风管（软管或金属管）、压缩空气送风管及其配件、水管。

（2）供电器材：供电导线、各类配电开关、照明灯具等。

10.3.3   主要机具

（1）主要机械：轴流风机、空压机、储风缸、水泵。

（2）主要设备：发电机、变压器、配电设备。

10.3.4   劳动力组织

（1）通风机械与通风管道的运行、保养与维修：2～3人。

（2）空压机与配套设备、供风管路的运行、保养与维修：4～5人。

（3）施工与生活用水的供应与设施管理：1～2人。

（4）施工供电与照明设施及线路的管理与维护：2～3人。

10.4   工艺设计和控制要求

10.4.1   技术要求

（1）机械通风的风压和送风量应能满足隧道各项作业时的卫生与环境要求。

（2）压缩空气供应。

①空压机站应提供能满足各种风动机械（具）设备正常运转及输送损耗所需要的风量。

②空压机站一般应靠近洞口，与铺设的高压风管路同侧，并注意防洪、防火、防爆破，机房要求地形宽敞，通风良好，地基坚固。

③高压风管的管径能满足施工高峰期最大供风量的需求；管路铺设时应尽量减少风压损失。

（3）施工供水。

①水池位置应选择在基底坚固的山上，并避开隧道洞顶，以防止水池下沉开裂和漏水渗入隧道，造成山体滑动或洞内塌方。

②供水水池的容量应有一定的储备量，保证洞内外集中用水高峰的需要。

③应充分利用洞内地下水源。

④采用机械供水时，应有备用的抽水机具。

（4）施工排水。

下坡进洞施工的隧道，应备有足够的排水后备设施。必要时，应在开挖面上钻探水眼，防止突然遇到地下水囊、暗河等淹没坑道造成事故。

（5）施工供电。

①应根据用电总量，选用合适的发电机、变压器、各类配电开关设备和线路导线，以做到安全、可靠地供电、节约用电、减少工程投资。

②变压器位置应设在便于运输、运行、检修和地基稳固、安全可靠的地方，并尽可能靠近用电集中点（如空压机房）附近。

③隧道供电电压，一般是三相四线 400/230 V。动力机械电压标准是 380 V，成洞地段照明用 220 V，工作地段照明用 24～36 V。

10.4.2　材料质量要求

（1）通风管道采用软式风管时，风管应耐用，不易破损。

（2）高压风管应采用经久耐用，容易维修和更换的镀锌钢管。

（3）隧道施工用水应是无臭味，不含有害矿物质的洁净天然水，在使用前应做水质化验。生活用水更要新鲜清洁。

隧道工程施工用水的水质要求，如表 10-1 所示。

表 10-1　隧道工程施工用水水质要求

用水范围	水质项目	允许最大值
混凝土作业	硫酸盐（SO_4）含量	不大于 1000 mg/L
	pH	不得小于 4
	其他杂质	不含油、糖、酸等
湿式凿岩与防尘	细菌总数	在 37℃培养 24 h 每毫升不超过 100 个
	大肠菌总数	每升水中不超过 3 个
	浑浊度	不大于 5 mg/L，特殊情况不大于 1000 mg/L

（4）洞内照明线均应使用防潮绝缘导线。

（5）隧道照明灯具应具有防雾、防爆和防潮、发光效率高、光线充足均匀等功能。

10.4.3　职业健康安全要求

在钻孔、爆破、装渣等作业过程中除进行机械通风外，还应采取以下措施，尽量减少粉尘的数量，保障施工人员的健康：

（1）在钻眼时用高压水通过钻头冲洗孔眼，使岩粉变成岩浆流出。

（2）提高爆破技术，控制炮眼的装药，避免岩石过度破碎。

（3）水封爆破。利用装满水的塑料袋代替炮泥堵塞炮口，爆炸使水变成雾或蒸汽，能吸附粉尘。

（4）放炮后装渣前洒水喷雾。

（5）作业人员应坚持戴防尘口罩，以有效地防止粉尘吸入人体内。

10.4.4 环境要求

采用机械通风时应使隧道内的工作环境达到以下标准：

（1）有害气体的允许浓度：CO 容许浓度小于 30 mg/m^3；SO_2 容许浓度小于 15 mg/m^3，NO_2 容许浓度小于 5 mg/m^3，NH_3 容许浓度小于 30 mg/m^3；CO_2 含量应小于 0.5%。

（2）新鲜空气的供给：洞内空气应流通、新鲜，氧气含量不得少于 20%（按体积计）。

（3）粉尘含量：在含有 10% 以上游离 SiO_2 者，不得超过 2 mg/m^3；含有 10% 以下游离 SiO_2 的水泥粉尘，不得超过 4 mg/m^3。

（4）洞内温度：为使工人能在效舒适的气温条件下工作，洞内气温不宜超过 28℃。

10.5 施工工艺

10.5.1 工艺流程

1. 施工通风工艺流程

施工通风工艺流程如图 10-1 所示。

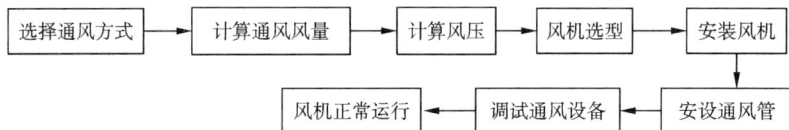

图 10-1 施工通风工艺流程图

2. 压缩空气供应工艺流程

压缩空气供应工艺流程如图 10-2 所示。

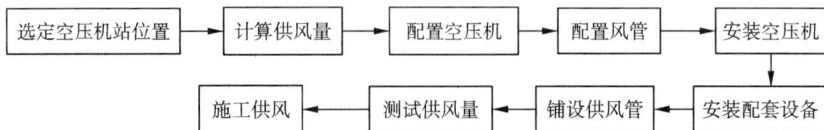

图 10-2 压缩空气供应工艺流程图

3. 施工供水工艺流程

施工供水工艺流程如图 10 – 3 所示。

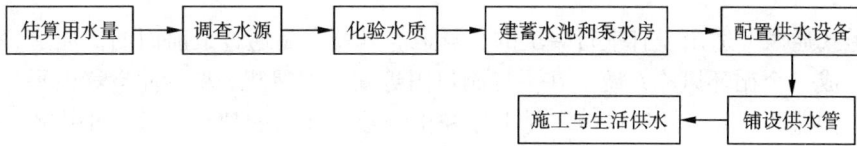

估算用水量 → 调查水源 → 化验水质 → 建蓄水池和泵水房 → 配置供水设备

施工与生活供水 ← 铺设供水管 ← 配置供水设备

图 10 – 3 施工供水工艺流程图

4. 供电与照明工艺流程

供电与照明工艺流程如图 10 – 4 所示。

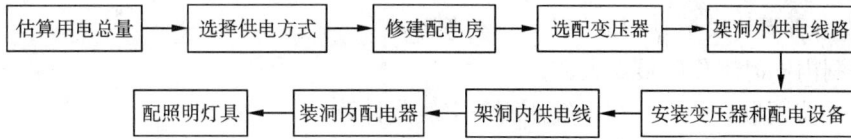

估算用电总量 → 选择供电方式 → 修建配电房 → 选配变压器 → 架洞外供电线路

配照明灯具 ← 装洞内配电器 ← 架洞内供电线 ← 安装变压器和配电设备

图 10 – 4 供电与照明工艺流程图

10.5.2 操作工艺

1. 施工通风工艺

(1) 通风方式: 隧道施工通风主要采用机械通风。按照风道类型和通风机安装位置的不同，机械通风可分为风管式、巷道式和风墙式。其中风管式通风型工艺，如表 10 – 2 所示。

表 10 – 2 风管式通风形式

风管式通风方式		适用情况	说明
压入式		1. 单机可使用于 100 ~ 400 m 内的独头巷道 2. 多机串联可用于 400 ~ 800 m 的独头巷道	1. 能较快地排除工作面的污浊空气 2. 拆装简单 3. 污浊空气排出时流经全洞
抽出式		长度在 400 m 以内的独头巷道	新鲜空气流经全洞，到达工作面时已不太新鲜；要求风管末端距工作面不超过 10 m，布置上有困难，因此通风效果差
混合式		长度为 800 ~ 1500 m 的独头巷道	1. 污浊空气经由隧道上部抽出洞外，新鲜风从下部进入隧道，再经风管到下导坑工作面 2. 抽出风机能力要大于压入风机 20% ~ 30% 3. 抽出、压入风口的布置最小要错开 30 m，以免在洞内形成循环风流

①风管式通风。风管式通风是用软管作风道，可分为三种形式。为了取得良好的通风效果，风管末端至开挖面的距离必须按表 10-2 中的规定予以保证，风管要随着开挖面的推进而及时接长。

②巷道式通风。适用于有平行导坑的长隧道。其特点是通过最前面的横通道，使正洞和平行导坑组成一个循环风流系统。在平导洞口附近安装通风机，将污浊空气由平导抽出，新鲜空气由正洞流入，形成循环风流。对平导和正洞导坑前面的独头巷道，可另辅局部的风管式通风。

③风墙式通风。是利用隧道成洞部分空间，用砖砌或木板隔出一条风道，代替大直径风管，以缩短风管长度，而且又能增大供风量满足通风要求。该方式用于隧道较长，又无平行导坑可供利用，而管道式通风又难以全盘解决的情况。

(2)机械通风的风量计算。

①作业面所需的风量 Q，应按以下因素考虑：

(a)按洞内同时工作的最高人数计算。

(b)按冲淡因爆破产生的有害气体所需空气量计算。

(c)按冲淡内燃机产生的有害气体所需空气量计算。

(d)按最小风速验算风量。

②其中按第(a)种因素考虑的计算方法如下(其余计算方法参见施工手册)：

$$Q = 3mk \quad (\mathrm{m^3/min}) \tag{10-1}$$

式中：m 为洞内同时工作最高人数；k 为风量备用系数，采用 1.1~1.25；3 为每人每分钟所需新鲜空气量 $[\mathrm{m^3/(人 \cdot min)}]$。

③按上述四种情况计算后，取其中最大者为计算风量。要求通风机提供的风量为：

$$Q_{机} = P \cdot Q_{\max} \quad (\mathrm{m^3/s}) \tag{10-2}$$

式中：Q 为计算所需风量；P 为管道漏风系数。P 值与风管直径、总长、接头质量、风压、风管材料等因素有关，是个大于1的数，可在有关的设计手册中查用。

(3)风压计算。为保证将所需风量送达工作面，并在出风口仍保持一定风速，要求通风机的风压足以克服沿途所有的阻力。风机应具备的风压为(详细计算公式参见施工手册)：

$$h_{机} \geq \sum h_{摩} + \sum h_{局} + \sum h_{正} \quad (\mathrm{Pa}) \tag{5-3}$$

式中：$h_{摩}$ 为沿程摩擦阻力；$h_{局}$ 为风道局部阻力，包含风道转弯和断面变化所产生的阻力；$h_{正}$ 是风流遇到的正面阻力，只有在计算巷道式通风时才需要考虑。

(4)通风机的选择。

①根据所算得的风量 $Q_{机}$ 和风压 $h_{机}$，即可从厂家提供的通风机技术性能表或通风机"特性曲线"图中选用合适的通风机型号。

②隧道施工通风中主要使用轴流式通风机。

(5)通风工艺要点。

①要取得良好的通风效果，除选择好通风设备外，还需要合理布置通风系统和加强维修管理。

②对于风管式通风，当管道很长需要较高风压时，可采用串联风机方式解决。

③用胶皮管通风时，风机与风机间以短风管(5~8 m)集中串联为宜。

④用金属管通风时，以间隔串联为宜，但两台风机的间距不要超过风管全长的40%。

⑤对于巷道式通风，当需要风量较大时，可采取并联风机的方式解决。

⑥通风机应有备用数量，一般为计算能力的50%。

2. 压缩空气供应工艺

(1)供风量的计算。供风量的大小可根据下式计算：

$$Q_{供} = \sum nq_1k_1c + La \quad (\text{m}^3/\text{min}) \tag{5-4}$$

式中：n 为同时使用的各种风动机械(具)的台数；q_1 为每台风动机械(具)的耗风量，可查阅有关机械手册，m^3/min；k_1 为因机械磨损而使用风量增大的系数，取 $k_1 = 1.2 \sim 1.3$；c 为同时工作系数，见表10-3、表10-4；L 为高压风输送管路的理论长度，即实际铺设的管路长度与配件折算的管路长度之和(配件折算成管路长度可查有关机械手册)，km；a 为每1 km 高压风管在单位时间内的漏风量，取 $a = 1.5 \sim 2.0 \text{ m}^3(\text{km} \cdot \text{min})$。

表 10-3　各种机械(具)同时工作系数值 c

机械(具)类型	同时使用台数/台	同时工作系数
锻钎机	1~2	1~0.75
装渣机	1~2 3~4	1~0.75 0.7~0.6
槽式列车	1~2 3~4	1~0.7 0.65~0.55
压浆机	1~2 3~4	1~0.75 0.7~0.55
喷射混凝土机	1~2	1~0.75
风动输送混凝土泵	1~2	1~0.6

表 10-4　风镐和凿岩机同时工作系数

使用台数/台	2	3	4	5	6	7	8	9	10	15	20	30
同时工作系数	0.9	0.9	0.8	0.8	0.8	0.77	0.75	0.7	0.7	0.6	0.58	0.5

(2)空压机站。

①空压机站主要有空压机、配电设备、储风缸(俗称风包，用于均衡风压及排泄高压风中的油和水)、送风管及其配件、循环水池(用于冷却空压机)等组成。

②空压机按动力来源可分为电动和内燃两种。短隧道可采用移动式内燃空压机，长隧道可采用固定式大型电动空压机。

③空压机所配置的台数应按下式计算确定：

$$N = \frac{Q_{供}}{q_2 u}k_2k_3 \quad (\text{台}) \tag{10-5}$$

式中：$Q_{供}$ 为计算供风量；q_2 为台空压机生产的能力；u 为海拔高度对空压机生产能力影响的折减系数，见表10-5；k_2 为空压机磨损引起效率降低的修正系数，取 $k_2 = 1.05 \sim 1.10$；k_3 为备用系数，取 $k_3 = 1.3 \sim 1.5$。

表 10-5　海拔高度影响折减系数

海拔高度/m	u 值	海拔高度/m	u 值	海拔高度/m	u 值	海拔高度/m	u 值
0	1.0	800	0.91	1600	0.82	2400	0.74
200	0.98	1000	0.88	1800	0.80	2600	0.72
400	0.95	1200	0.86	2000	0.78	2800	0.70
600	0.93	1400	0.84	2200	0.76	3000	0.69

④空压机组采用并列式布置,两空压机之间的净距不小于 1.5 m。此外,还应考虑空压机出入、调换、加油、加水等是否方便。

(3)高压风管管径的选择。

①高压风管管径应根据可能出现的最大风量和容许的最大风压损失来确定。

②送风管末端的风压应不小于 0.6 MPa,以保证高压风通过胶管到达风动机械(具)后仍能保持 0.5 MPa 的风压,即风压损失 $\Delta P = 0.1$ MPa。

③高压风管管径的选择可按下列步骤进行:

(a)计算出送风管路最大的理论长度。

(b)根据最大供风量及送风管管路最大的理论长度,由表 10-6 查得风管直径。

(c)根据查得的风管直径及最大供风量,以及查相关设计手册得出风压损失 ΔP 值,当 $\Delta P \leqslant 0.1$ MPa 时,则查得风管直径即可使用,否则必须将风管直径加大一级,并按上述步骤重新选取,直至满足要求为止。

表 10-6　允许通过风量与管径、管长关系

管长 L/m		100	200	400	600	800	1000	1250	1500	2000	3000	5000
风管内径 d/mm	50	16	11	8	6	5						
	70	46	33	32	19	16	15					
	100	98	70	50	40	35	31	28	25	22	18	14
	125	177	125	89	72	68	56	50	47	40	32	25
	150	289	205	145	119	102	92	83	75	65	53	41
	200		436	309	252	218	196	174	160	138	113	87
	250						348	315	284	245	202	158
	300									401	325	303

注:本表系按送风管始端风压为 0.7 MPa,钢管末端风压为 0.6 MPa,即风压通过管路的损失为 0.1 MPa。

(4)高压风管管路铺设要求。

①管路铺设时应做到平、顺、直,接头严密,架设牢固。

②有平行导坑的隧道,主风管路一般布置在平行导坑内横通道对面一侧,支管路从横通道到正洞。

③独头巷道的隧道,风管应位于水沟异侧。

④有计划地安装洞内支管路及闸阀，做到既满足各工点施工需要，又尽量减少管路配件数量。

⑤主风管路设在距工作面 30~40 m 处，其末端配有分风器用的 $\phi50~\phi75$ mm 高压胶管。风枪用的高压胶管一般为 $\phi19$ mm，其长度不超过 10 m。

⑥严寒地区的洞外管路应采取防冻措施。

3. 施工供水工艺

(1)水质要求：隧道工程施工用水的水质要求见表 10-1。

(2)用水量估计。

①施工用水量应根据工程情况、机械用水量、施工进度、施工人员人数、气候等确定，在初步粗略估算时，可参考表 10-7。

表 10-7 隧道施工用水量估算表

用途	耗水量	说明
凿岩机用水	0.20/[t/(h·台)$^{-1}$]	凿岩时喷水
喷雾用水	0.03/[t/(min·台)$^{-1}$]	每次放炮后喷雾 30 min
衬砌用水	1.50/(t·h^{-1})	包括混凝土拌和、养护、洗石等用水
机械用水	6.00/[t/(d·台)$^{-1}$]	机械降温用水
浴池用水	17.00/(t·次$^{-1}$)	机械清洗用水
生活用水	0.02/[t/(d·人)$^{-1}$]	人员生活用水

②生活用水一般可按下列参考指标估算，并与上述按表生活耗水量估算对照。一般生产工人平均耗水量为 $(0.1~0.15)$ m^3/d；对于非生产工人平均耗水量为 $(0.08~0.12)$ m^3/d。

(3)供水设备配置。施工供水来源常用的有：山上自流水或泉水；河水；钻井取水。由上述水源自流引导或用水泵提升至蓄水池存储，并通过管路送达使用地点。

①蓄水池。水池与工作面的高差，以达到开挖面的水压不小于 0.3 MPa 为准。水池容积可按两种情况确定：

(a)若利用高山自流水供水，水源流量大于用水高峰耗水量时，则水池容积为 20~30 m^3。

(b)若水源流量小于耗水量时，则须根据每台班最大耗水量，并考虑必要贮备。

②水泵。根据扬程 H 和钢管内径 d 可选择合适的水泵(常用水泵种类有：单级悬臂式离心水泵、分段式多级离心水泵，其规格和性能可查阅有关施工技术手册)。

③泵水房(站)。临时抽水泵房，可按临时生产用房的有关规定办理。水泵在安装前，应按图纸检查基础位置、预留管道孔洞等各部分尺寸、水泵底座位置等均经校核之后，才能灌筑水泥砂浆，并固定地脚螺栓等。

④供水管道。主管直径一般用 75~150 mm，支管直径用 50 mm。

4. 施工排水工艺

(1)洞外防排水。

①做好洞口的防洪和排水设施，以免雨季到来时山洪或地面水流入洞口。对于斜井、竖井尤应多加注意。

②将地表上与地下水有直接补给关系的洼地或泄水缝用黏土回填密实。必要时可做截水

沟截留引排。

(2)洞内排水。排水方式根据线路坡度情况可分为两种:

①上坡进洞施工的排水:一般只需设侧边排水沟,其坡度一般不小于0.5%,使水顺坡自然排出洞外即可。若利用平行导坑排水时,则平导应较正洞低0.2~0.6 m,使正洞的水通过横通道引入平导排出。

②下坡进洞施工的排水。此时水向工作面汇集,须用机械排水。排水有两种方式:

(a)分段开挖反坡侧沟。在侧沟每一分段上设一集水坑,用抽水机把水排出洞外(图10-5,L_k为集水坑间距),一般在隧道较短、坡度较小时采用。

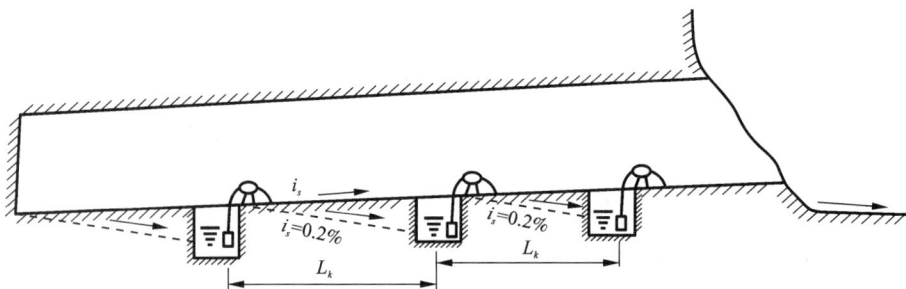

图 10-5　分段开挖反坡侧沟示意图

(b)较长距离开挖集水坑。开挖面的积水用小水泵抽到最近的集水坑内,再用主抽水机将水排出洞外(图10-6)。在隧道较长、涌水量较大时采用。

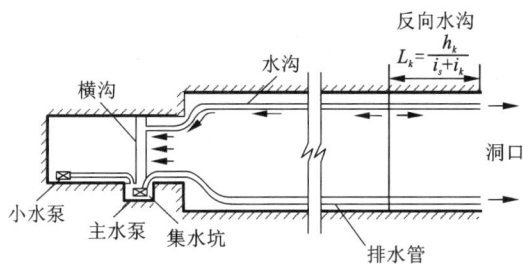

图 10-6　较长距离开挖集水坑示意图

5.施工供电与照明工艺

(1)隧道施工总用电量估算。

①施工现场动力和照明总用电量:

$$S_{总} = K \cdot \frac{\sum P_1 \cdot K_1}{\eta \cdot \cos\phi} \cdot K_2 + \sum P_2 \cdot K_3 \qquad (10-6)$$

式中:$S_{总}$为隧道施工总用电量(kVA);K为备用系数,一般取1.05~1.10;$\sum P_1$为全工地动力设备的额定输出功率总和(kW);$\sum P_2$为全工地照明用电量总和(kW);η为动力设备的平均效率,采用0.83~0.88,通常取$\eta = 0.85$进行计算;$\cos\phi$为平均功率系数,采用0.5~

0.7；K_1 为动力设备同时使用系数(通风机的 $K_1 = 0.8 \sim 0.9$；施工电动机械的 $K_1 = 0.65 \sim 0.75$；K_2 为动力负荷系数，主要考虑不同类型设备带负荷工作时的情况，一般取 $K_2 = 0.75 \sim 1.0$；K_3 为照明设备同时使用系数，一般可取 $K_3 = 0.6 \sim 0.9$。

②单考虑动力用电量。

当照明用电量相对于动力用电量所占比例较少时，为简化计算，可在动力用电量之外再加 $10\% \sim 20\%$，作为施工总用电量，其计算式如下：

$$S_{动} = \frac{\sum P_i}{\eta \cos\varphi} \cdot K_1 \cdot K_2 \qquad (10-7)$$

则

$$S_{总} = (1.1 \sim 1.2) S_{动} \qquad (10-8)$$

式中：$S_{动}$ 为施工现场动力设备所需的用电量。其他符号含义同上，但当使用大型用电设备时，K_1 可取 1.0 计算。

(2)隧道施工供电方式。

①自设发电站供电。一般只有在地方供电不能满足施工用电需要，或施工现场距离地方电网太远时，才设自发电站供电。自发电可作为备用，在地方电网供电不稳定时，或在有些重要施工场所还须设置双回路供电网，以保证供电的稳定性。

②采用地方现有电网供电。一般应尽量采用地方现有电网供电，既方便又安全。

(3)施工供电变压器选用。一般变压器容量应按电气设备总用量确定，即应根据上述估算的施工总电量来选择变压器，选其容量的 60% 左右为佳。具体可按下述方法进行计算确定：

①配电电动机械的单台最大容量占总用电量的 1/5 及以下时，变压器最大容量 S_e 为：

$$S_e = \sum P_1 \cdot K_1 / \eta \cdot \cos\phi \qquad (10-9)$$

②配备电动机械的单台最大容量占总用电量的 1/5 以上时，变压器最大容量 S_e 为：

$$S_e = 5 \sum P_1 \cdot K_1 \cdot \mu / \eta \cdot \cos\phi \qquad (10-10)$$

式中：μ 为配备电动机械最大一台的容量与总用电量的比值。

③根据上述计算出需要变压器的容量后，就可从变压器产品目录中选用适合型号和规格的配电变压器即可。

(4)变压器(变电站)位置的选择，应满足以下几个方面的要求：

①隧道洞外变电站，宜设在洞口附近，并应靠近负荷集中地点和设在电源来线同一侧。

②变电站(变压器)应选择在高压线附近。

③变压器应安设在供电范围的负荷重心，使其投入运行时的线路损耗最小，并能满足电压要求。当配电电压在 380 V 时，供电半径不应大于 700 m，一般供电半径以 500 m 为宜。即高压变电站之间的距离，一般为 1000 m 左右。

④洞内变压器应安设在干燥的避车洞或不用的横向通道处，变压器与周围及上下洞壁的距离不得小于 30 cm，并按规定设置安全防护。

(5)供电线路布置。

①对于长隧道，用 $6 \sim 10$ V 高压电引入洞内，然后在洞内适当地点设变电站，将高压电流变为 400/380 V，再送至工作地段。

②对于开挖、未衬砌地段，应按移动式线路布置。

③在接近工作地点处要设携带式照明变压器，将 220 V 电压变成 24、32 或 36 V 供工作面照明。

(6)隧道施工照明标准，见表 10 - 8。

表 10 - 8　隧道施工照明标准

工作地段	灯头距离/m	悬挂高度/m	灯泡容量/W
施工作业面	不少于 15 W/m²（断面较大可适当采用投光灯）		
开挖地段和作业地段	4	2 ~ 2.5	60
运输巷道	5	2.5 ~ 3	60
作业地段或不安全因素较多地段	2 ~ 3	3 ~ 5	100
成洞地段用白炽灯时	8 ~ 10	4 ~ 5	60
成洞地段用日光灯照明时	20 ~ 30	4 ~ 5	40
竖井内	3		60

注：1. 在直线段灯头距离采用表中大数，曲线段采用较小数。

2. 在有水地段应用胶皮电线，工作面附近应用防水灯头。

3. 按照法定计量单位规定，照明应用"光照度 E，其计量符号为勒克斯(lx)；光通量 ϕ，其计量符号为流明(lm)。

4. 本表根据隧道施工规范采用灯泡额定功率 W。

(7)隧道主要照明灯具类型。

①高压钠灯。其发光效率为 80 ~ 120 m/W，透雾性能强，没有眩光。能经受爆破冲击波的振动。该灯诱虫少，寿命长(达 2000 ~ 5000 h)。这是一种洞内施工时较理想的照明电源。

②低压卤钨灯。此种灯的发光效率为 20 ~ 30 m/W。通常使用的有两种：一种是 36 V 300 V 或 36 V 500 V 卤钨灯，寿命大于 500 h，亮度等于白炽灯的三倍。适于开挖面、工作面照明。

③钠铊铟灯。新型气体放电灯，发光效率较高，为 60 ~ 801 m/W，光色好，适于大面积照明用，灯泡寿命 1000 ~ 2000 h。其缺点是洞内使用时透烟雾性能差，悬挂高度在 15 m 以下时，有眩光。

④镉灯。是一种高强度气体放电灯，发光效率在 701 m/W 以上。显色性能好，光色洁白，清晰宜人。寿命大于 500 h，较其他几种新光源低。用于洞外场地照明较合适。

10.6　质量标准

(1)进行机械通风后隧道内的空气质量应达到隧道施工照明标准(表 10 - 8)的质量标准。

(2)高压风通过送风管到达风动机械(具)后的风压应不小于 0.5 MPa。

(3)隧道各种工作地段的照明标准和要求应满足表 10 - 8 的要求。

10.7　成品保护

(1)进行隧道各项施工作业时应避免损坏通风管、高压风管和供水管,以保证工程进度计划。

(2)各类风、水管道、供电与照明线路应有专职维护人员,以保证这些管线的正常工作。

10.8　安全环保措施

10.8.1　安全措施

(1)洞内220 V照明线应架设在离地面高出2.2 m以上的磁瓶上。高压电缆的架设高度应高于地面3.5 m。

(2)凡移动灯具和手提作业灯,应使用胶皮电缆及螺口灯头并装有钢丝护罩。

(3)动力用电应用橡皮电缆输送,以保证安全。

10.8.2　环保措施

(1)隧道通风时应考虑洞口的环境污染和注意洞外常年主导风向与居民区位置的关系,必要时应改变排风口的位置或提高排风口的高度。

(2)施工与生活用过的污水的排放地点须经当地环保部门批准。

(3)空压机运转和维修后的油污应进行集中处理,不得随意流泄。

10.9　质量记录

(1)隧道内作业环境空气质量检测记录。

(2)施工与生活供水水质检测质量记录。

(3)施工供电与照明安全措施记录。

11　防排水工程施工工艺标准

11.1　总则

11.1.1　适用范围

本标准适用于采用矿山法施工的隧道。

11.1.2　编制参考标准及规范

(1)公路工程技术标准(JTG B01—2014)。

(2)公路勘测规程(JTG C10—2007)。

(3)公路隧道设计规范(JTG D70—2004)。

(4)公路隧道施工技术规范(JTG F60—2009)。

(5)公路工程质量检验评定标准(第一册 土建工程)(JTG F80/1—2017)。

(6)公路工程混凝土结构防腐技术规范(JTG/T B07 - 01—2006)。

(7)公路隧道养护技术规范(JTG H12—2015)

11.2　术语

11.2.1　注浆堵水

注浆堵水是通过注浆泵向岩体或其他地层注水泥浆或水泥 - 水玻璃双液浆堵水围岩裂隙阻止岩体水流出。

11.2.2　防水板

防水板是由防水卷材(EVA、ECB、PVC、LDPE、PE 等塑料、橡胶高分子材料)制成,或由无纺布(又称"土工布",用作缓冲层)与塑料(橡胶)板组成的防水层。

11.2.3　排水盲管

排水盲管又称排水盲沟,主要以合成纤维、塑料以及合成橡胶等为原料,经不同的工艺方法制成各种类型、多功能的土工产品。其材质憎水、阻力小,具有极高的表面渗水能力和内部通水能力；具有极好的抗压能力及适应形变的能力；具有极佳的化学惰性，在岩土工程使用中能保持长久的寿命；重量轻，易裁剪，施工安装方便。应用领域主要作用是集排土中渗水，用以减小地下水压力，排除多余水分，保护土体和建筑物不会因产生渗透变形而破坏。广泛应用于土木、交通、水利、工民建矿工、环境保护等建设项目的地下集排水工程。

11.3　施工准备

11.3.1　技术准备

（1）应根据隧道工程地质、地下水类型、涌水量等水文地质资料编制防排水方案报批。

（2）对隧道穿过地段的地表进行踏勘，了解地表河流、水库、山塘、泉水等情况，评估其对隧道施工的影响，编制预防性方案。

（3）应按现场施工方法、机具设备等情况，选择不妨碍施工的防排水措施。

（4）隧道进洞前应先做好洞顶、洞口、辅助坑道口的地面排水系统，以防止地表水的下渗和冲刷。

11.3.2　材料准备

1. 结构自身防水

防水混凝土：砂、石、水泥、防水剂（液态或固态）。

2. 防水层

（1）改性沥青防水层。

（2）防水板：土工复合防水卷材、聚氯乙烯（PVC）防水卷材、低密度聚乙烯（LDPE）土工膜等，防水板一般和土工布复合。

（3）喷水泥砂浆防水层。

（4）涂防水砂浆层。

（5）涂膜防水层。

3. 止水带

遇水膨胀止水带、橡胶止水带、塑料止水带等。

4. 盲沟

圆形、方形的各种型号的排水软管（或加内衬弹簧）、塑料管，水泥管（一般用于隧底中央排水管）。

5. 注浆材料

水泥浆液、化学浆液、外加剂。

11.3.3　主要机具

（1）防水板焊接工具、工作台车。

（2）注浆工具：搅拌机、注浆泵、输浆管、压力表、浆液混合器、注浆管等。

（3）钻机。

11.4 工艺设计和控制要求

11.4.1 技术要求

(1)隧道两端洞口及辅助坑道洞(井)口应按设计要求及时做好排水系统。

(2)覆盖较薄和渗透性强的地层有地表积水应及早处理,并符合以下要求:

①勘探用的坑洼、探坑等应回填黏土,并分层夯实。

②洞顶上方有沟谷通过且沟谷底部岩层裂缝较多,地表水渗漏对隧道施工有较大影响时,应及时用浆砌片石铺砌沟底,或用水泥砂浆勾缝、抹面。

③洞顶附近有井、泉、池沼、水田等,应妥善处理,不宜将水源截断、堵死。

④清理洞口附近杂草和树丛,开沟疏导封闭积水洼地,不得积水。

⑤洞顶排水沟应与路基边沟顺接组成排水系统。

⑥洞外路堑向隧道内为下坡时,路基边沟应做成反坡,向路堑外排水,并宜在洞口3~5 m位置设里横向截水设施,拦截地表水流入洞内。

⑦施工废水应通过管路及不透水的沟槽排泄到隧道范围以外。

(3)洞内永久性防排水结构物施工时,应符合下列要求:

①防排水结构物的断面形状、尺寸、位置和埋设深度应符合设计要求。

②水沟坡面应整齐平顺,水沟盖板及井盖板应平稳无翘曲。

③设置在软弱围岩区段的盲沟、有管渗沟,周侧应加做砂石反滤层或用无纺布包裹,不得堵塞水路。

④墙背泄水孔必须伸入盲沟内,泄水孔进口标高以下超挖部分应用同级混凝土或不透水材料回填密实。

⑤排水管接头应密封牢固,不得出现松动。

⑥隧底盲沟、有管渗沟及渗水滤层上方的回填,应满足路基施工的要求。墙背沟、管内应清除杂物,防止堵塞水路。

⑦严寒地区保温水沟施做时应有防潮措施,防止保温材料受潮,影响保温性能。修筑的深埋渗水沟,回填材料在满足保温、防水性好的要求外,水沟周侧应用级配骨料分层回填,不得让石屑、泥砂渗入沟内。

⑧ 排水设施应设置在冻胀线以下。

(4)衬砌背后设置排水暗沟、盲沟和引水管时,应根据隧道渗水部位和开挖情况适当选择排水设施位置,并配合衬砌进行施工。

(5)隧道的排水水沟坡度应与线路纵坡一致。

(6)衬砌背后采用压注水泥砂浆防水时,应符合下列要求:

①压浆地段混凝土衬砌达设计强度70%时,方可进行压浆。

②冬季注浆时,洞内气温不低于5℃,灰浆温度应保持在5℃以上。

③如遇流沙或含水土质地层,不宜采用水泥砂浆做防水层。

(7)隧道衬砌采用防水混凝土时，必须经现场试验达到规定要求后方可使用。

(8)复合式衬砌中防水层应在初期支护变形基本稳定后，二次衬砌施做前进行。

(9)复合式衬砌中采用喷涂材料做防水层时，应符合下列要求：

①围岩表面的泥土、油污等必须清除干净。凸凹不平部位和破损处应修凿平顺。

②喷涂机具必须干燥清洁；喷涂材料应搅拌均匀，并及时使用。

③防水层宜分2~3层施工，每层厚度不宜小于2 mm，喷涂应均匀，不得产生气泡。

④喷涂材料须密封保存，并贮藏于阴凉干燥处。

(10)停车带与正洞连接处的防排水工程应与正洞同时完成，其搭接处应平顺，不得有破损和折皱。

(11)衬砌采用防水混凝土时，施工中应满足下列要求：

①砂石集料应符合级配要求，水泥标号不低于425号。

②水灰比不应大于0.55，严寒地区不应大于0.50；最小水泥用量不应少于280 kg/m^3，拱顶封顶部分不应少于350 kg/m^3。

③冬季施工的防水混凝土，应掺用加气剂降低原有的水灰比，并按冬季施工有关要求施工。

④调制混凝土拌和物时，水泥重量偏差不得超过±2%，集料重量偏差不得超过±5%，水及加气剂重量偏差不得超过±2%。

⑤混凝土浇注前，必须清除模板上泥污杂物，且须用水湿润，确保模板不漏浆。

⑥有承压水时应先引流再浇注防水混凝土。

11.4.2 材料质量要求

(1)防水卷材的厚度应不小于1.0 mm。

(2)防水板的接头处应擦净，以保证连接质量。

(3)防水板和止水带的拉伸强度、断裂拉伸率等指标应符合设计与规范要求。

(4)防水板和止水带不得被钉子、钢筋和石子刺破。若发现有割伤、破裂现象应及时修补。

(5)注浆材料应满足设计与规范要求。

(6)衬砌采用防水混凝土时，必须经现场试验达到规定要求后方可使用。

11.4.3 职业健康安全要求

(1)防水层施工的安全技术、防护用品均须按国家有关规定办理。

(2)压注化学浆液时，其安全技术、防护用品应按国家有关规定执行。

11.4.4 环境要求

(1)施工废水应通过管路及不透水的沟槽排泄到隧道范围以外规定地点。

(2)压浆，尤其是压注化学浆液时应随时注意对隧道附近水源的影响，一旦发现污染应立即停止使用。

11.5 施工工艺

隧道施工防排水设施应与营运防排水工程相结合。隧道施工防排水工作应按"防、排、截、堵结合,因地制宜,综合治理"的原则进行。

11.5.1 工艺流程

1.施工防排水

洞口排水工艺流程如图 11-1 所示。

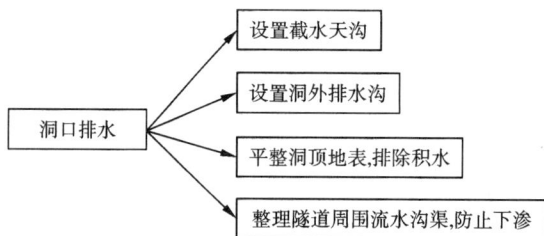

图 11-1 洞口排水工艺流程图

洞内排水工艺流程如图 11-2 所示。

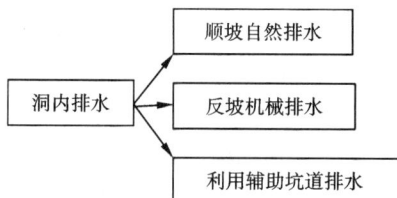

图 11-2 洞内排水工艺流程图

2.结构防排水

(1)防水混凝土衬砌。

严格按混凝土设计配合比施工。需要添加外加剂时,必须按设计要求和外加剂说明进行。

(2)防水层。

①明洞防水层。

卷材防水层见"复合式衬砌防水层"。沥青防水层施工工艺流程如图 11-3 所示。

②复合式衬砌防水层流程如图 11-4 所示。

③注浆防水工艺流程如图 11-5 所示。

明洞衬砌达到拆模强度要求时,拆模,准备作防水层 → 清洁衬砌表面,抹砂浆 → 沥青熔炼 → 从下至上涂2 mm厚的热沥青,立即黏贴油毛毡 → 依次进行,完成防水层的铺设 → 作厚约3 mm的水泥砂浆保护层 → 回填

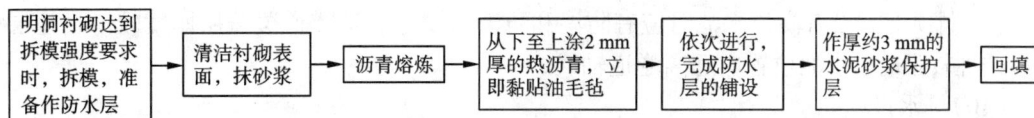

图 11-3 明洞沥青防水层施做工艺流程图

铺设垫层,用射钉和塑料圆垫片将其固定 → 铺设防水扳,将其焊接固定在塑料圆垫片上 → 按要求进行充气试验,检查是否漏气 → 铺设完成

图 11-4 防水层施做工艺流程图

布置注浆孔 → 配制浆液 → 注浆泵 → 注浆管 → 注入注浆孔

图 11-5 注浆防水工艺流程图

11.5.2 操作工艺

(1)排水沟应经常清理,以确保水沟畅通。

(2)洞内反坡排水时,应采取下列措施:

①必须采取机械排水。

②根据排水距离、坡度、水量和设备等情况选用排水沟或管路,或分段接力,或一次将水排出洞外。

③分段开挖反坡排水沟时,在每段下坡终点开挖集水坑,使水流至坑内,再用水泵将水抽到下段水沟流入下一个集水坑,这样逐段前进,将水排出洞外。反坡水沟坡度不宜小于0.5%。

④隧道较短时,可在开挖面附近开挖集水井,安装水泵,将水一次送出洞外。

⑤沟管断面、集水坑(井)的容积按实际排水量确定。

⑥抽水机的功率应大于排水量所需功率20%以上,并有备用抽水机。

⑦做好停电时的应急排水准备工作。

(3)洞内有大面积渗漏水时,宜采用钻孔将水集中汇流引入排水沟。

(4)洞内涌水或地下水位较高时,可采用井点降水法和深井降水法处理。

(5)隧道施工有平行导坑或横洞时,应充分利用辅助导坑降低正洞水位,使正洞水流通过辅助导坑引出洞外。

(6)正洞施工有斜井或竖井排水时,应在井底设置集水坑,用抽水机抽出井外。集水坑设置的位置不得影响井内运输和安全。

(7)斜井、竖井施工有水时,应边开挖边挖积水坑,并视渗水量大小选择采用抽水机或吊桶排出。

（8）严寒地区隧道施工排水时，宜将水沟、管理设在冻结线以下或采取防寒保温措施。

（9）洞顶上方设有高位水池时应有防渗和防溢水设施。当隧道覆盖层厚度较薄且地层中水渗透性较强时，水池位置应远离隧道轴线。

（10）排水设施。

①排水沟一般采用矩形断面，其过水面积根据水量大小确定，且便于清理和检查。

②侧沟位置应在开挖边墙基脚时一次挖好，以免做好边墙后再进行水沟爆破，影响圬工质量。边墙衬砌完成后，在铺底前应先将水沟做好。全断面开挖底部布眼应将水沟断面包括在内，后续不宜再开挖水沟。侧沟与边墙应连接牢固，必要时可在墙部加设短钢筋，墙与沟壁联为一体。

③侧沟进水孔的孔口端应低于该处路面标高，路面铺筑时不得堵塞孔口。

④隧道内侧沟旁设有集水井时，宜与侧沟、路面同时施工。

⑤隧道内排水沟盖板应及时安设，以防水沟堵塞和便利工作人员行走。

⑥利用中心水沟（或侧沟）排水时，应在墙底预埋沟管，以沟通中心水沟（或侧沟）与侧墙背后排水设施，在灌筑侧墙混凝土时不得堵塞预埋沟管。

⑦设在衬砌背后和隧底的纵横向排水设施，其纵横向坡应平顺，并配合其他作业同时施工。

⑧当隧底岩层松软有裂隙水时，应视具体情况加深侧沟或中心水沟的沟底，或增设横向盲沟，铺设渗水滤层及仰拱等。

⑨在特殊条件下，如果需要采用先拱后墙法施工，则应在灌筑拱脚混凝土时，在拱墙连接部位预埋水管或预留过水通道，以保证拱墙背环向暗沟或盲沟排水。

⑩水沟施工应按线路纵坡先用混凝土铺沟底，然后立模灌筑两侧沟壁混凝土。

⑪水沟盖板可在洞外预制。铺设盖板前须将两侧沟壁顶面修凿或抹砂浆整平，使加上盖板后平稳不晃动。

⑫水沟应根据隧道中线桩放样。

（11）防冻水沟。

①防冻水沟在隧道内设置的长度应按洞内气温能使水流冻结的范围而定。寒冷地区一般为自洞口以内 300 ~ 500 m 地段；严寒地区大都要全洞设置。

②洞内设置防冻水沟地段每隔 25 ~ 50 m 须设汇水坑和检查坑，其出口处应有防冻设施。

③防冻水沟深度超过边墙基础很多，若开挖时有地下水且围岩松软时，常会引起边墙圬工开裂或倾覆，因而水沟不能开挖过长，宜采用分段间隔施工较安全。

④汇水坑和检查坑圬工宜整体灌筑混凝土。检查坑内可使用木盖板，必要时可在盖板上加防冻材料，如锯木屑、炉渣等。

⑤防冻水沟的出口。有条件时，应选设在陡峻的有利地形处，使水流急速排出，否则应用暗管埋入地底冻结线下至少 0 ~ 25 m，或在暗管外包裹保暖材料防冻。暗管内径根据水的流量和含泥量决定，但不小于 400 mm。

（12）盲沟施工。

①弹簧软管盲沟（图 11 - 6）。一般采用 10 号铁丝缠成直径 50 ~ 80 mm 的圆柱形弹簧或采用硬质且具有弹性的塑料丝缠成半圆形弹簧，或带孔塑料管，以此作为过水通道的骨架安

装时外覆塑料薄膜和铁窗纱,从渗流水处开始沿环向铺设并接入泄水孔。

②化学纤维渗滤布盲沟(图11-7)。以结构疏松的化学纤维布作为水的渗流通道,其单面有塑料覆膜,安装时使覆膜朝向混凝土一面,可以阻止水泥浆渗入滤布。其宽度和厚度根据渗排水量的大小进行调整。

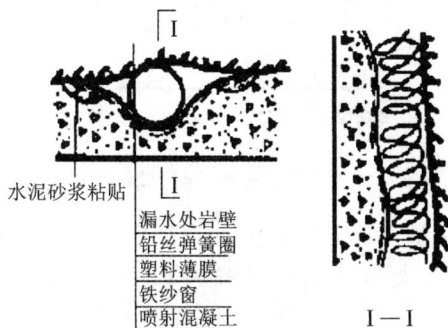

图 11-6　弹簧软管盲沟引排局部水

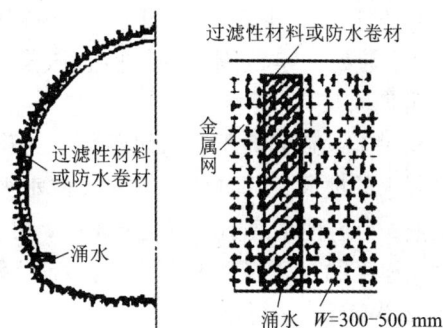

图 11-7　渗滤布盲沟引排大面积渗水

施做盲沟时,应注意以下几点:

(a)安装时,应将盲沟与岩壁尽量密贴固定。

(b)喷射混凝土时要注意掌握喷射角度和距离,不要把盲沟冲击损伤或冲掉,并尽可能将其压牢或覆盖。

(c)对于未及时覆盖或喷后安设的盲沟,在模筑衬砌混凝土时,应注意不得使水泥砂浆进入盲沟内,以免阻塞渗水通道。

(d)注意一定要将盲沟接入泄水孔。

(13)泄水孔施工。

①在立边墙模板时,便安设泄水管,并特别注意使其里端与盲沟接通,外端穿过模板。泄水管可采用钢管、竹管、塑料管等。这种方法主要用于水量较大时。

②当水量较小时,则可以待模筑边墙混凝土拆模后,再根据记录的盲沟位置钻泄水孔。

(14)衬砌背后压浆。

①对于一般渗漏地段,可以直接压注水泥浆液(初次压浆用水泥砂浆,检查压浆用纯水泥浆);对较严重的漏水,可采用凝胶较快地双液压浆(如水泥—水玻璃浆液)或化学浆液(如铬木素、聚氨酯等)。

②在衬砌背后,尽量用干砌片石回填密实。

③在预定压浆段落和部位的外边界处,预先用浆砌片石或混凝土施做厚约1 m的阻浆隔墙(见图11-8)。当旧衬砌没有条件预做阻浆隔墙时,可在相应位置钻孔,先压入黏度大且速凝的浆液,凝固后以形成厚度足够的阻浆隔墙。然后分段压浆。

④压浆工作一般只在拱、墙部进行,必要时隧底也可压浆。

⑤长隧道压浆,可分段进行,应从无水处往有水处压注,迫使水源集中,在预留水口排出;短隧道(500 m以内),可用两台压浆机从隧道中间分向两端压注,迫使水向洞口流出。

⑥为减少开槽泄水,压浆可从拱顶中心开始向两侧朝下压注,将水集中于边墙脚排出。

⑦压浆孔宜按梅花形排列，孔距视岩层渗水和裂隙情况确定，一般不宜大于 2 m，径向孔深应穿过衬砌进入岩层 0.5 m。初次压浆压力为 0.3 ~ 0.5 MPa；检查压浆压力为 0.6 ~ 1.0 MPa，但不超过 1.2 MPa。

⑧压注水泥砂浆 5 ~ 7 d 后，若仍有局部渗漏，可在该处一定范围内进行检查压浆，即压注纯水泥浆。

⑨对于衬砌背后压注水泥砂浆后衬砌表面仍

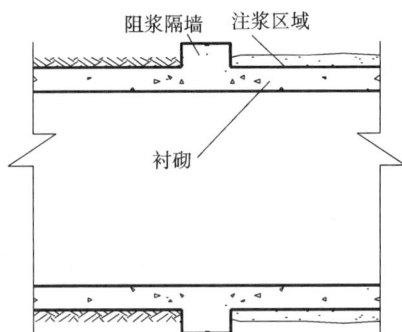

图 11 - 8　施做阻浆隔墙示意图

有渗漏水的地段，可向衬砌体内压注水泥 - 水玻璃浆液；当这种浆液不能满足要求时，可采用其他化学浆液。压浆孔间距为 1 ~ 2 m，孔深宜为衬砌厚度的 1/2 或 2/3，但不得少于 150 mm，并不得穿透衬砌以防跑浆。注浆压力可为 1.2 ~ 2.0 MPa，不得低于 1.2 MPa。

⑩压浆完成后应即时用水泥砂浆（坍落度为 20 ~ 30 mm）将孔眼填塞紧密，孔口抹平。

(15)衬砌各种缝隙防水。

①施工缝。

(a)先拱后墙法施工造成的拱脚间歇缝。在浇灌第二层混凝土前用钢丝刷将底层刷毛，或在第一层浇灌后 4 ~ 12 h 内，用高压水将混凝土表面冲洗干净。再浇灌时，应先刷水泥浆两遍，再铺设 10 mm 厚砂浆（用原混凝土的配合比，除去粗集料），过半小时以后即可继续浇灌第二层混凝土。

(b)衬砌环段之间的施工缝。处理方法同沉降缝。

②沉降缝。

采用橡胶止水带或塑料止水带防水。常用的止水带有外贴式、预埋式、内贴式三种安装形式，其中的预埋式止水带，使用较为普通。止水带用的安装工艺视现场施工机具确定。当采用模板台车与泵送混凝土时，可按照如下安装工艺办理：

(a)沿衬砌轴线每隔不大于 0.5 m 钻一个 ϕ12 mm 的钢筋孔。

(b)将制成的钢筋卡，由待灌混凝土一侧穿入另一侧，内侧钢筋卡卡紧止水带一半，另一半止水带紧贴在挡头板上，如图 11 - 9 所示。

(c)待混凝土凝固后拆除挡头板，将原贴在挡头板上的止水带拉直后，弯曲钢筋卡套卡紧另一半止水带即可，如图 11 - 10 所示。

③伸缩缝。

位于温暖和寒冷地区的隧道一般不设伸缩缝，只在严寒地区设置，其设置方式可参见沉降缝。

(16)衬砌的施工缝和沉降缝采用橡胶止水带或塑料止水带止水时，在施工中应注意以下几点：

①在固定止水带和灌筑混凝土过程中应防止止水带偏移。

②加强混凝土振捣，排除止水带底部气泡和空隙，使止水带与混凝土紧密结合。

③根据止水带材质和止水部位可采用不同的接头方法。对于橡胶止水带，其接头形式应采用搭接或复合接。对于塑料止水带其接头形式应采用搭接或对接。止水带的搭接宽度可取 100 mm，冷黏或焊接的缝宽不小于 50 mm。

④若设置止水带后仍有渗漏水时，则须进行堵漏或设置排水暗槽进行处理。

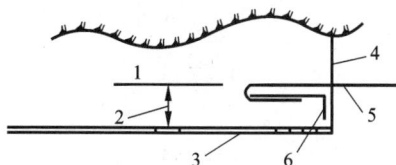

图 11 - 9　止水带安装步骤一
1—待灌混凝土环段；2—衬砌厚度之半；3—模板；
4—挡头板；5—钢筋卡；6—止水带

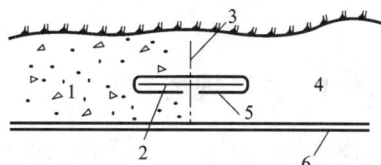

图 11 - 10　止水带安装步骤二
1—已灌注的环段；2—止水带；3—挡头板拆除前位置；
4—下一环段衬砌；5—钢筋卡；6—模板

（17）复合式衬砌防水。

①防水板铺设前，喷混凝土层表面不得有锚杆头或钢筋断头外露；对凸凹不平部位应修凿、喷补，使混凝土表面平顺；喷层表面漏水时，应及时引排。

②防水板可在拱部和边墙按环状铺设，并视材质采取相应接合方法。塑料板用焊接，搭接宽度为 100 mm，两侧焊缝宽应不小于 25 mm；橡胶防水板黏接时，搭接宽为 100 mm，黏缝宽不小于 50 mm。

③塑料防水板应用与材质相同的焊条焊接；橡胶防水板应用黏合剂连接。涂刷胶浆应均匀，用量应足；防水板的接头处不得有气泡、折皱及空隙。接头处应牢固，强度应不小于同质材料。

④防水板用垫圈和绳扣吊挂在固定点上，其固定点的间距，拱部应为 0.5 ~ 0.7 m，侧墙为 1.0 ~ 1.2 m，在凹凸处应适当增加固定点。固定点间防水层不得绷紧，以保证灌筑二次衬砌混凝土时板面与喷射混凝土面能密贴。

⑤采用无纺布作缓冲层时，防水板与无纺布应密切叠合，整体铺挂。

⑥开挖和衬砌作业不得损坏防水层，当发现层面有损坏时应及时修补。

⑦防水板纵横向一次铺设长度应根据开挖方法和设计断面确定。铺设前，宜先行试铺，并加以调整。

⑧防水板在喷射混凝土面层上的固定方式，如图 11 - 11 所示。

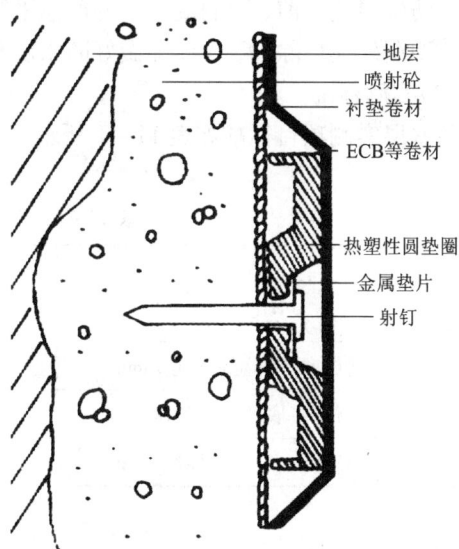

地层
喷射砼
衬垫卷材
ECB等卷材

热塑性圆垫圈
金属垫片
射钉

图 11 - 11　防水板固定方式

11.6 质量标准

11.6.1 基本规定

（1）高速公路隧道、一级公路和设有机电工程的一般公路隧道应做到：

①隧道拱部、墙部、设备洞、车行横通道、人行通道不渗水。

②路面干燥无水。

③洞内排水系统不淤积、不堵塞，确保排水通畅。

④严寒地区隧道衬砌背后不积水，路面、排水沟不冻结。

（2）其他公路隧道应做到：

①拱部、边墙不滴水。

②路面不冒水、不积水，设备箱洞处不渗水。

③洞内排水系统不淤积、不堵塞，确保排水通畅。

④严寒地区隧道衬砌背后不积水，路面干燥无水，排水沟不冻结。

11.6.2 明洞防水层

（1）基本要求。

①防水材料的质量和规格等应符合设计和规范要求。

②防水层施工前，明洞混凝土外部应平整，不得有钢筋露出。

③明洞外模拆除后，应立即做好防水层和纵向盲沟。

（2）实测标准。

防水层实测项目标准如表 11 – 1 所示。

表 11 – 1 防水层实测项目标准

项次	检查项目	规定值或允许偏差	检查方法和频率	权值
1	搭接长度/mm	≥100	尺量：每环测 3 处	2
2	卷材向隧道延伸长度/mm	≥500	尺量：检查 5 处	2
3	卷材于基底的横向长度/mm	≥500	尺量：检查 5 处	2
4	沥青防水层每层厚度/mm	2	尺量：检查 10 点	3

（3）外观标准。

防水卷材无破损，接合处无气泡、折皱和空隙。

11.6.3 复合式衬砌防水层

（1）基本要求。

①防水材料的质量、规格、性能等必须符合设计和规范要求。

②防水卷材铺设前要对喷射混凝土基面进行认真的检查，不得有钢筋、凸出的管件等尖

锐突出物；割除尖锐突出物后，割除部位用砂浆抹平顺。

③隧道断面变化处或转弯处的阴角应抹成半径不小于 50 mm 的圆弧。

④防水层施工时，基面不得有明水；若有明水，则应采取措施封堵或引排。

（2）实测标准。

防水层实测项目标准如表 11-2 所示。

表 11-2　防水层实测项目标准

项次	检查项目		规定值或允许偏差	检查方法和频率	权值
1	长度/mm		≥100	尺量：全部搭接均要检查，每个搭接检查 3 处	2
2	缝宽/mm	焊接	两侧焊缝宽≥25	尺量：检查锚杆数的 10%	2
		黏接	黏缝宽≥50		
3	固定点间距/m		符合设计要求	尺量：检查总数的 10%	1

（3）外观标准。

①防水层表面平顺，无折皱、无气泡、无破损等现象，与洞壁密贴，松紧适度，无紧绷现象。

②接缝、补眼粘贴密实饱满，不得有气泡、空隙。

11.6.4　止水带

（1）基本要求。

①止水带的材质、规格等应满足设计和规范要求。

②止水带与衬砌端头模板应正交。

（2）实测标准。

止水带实测项目标准如表 11-3 所示。

表 11-3　止水带实测项目标准

项次	检查项目	规定值或允许偏差	检查方法和频率	权值
1	纵向偏离/mm	±50	尺量：每环 3 处	1
2	偏离衬砌中心线/mm	≤30	尺量：每环 3 处	1

（3）外观标准。

①发现破裂应及时修补。

②衬砌脱模后，若发现因走模致使止水带过分偏离中心，应适当凿除或填补部分混凝土，对止水带进行纠偏。

11.6.5　排水

（1）基本要求。

①墙背泄水孔必须伸入盲沟内，泄水孔进口标高以下超挖部分应用同级混凝土或不透水

材料回填密实。

②排水管接头应密封牢固，不得出现松动。

③严寒地区保温水沟施工时应有防潮措施。修筑的深埋渗水沟，回填材料在满足保温、透水性好的要求外，水沟周侧应用级配骨料分层回填，石屑、泥砂不得渗入沟内。排水设施应设置在冻胀线以下。

（2）实测标准。

排水结构物（如浆砌片石水沟等）实测标准见表11-4。

（3）外观标准。

水沟和检查井盖板应平稳无翘曲。

表11-4　浆砌排水沟实测项目标准

项次	检查项目	规定值或允许偏差	检查方法和频率	权值
1	砂浆强度/MPa	在合格标准内	按附录F检查	3
2	轴线偏位/mm	50	经纬仪或尺量：每200 m测5处	1
3	沟底高程/mm	±15	水准仪：每200 m测5点	2
4	墙面直顺度或坡度/mm	30 或符合设计要求	20 m拉线、坡度尺：每200 m测2处	1
5	断面尺寸/mm	±30	尺量：每200 m测5处	2
6	铺砌厚度/mm	不小于设计	尺量：每200 m测5处	1
7	基础垫层宽、厚/mm	不小于设计	尺量：每200 m测5处	1

（3）外观标准。

①砌体内侧及沟底应平顺。

②沟底不得有杂物。

11.6.6　浆砌排水沟

（1）基本要求。

①砌体砂浆配合比准确，砌缝内砂浆均匀饱满，勾缝密实。

②浆砌片（块）石、混凝土预制块的质量和规格应符合设计要求。

③基础中缩缝应与墙身缩缝对齐。

④砌体抹面应平整、光滑、直顺，不得有裂缝、空鼓现象。

（2）实测标准。

浆砌排水沟实测项目标准，如表11-4所示。

11.6.7　盲沟

（1）基本要求。

①盲沟的设置及材料的质量和规格应符合设计要求和施工规范规定。

②反滤层应用筛选过的中砂、粗砂、砾石等渗水性材料分层填筑。

③排水层应采用石质坚硬的较大粒料填筑，以保证排水孔隙度。

（2）实测标准。

盲沟实测项目标准如表 11-5 所示。

表 11-5　盲沟实测项目标准

项次	检查项目	规定值或允许偏差	检查方法和频率	权值
1	沟底高程/mm	±15	水准仪：每 10~20 m 测 1 点	1
2	断面尺寸/mm	不小于设计	尺量：每 20 m 测 1 处	1

（3）外观标准。

①反滤层应层次分明。

②进、出水口应排水通畅。

11.7　成品保护

（1）防排水设施的各种材料必须满足设计与规范要求，以确保防排水设施的质量。

（2）侧沟应在开挖边墙时一次做好，以免做好边墙后进行爆破，影响圬工质量。

11.8　安全环保措施

（1）施工中应经常观察地下水的变异情况，发现异常则及时解决。

（2）洞顶上方设有高位水池时应有防渗和防溢水设施。当隧道覆盖层厚度较薄且地层中水渗透性较强时，水池位置应远离隧道轴线。

（3）施工废水应引流出洞外处理，不得漫流以污染环境。

（4）注浆应选择毒性小的材料，在注浆过程中应采取有效措施观测浆液的流动范围，一旦发现有跑浆现象，应立即停止注浆，并查明原因。

11.9　质量记录

（1）施工中应对洞内的出水部位、水量大小、涌水情况、变化规律、补给来源及水质成分等做好观测和记录。

（2）做好压浆孔编号及位置、水泥品种及标号、砂浆成分及水灰比、延散度、压浆压力、压浆数量等记录。

（3）防水层属隐蔽工程，二次衬砌灌筑前应检查防水层质量，做好接头标记，并填写质量检查记录。

（4）当洞内有大面积渗漏水时，如选择采用钻孔将水集中汇流引入排水沟内的方法，则钻孔的位置、数量、孔径、深度、方向和渗水量等应做详细记录，以便在浇注衬砌混凝土时确定拱墙背后排水设施的位置。

（5）对于盲沟，若采用模筑后再钻孔泄水，则应详细准确记录盲沟位置。

12　隧道施工监控量测施工工艺标准

12.1　总　则

12.1.1　适用范围

本标准适用于采用钻爆法施工的山岭交通隧道和城市交通隧道。

12.1.2　编制参考标准、规范及专著

(1)公路工程技术标准(JTG B01—2014)。
(2)公路勘测规程(JTG C10—2007)。
(3)公路隧道设计规范(JTG D70—2004)。
(4)公路隧道施工技术规范(JTG F60—2009)。
(5)公路工程地质勘察规范(JTG C20—2011)。

12.2　术　语

(1)监控量测。
使用各种仪器设备和量测元件,对施工地段地表沉降、围岩与支护结构的变形、应力、应变进行量测,据此来判断隧道开挖对地表环境的影响范围和程度、围岩的稳定性和支护的工作状态,这种工作称为隧道的现场监控量测。
(2)周边位移。
周边位移是指隧道周边相对方向两个固定点连线上的相对位移值。它是判断围岩动态最直观和最重要的量测信息,是现场监控量测中的主要内容。

12.3　施工准备

12.3.1　技术准备

(1)熟悉隧道设计图纸和资料。
(2)熟悉隧道洞口地形、地貌和工程地质状况。
(3)根据隧道的地质地形条件,支护类型和参数,施工方法以及有关条件制定监控量测

计划。该计划内容应包括：量测项目及方法、量测仪器的选定、量测位置的选择、测点布置、数据处理及量测人员组织等。

12.3.2　材料准备

(1)测量标志材料：水泥、螺纹钢筋等。
(2)数据处理材料：打印纸张、文件夹等。

12.3.3　主要机具

(1)量测仪器与元件：精密水准仪、收敛计、铟钢尺、应变计、压力盒、地质罗盘、照相机或摄像机。
(2)量测工具：地质锤、钢卷尺、放大镜、秒表、手电、人字梯等。
(3)数据整理设备：计算机、打印机。

12.3.4　作业条件

(1)各种监控量测的仪器和量测元件已准备妥当。
(2)量测标志已埋设完毕。
(3)工作人员已熟悉量测数据的整理分析方法和过程。

12.3.5　劳动力组织

(1)必测项目：3~4 人。
(2)选测项目：4~5 人。

12.4　工艺设计和控制要求

12.4.1　技术要求

(1)采用新奥法施工的隧道在施工过程中必须实施监控量测，以达到以下目的：
①为设计和修正支护结构形式和参数提供依据。
②正确选择开挖方法和支护施做时间。
③为隧道施工和长期使用提供安全信息。
(2)现场量测应专门成立监测小组，并配备具有工程师以上职称的专业技术负责人员。
(3)现场监控量测的具体工作应满足下列技术要求：
①测点埋设应紧靠开挖工作面(距开挖工作面 2 m 的范围内)；第一次测设宜在埋设测点后立即进行，通常要求应在爆破后 24 h 内和下一次爆破之前测得初次数据。
②进行一次量测的时间宜尽量短。
③量测元件要有较好的防震、防冲击波的能力，且能长期有效。
④测设的数据要求直观、正确、可靠。
⑤测试仪器要有足够的精度。
⑥监测工作应固定观测人员和仪器，采用相同的观测方法和观测路线，在基本相同的情

况下施测。

⑦监测期间应定期对基准点进行联测以检验其稳定性。

⑧所有量测数据均应及时处理，及时提出报告，以便进行分析，采取相应的施工决策。

(4)量测记录及资料应列为施工总结及竣工文件的内容。

12.4.2　材料质量要求

①地表沉降与洞内周边位移的量测标志应用 $\phi18 \sim \phi22$ mm 的螺纹钢筋。

②连接各种测试元件的传输导线应满足防水、不易破损的质量要求。

③应对仪器、传感器、材料、传输导线进行安装前后过程中连续性检验，以保证其质量的稳定性。

12.4.3　职业健康安全要求

①洞外量测应避开雷雨及大雾天气，量测人员应遵守护林防火规定，严禁烟火，并预防有害动、植物伤人。

②洞内量测应在安全员的带领下，在掌子面稳定后方可进行。安置仪器应避开落石、坍塌和其他不安全地区。钢钎和其他工具不随意抛掷。

③量测前应检查仪器是否完好、测点是否松动或破坏，量测时应严格按照操作规程进行。

④现场监控量测应与隧道施工作业紧密配合，相互支持，尽量避免发生干扰。施工单位不应以任何理由中断量测，防止因抢工程进度忽视量测工作而危及施工安全。

12.4.4　环境要求

①洞外量测时，应尽量减少对植被的破坏，保护好自然景观。

②在埋设测点钻孔时，使用水风钻，严格禁止干式凿岩。

12.5　施工工艺

12.5.1　工艺流程

隧道施工监控量测施工工艺流程如图 12 - 1 所示。

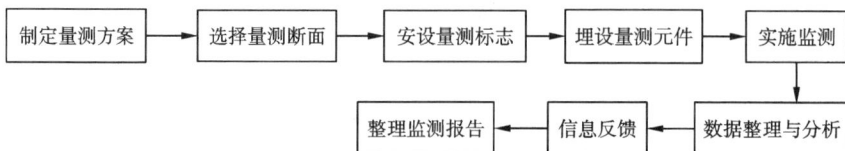

图 12 - 1　隧道施工监控量测施工工艺流程图

12.5.2　操作工艺

(1)进行隧道现场监控量测的隧道应按表12-1所列项目进行量测项目的选择。

表 12-1　监控量测项目选择表

围岩条件	A类测量			B类测量						
	洞内观察	净空变化	拱顶沉降	地表沉降	围岩内部位移	锚杆轴力	衬砌应力	锚杆拉拔试验	围岩试件	洞内弹性波
硬岩地层 (断层等破碎带除外)	◎	◎	◎	△	△*	△*	△	△	△	△
软岩地层 (不产生很大的塑性电)	◎	◎	◎	△	△*	△*	△*	△	△	△
软岩地层 (塑性地压很大)	◎	◎	◎	△	◎	◎	○	△	○	△
土砂地层	◎	◎	◎	◎	○	△*	△*	○	◎	△

注:◎—必须进行的项目;○—应该进行的项目;△—必要时进行的项目;△*—其结果对判断支护是否保守有用

(2)工程地质与支护状况的观察。

①隧道开挖工作面爆破后应立即进行工程地质状况的观察和记录,并进行地质描述。

②衬期支护完成后应进行喷层表面观察和记录,必要时进行裂缝描述。

③以上两项观察为各类围岩都应采用的第一项应测项目。

(3)隧道地表沉降量测。

①量测方法是在地表测试范围内埋设沉降量测点,用精密电子水准仪和精密水准尺(铟钢尺)逐日进行水准测量,测出沉降值。

②地表沉降纵向量测区长度,见图12-2。地表下沉量测最好与洞内量测点布置在同一断面上,沿隧道纵向的间距一般为5~20 m,埋深越浅,间距应越小。

③地表沉降量测在横断面上的测点布置如图12-3所示。

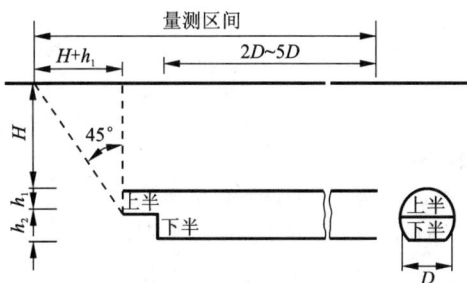

图 12-2　地表沉降纵向量测区

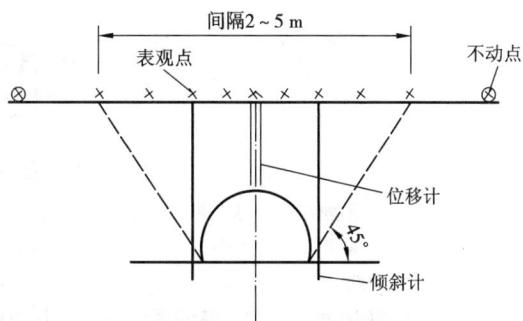

图 12-3　测点布置

(4)隧道净空变化(周边位移)量测。

①各级围岩隧道开挖后均应进行周边位移与拱顶下沉的监控量测。

②量测断面的间距视隧道长度、地质变化情况而定。一般Ⅵ级围岩间距为10 m；Ⅴ级围岩间距为15 m；Ⅳ级围岩间距为30 m；Ⅲ级围岩间距为50 m，Ⅱ级围岩间距为100 m。

③周边位移量测测点与拱顶下沉测点布置在同一断面。

④周边位移量测的基线，视围岩条件可选择1条、2条或3条，最多选6条，如图12-4所示。测点与基线的布置可视具体施工方案的变化进行修改和调整。

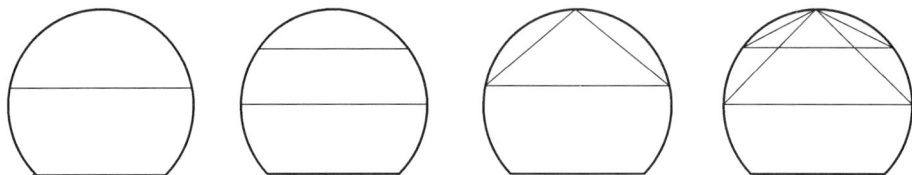

图12-4 位移量测基线图

⑤埋设测点时，先在测点处用人工挖孔或凿岩机开挖孔径为40~80 mm，深为25 mm的孔。在孔中填满水泥砂浆后插入收敛预埋件，尽量使两预埋件轴线在基线方向上，并使预埋件销孔轴线处于铅垂位置，上好保护帽，待砂浆凝固后即可量测。

（6）位移量测是采用隧道净空变化测定计（简称收敛计）来进行。目前国内使用的收敛计种类很多，但大致可分为三类，即重锤式、弹簧式和应力环式。现以弹簧式收敛计为例，说明其施测步骤，如图12-5所示。

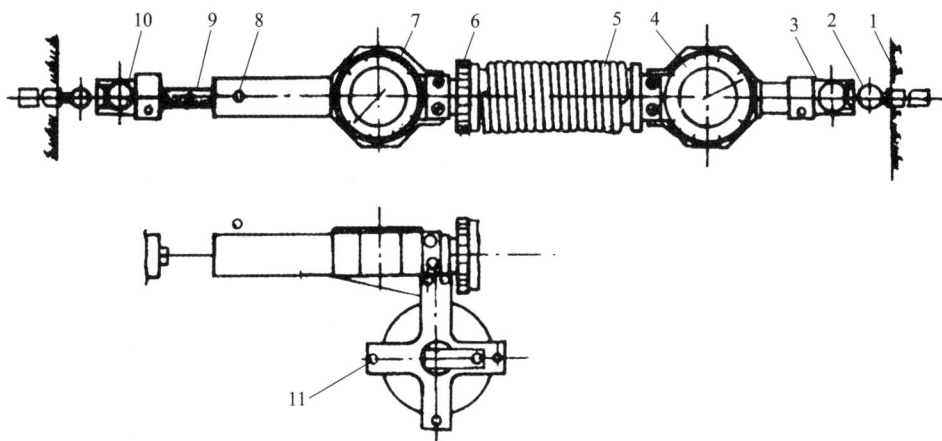

图12-5 弹簧式收敛计施测步骤

1—壁面埋腿；2—球形测点；3—本体球铰；4—张紧力指示百分表；5—张紧弹簧；6—调距螺母；
7—距离指示百分表；8—钢带尺限位装置；9—带孔钢带尺；10—尺头球铰；11—钢带尺尺架

①先在隧道周边围岩表面凿一孔径为40~50 mm，深为200 mm的孔，在孔内填塞水泥砂浆后插入测杆作为今后量测的基准点。设置时应尽量使两测杆轴线在连线方向上。

②将收敛计用销子连接到两测杆端头上，安装好收敛件。

③旋紧调距螺母使张紧力指示百分表的读数到达收敛计使用说明中的规定值，下百分表

读数,然后松动旋动调距螺母,重复测试 3 次,取其平均值作为初始观测值记 R_0。

④经过一定时间后,重复上述步骤测其观测值,并取其平均值 R_t。则这段时间内隧道的收敛值为:

$$u_t = R_t - R_0 \tag{12-1}$$

⑤当温度变化大时,必须对百分表读数进行温度修正,即

$$R = R' + aL(t_0 - t) \tag{12-2}$$

式中:R 为修正后的百分表读数;R' 为百分表读数;t_0 为初始读数时的温度;t 为再次读数时的温度;L 为量测基线长度;α 为钢尺或钢钢丝的线膨胀系数,可取 $\alpha = 1.2 \times 10^{-5}$(或按钢尺厂说明书取用)。

⑥当收敛值较大,钢尺须另换一个孔位(百分表读数大于钢尺孔距)时,为了消除钻孔间距的误差,在换孔前要先测读一次,计算出收敛值 u;换孔后应立即再测读一次,作为以后计算收敛值时新的初始读数 R_0;经过一定时间后,再记录百分表读数,取其平均值为 R_t,则这段时间内的隧道收敛值 u_t 为:

$$u_t = u + R_t - R_0 \tag{12-3}$$

(5)围岩内部位移量测。

①围岩内部位移量测是通过在洞室周边围岩内钻孔,埋设单点或多点式位移计的方式进行。

②本项量测采用位移计进行。它的基本原理是将岩体内部某一点的位移状态通过与之固定在一起的位移计(如图 12-6 所示)引至岩体外部,以测出隧道周壁与岩体内部某一点间的相对位移。

③位移计须多采用电传感的测读装置进行遥测。

④围岩内部位移量测量的测孔,一般应与周边位移量测基线相应布设,以便使两项测试结果能够相互验证,协同分析与应用。围岩内部位移量测测孔布置,如图 12-7 所示。

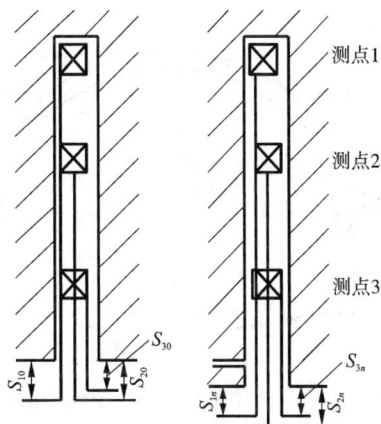

图 12-6 围岩内部位移量测方法示意图

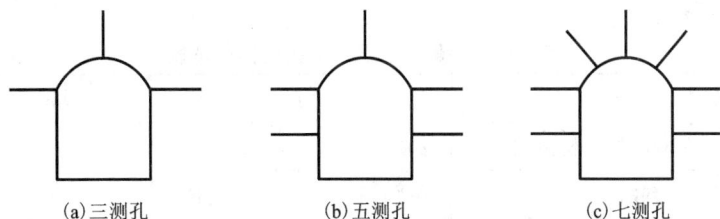

图 12-7 围岩内部移量测测孔布置图

(6)围岩与支护接触压力以及喷射混凝土层应力量测。

①围岩与支护接触压力量测的目的是了解隧道开挖后围岩压力沿洞室周边分布规律,围岩应力重分布的时间效应与空间效应,判断围岩的稳定性,以及围岩压力与支护的相互作用关系。

②喷射混凝土量测的目的是了解喷层的变形特性以及喷层的应力状态;掌握喷层所受应力的大小,判断喷射混凝土层的稳定状况。还可提高对喷射混凝土作用机理的认识。

③围岩与初期支护之间接触压力量测是采用在支护结构背后埋设压力盒的方法进行。

④喷射混凝土层应力量测是将应力计直接埋入喷射混凝土层中,待喷层混凝土达到一定强度时,即可用接收仪器进行量测。

⑤围岩与支护接触压力以及喷射混凝土层应力量测断面的测点布置,如图12-8所示。

(7)钢支撑受力量测。

①本监测项目主要针对Ⅳ~Ⅵ级围岩进行。

②隧道型钢支撑内力量测采用表面应变计进行量测;隧道格栅钢支撑内力量测采用钢筋计进行量测。

③每个断面布5个测点位置,如图12-9所示。

④具体方法:把表面应变计黏接在钢支撑上,用检测仪测得各点的应变,然后根据虎克定律转化为钢支撑的内力。若为格栅则将钢筋计焊接在格栅主筋上。

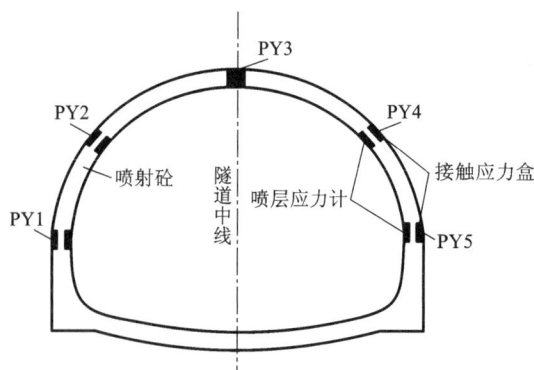

图12-8 围岩接触及喷层应力量测测点布置示意图

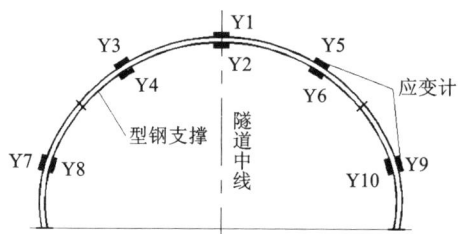

图12-9 钢支撑应力量测测点布置示意图

(8)测试仪器和元件(选测项目)。

隧道衬砌应力和内力量测主要采用应力计、应变计。该测试项目所需测试元件和仪器情况,如表12-2所示。

表12-2 量测仪器及测试元件一览表

	名称及型号	用途	量程	精度
量测仪器	JMZX-3001振弦检测仪	接受各种应变计的应变值	—	—
	GPC-2接收仪	接受各种应力计的应力值	—	—
测试元件	ZX-210T表面型钢筋应变计	量测钢支撑表面应变	±1500 με	1 με
	GPL-2喷层应力计	量测喷层混凝土内部应力	1.0 MPa	0.001 MPa
	ZX-215T型混凝土应变计	量测混凝土内部应变	±150 MPa	1 με
	GYH-1压力盒	围岩与支护间接触压力	2.0 MPa	0.001 MPa
	JMDL-24XX位移计	围岩内部位移	200 mm	0.01 mm

（9）数据采集与量测频率。

①各项量测工作的采集数据应专人专项负责，以减少随机误差。

②在使用精密水准仪进行洞内周边收敛位移量测时，通过左右尺读数控制系统误差。

③专项量测须制定专项记录表。对于手工记录资料要保存好原始记录表，对于智能式记录器要及时将量测数据导入电脑，以防丢失。

④各必测、选测项目的量测频度，见表 12－3。

⑤整个断面的各条基线或各测点应采用相同的量测频率，各测点的位移不相同时，应以产生最大位移速率者来决定整个断面的量测频率。

⑥当实际开挖的地质条件变差或量测值出现异常情况时应加大量测频率。

⑦位移测试的终止日期，一般在位移值基本稳定后再以 1 次/2d 的频率量测 1～2 周左右，位移长期不稳定的，要继续量测到位移速度小于 1 mm/d 为止。

表 12－3　各必测、选测项目的量测频度

量测项目		地质观察及量测间隔时间			
必测项目	掌子面地质状况观察	每次爆破后进行			
	地表沉降量测	在隧道开挖工作面距测试断面 20 m 时即开始观测			
		－20～20 m	20～40 m	40～90 m	＞90 m
		1～2 次/天	1 次/天	1～2 次/周	1～3 次/月
	隧道拱顶下沉及周边收敛位移量测	爆破后 24 h 内开始布点测试			
		0～18 m	18～36 m	36～90 m	＞90 m
		1～2 次/天	1 次/天	1 次/2 天	1 次/周
选测项目	围岩内部位移量测	爆破后 24 h 内进行布点量测			
		0～18 m	18～36 m	36～90 m	＞90 m
		1～2 次/天	1 次/天	1 次/2 天	1 次/周
	锚杆内力量测	锚杆施做后开始布点测试			
		0～18 m	18～36 m	36～90 m	＞90 m
		1～2 次/天	1 次/天	1 次/2 天	1 次/周

（10）监控量测数据处理与信息反馈。

①现场量测数据应及时绘制位移—时间曲线（或散点图）。曲线的时间横坐标下应注明施工工序和开挖工作面距量测断面的距离。在量测数据整理中，可选用位移—时间曲线和散点图两种方法中的任意一种。

②当位移—时间曲线趋于平缓时［图 12－10（a）］，应进行数据处理或回归分析，以推算最终位移值和掌握位移变化规律。采用回归分析时可在下列函数中选用：

（a）对数函数，例如：

$$u = a\lg(1 + t) \qquad u = a + \frac{b}{\lg(1 + t)} \qquad (12-4)$$

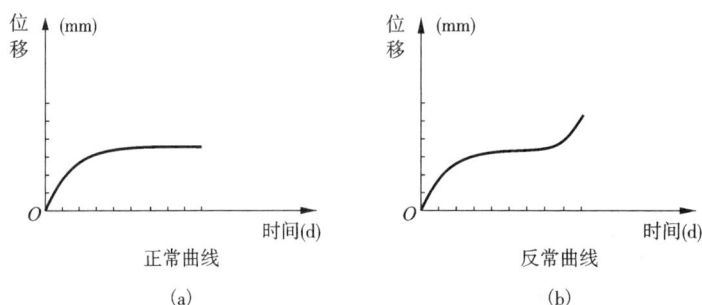

图 12 - 10

（b）指数函数，例如：

$$u = ac^{-h/t} \qquad u = a(1 - e^{-ht}) \tag{12-5}$$

（c）双曲函数，例如：

$$u = \frac{t}{a + bt} \qquad u = a\left[1 - \left(\frac{1}{1 + bt}\right)^2\right] \tag{12-6}$$

式中：a、b 为回归常数；t 为初读数后的时间，d；u 为位移值，mm。

（4）围岩稳定性判断。根据上述的回归函数可以预测最终的位移值（$t = \infty$）：$u_\infty = \frac{1}{B}$ 以及 $\frac{du}{dt}$、$\frac{du}{dt^2}$，作为判断围岩稳定性的重要指标。

①如果位移时间曲线始终保持 $\frac{d^2 u}{dt^2} < 0$，说明位移速率不断下降，这是稳定的标志。

②当位移—时间曲线出现反弯点［如图 12 - 10（b）］，也即位移出现反常的急剧增长现象时（$\frac{d^2 u}{dt^2} \geq 0$），表明围岩和支护已呈不稳定状态或危险状态，应加密监视，并适当加强支护，必要时应立即停止开挖并进行施工处理。

③可在实测资料的基础上，依据位移速度将围岩变形划分为三个阶段，即急剧变位、缓慢变位、基本稳定三个阶段，其围岩稳定性判据，如表 12 - 4 所示。

表 12 - 4　围岩稳定性判据

	急剧变位	缓慢变位	基本稳定
收敛位移	>1.0 mm/d	1.0~0.2 mm/d	<0.2 mm/d
单点位移	>0.5 mm/d	0.5~0.1 mm/d	<0.1 mm/d
拱顶位移	>1.0 mm/d	1.0~0.2 mm/d	<0.2 mm/d

12.6　质量标准

（1）地表沉降与洞内周边位移量测的精度标准一般应在 0.05~0.1 mm。

（2）隧道周边任意点的实测相对位移值或用回归分析推算的最终位移值均应小于表 12 - 5 所列数值。

表12 - 5　隧道周边允许相对位移值(%)

围岩级别	覆盖层厚度		
	< 50	50 ~ 300	> 300
Ⅳ	0.10 ~ 0.30	0.20 ~ 0.50	0.40 ~ 1.20
Ⅲ	0.15 ~ 0.50	0.40 ~ 1.20	0.80 ~ 2.00
Ⅱ	0.20 ~ 0.80	0.60 ~ 1.60	1.00 ~ 3.30

注：1. 相对位移值系指实测位移值与两测点间距离之比，或拱顶位移实测值与隧道宽度之比。

　　2. 脆性围岩取表中较小值，塑性围岩取表中较大值。

　　3. Ⅰ、Ⅴ、Ⅵ类围岩可按工程类比原则选定允许值范围。

12.7　成品保护

(1)埋设的各量测标志应有效保护，避免因隧道各项施工作业的破坏，导致量测数据失效。

(2)各项监控量测的原始资料和数据分析整理资料应妥善保存。

12.8　安全环保措施

12.8.1　安全措施

(1)洞内的各项监控量测工作应尽可能沿隧道边墙附近进行，避免因隧道其他施工作业造成人员伤亡。

(2)工作人员进行监测时应戴安全帽。

12.8.2　环保措施

进行隧道地表沉降标志的埋设和观测时应最大限度减少对植被的损坏。

12.9　质量记录

(1)工程地质与支护状况的观察记录。

(2)量测标志与传感器安装过程的原始记录。

(3)隧道地表沉降量测记录。

(4)隧道净空收敛量测记录。

(5)围岩内部位移量测记录。

(6)围岩压力量测记录。

(7)支护结构受力量测记录。

13　隧道路面施工工艺标准

13.1　总　则

13.1.1　适用范围

本标准适用于公路隧道。

13.1.2　编制参考标准及规范

(1)公路工程技术标准(JTG B01—2003)。
(2)公路隧道设计规范(JTG D70—2004)。
(3)公路隧道施工技术规范(JTG F60—2009)。
(4)公路工程质量检验评定标准(第一册 土建工程)(JTGF80/1—2004)。
(5)公路路基施工技术规范(JTG F10—2006)。
(6)公路路面基层施工技术规范(JTJ 034—2000)。
(7)公路水泥混凝土路面设计规范(JTG F30—2003)。
(8)公路沥青路面设计规范(JTG D50—2006)。
(9)公路隧道养护技术规范(JTJ H12—2003)。

13.2　术　语

13.2.1　混凝土路面

采用混凝土材料作面层的路面。其光反射率较沥青混凝土路面高，横向抗滑性能好，但产生裂缝后不易修补。

13.2.2　沥青混凝土路面

由沥青和矿料(如碎石、轧制砾石、石屑、砂和矿粉等)，按一定配合比拌和，经摊铺压实成形的路面。其强度高、使用寿命长，但颜色呈黑色，光反射率不高。在隧道中使用时又称为复合式路面。

13.2.3　基层

直接位于沥青混凝土面层下的主要承重层(钢纤维混凝土),或直接位于水泥混凝土面板下的主要承重层(素混凝土)。

13.2.4　底基层

底基层又称整平层。在沥青混凝土路面基层下铺筑的次要承重层(素混凝土或片石混凝土),或在水泥混凝土路面基层下铺筑的辅助层(素混凝土或片石混凝土)。

13.3　施工准备

13.3.1　施工准备

(1)应保证隧道基底无渗水、无积水。

(2)清理洞内道路障碍物。

(3)若隧道基底在施工过程中有溶洞,则要经回填处理,并按规定要求夯实。

(4)施工机械检查与施工现场准备。

(5)论证能否就地取材,并核对有无特殊的材料要求,根据品种、规格和数量制定供应计划。

13.3.2　材料准备

1.面层材料

(1)水泥混凝土面层。

普通水泥混凝土,或钢纤维混凝土。接缝材料包括接缝板和嵌缝料两类,接缝板(木板或泡沫塑料板)用于胀缝,嵌缝料(沥青橡胶类、聚氯乙烯胶泥类和沥青玛蹄脂类等)。水泥混凝土路面所用的钢筋有传力杆、拉杆及补强钢筋等。

(2)沥青混凝土面层。

采用热拌沥青混凝土。

2.基层材料

(1)水泥混凝土路面结构。基层为素混凝土,底基层为素混凝土或片石混凝土。

(2)沥青混凝土路面结构。基层为钢纤维混凝土,底基层为素混凝土或片石混凝土。

13.3.3　主要机具

1.水泥混凝土路面

贮料仓、拌和机、摊铺机、筛分机、运料车、插入式振捣器、平板振动器、振动梁、真空吸水设备、切缝机。

2.沥青混凝土路面

贮料仓、拌和机、摊铺机、筛分机、自卸卡车、压路机。

13.3.4 作业条件

(1)所有原材料经检验合格，并备足数量。

(2)路面材料基准配合比已经有关部门批准。

(3)施工现场的积水、杂物已清理干净，测量放样已经到位。

(4)所有施工机械设备已到位或安装好，并试运转正常。

(5)模板、钢筋、预埋件等安装完毕，已经检验合格。

13.3.5 劳动力组织

根据施工进度安排和工程数量，按劳动定额和工班组织分期安排劳动组织计划。

13.4 工艺设计和控制要求

13.4.1 技术要求

1. 水泥混凝土路面

(1)审核图纸、设计文件和熟悉施工技术规范，编制路面施工组织设计。

(2)校核并计算平面及高程控制桩，桩间距为直线段 10 m，缓和曲线和圆曲线段 5 m。

(3)人员培训与技术交底。在摊铺开始前，对施工、试验、机械、管理等岗位的技术人员进行技术交底，对各工种技术工人进行技术操作培训及二次技术交底。技术人员、操作工人对工序衔接、各工序技术要求做到心中有数，把握操作要点。

2. 沥青混合料配合比设计

沥青混合料配合比设计分为目标配合比设计、生产配合比设计、生产配合比验证 3 个阶段。

(1)目标配合比设计。

目标配合比设计应遵循下列步骤：

①确定工程设计级配范围。

②材料选择与准备。

③矿料配合比设计。

④马歇尔试验。

⑤确定最佳沥青用量。

⑥配合比设计检验。

⑦提交目标配合比设计报告。

用目标配合比确定的冷料比例，供拌和机确定各冷料仓的供料比例、进料速度及试验使用。

(2)生产配合比设计。

对间歇式拌和机，根据混合料类型确定热料仓适宜的筛网组合，按规定方法取样测试各热料仓的材料级配，确定各热料仓的配合比，供拌和机控制室使用；取目标配合比设计的最佳沥青用量 OAC、OAC ±0.3% 等 3 个沥青用量进行马歇尔试验和试拌；标定拌和机冷料供料装置,得出集料供料曲线;标定拌和机的计量系统,保证拌和机计量精度符合要求;通过室内试验及从拌和机取样试验综合确定生产配合比的最佳沥青用量。由此确定的最佳沥青用量与目标配合比设计的结果的差值不宜大于±0.2%;对连续式拌和机可省略生产配合比设计步骤。

(3)生产配合比验证。

拌和机按生产配合比结果进行试拌、铺筑试验段,同时检验拌和机冷料上料比例与热料仓比例的匹配性;检验拌和机的温控系统;检验摊铺机的各项参数;检验压实设备的压实组合、压实遍数,并取样进行马歇尔试验,同时从路上钻芯进行压实度检验、渗水检验等其他检验。由此确定生产用的标准配合比。

13.4.2　材料要求

1. 水泥混凝土

原材料:水泥、石子、砂、外加剂、钢筋等大宗材料按施工进度要求,在有一完储量的情况下,确保正常施工供应,并由试验人员按规范规定标准进行检验,确保原材料质量符合设计标准要求。模板材质要符合设计要求。

施工配合比设计:配合比设计要满足混凝土抗弯拉强度、工作性、耐久性和经济性的要求。应特别注意的是,要保证滑模施工的最佳工作性、稳定性和可滑性的独特工艺要求。施工配合比应根据天气、季节及运距等的变化,微调减水剂或保塑剂的掺量,以保证施工现场混凝土的振动黏度系数、坍落度等工作性能适合于滑模摊铺,且波动最小。同时,根据当天不同时间的气温变化微调加水量,维持坍落度基本稳定,其他配合比参数不得随意改变。应做坍落度随时间、温度损失的试验,最终确定拌和坍落度。

路面摊铺前,应进行不少于200 m长的试验铺筑段,以便检验机械性能、机械配套组合、施工工艺、施工工艺参数、路面的成形质量控制、生产时拌和站与摊铺现场之间的协调能力等是否达到路面质量要求,否则加以调整。高速公路、一级公路宜在主线路面以外地段进行试验段摊铺。路面厚度、摊铺宽度、基准线设置、接缝设置、钢筋设置等均应与实际工程相同。

2. 沥青混凝土

(1)粗集料。

粗集料应该洁净、干燥、表面粗糙。试验项目:压碎值、洛杉矶磨耗损失、表观相对密度、吸水率、坚固性、针片状颗粒含量、0.075 mm以下颗粒含量、软石含量、粗集料与沥青黏附性,按《公路沥青路面施工技术规范》(JTG F40—2004)执行。

(2)细集料。

细集料应洁净、干燥、无风化、无杂质,并有适当级配。检测项目:表观相对密度、坚固性、含泥量、砂当量、亚甲蓝值、棱角性,按《公路沥青路面施工技术规范》(JTG F40—2004)执行。

(3)填料。

填料必须用由石灰岩或岩浆岩中的强基性岩石等憎水性石料经磨细得到的矿粉。矿粉应干燥、洁净。检验项目:表观密度、含水率、黏度范围、亲水系数、塑性指数、加热安定性,按《公路沥青路面施工技术规范》(JTG F40—2004)执行。

13.4.3 职业健康安全要求

(1)在拌和站的拌和锅内清理黏结混凝土时,必须关闭主电机电源,并在主开关上挂警示红牌,要两人以上方可进行,一人清理,一人值守操作台。

(2)拌和站机械上料时,在铲斗及拉铲活动范围内,人员不得逗留和通过。

(3)运输车辆应鸣笛倒退,并有专人指挥和查看车后。

(4)施工中,机械设备严禁非操作人员使用。夜间施工,应有照明设备和明显的警示标志。

(5)施工中严禁所有的操作械设备的操作手擅离岗位,严禁用手或工具触碰正在运转机件。

(6)施工现场必须做好交通安全工作。交通繁忙的路口应设立标志,并有专人指挥

(7)夜间施工,路口及基准线桩附近应设置警示灯或反光标志,并设有专职电工管理灯光照明。

(8)施工机械停放在通车道路上,周围必须设置明显的安全标志,正对行车方向应提前200 m引导车辆转向,夜间应以红灯示警。

(9)施工机电设备应有专人负责保养、维修和看管。施工现场的电机、电线、电缆应放置在无车辆、人、畜通行的部位,确保用电安全。

(10)现场操作人员必须按规定佩戴防护用具。使用有毒、易燃的燃料、填缝料、外加剂、水泥或粉煤灰时,其防毒、防火、防尘等按有关规定严格执行。

(11)所有施工机械、电力、燃料、动力等的操作部位,严禁吸烟和有任何明火。摊铺机、拌和站、储油站、发电站、配电站等重要施工设备上应配备消防设施,确保防火安全。

(12)停工或夜间必须有专人值班保卫,严防原材料、机械、机具及零件等失窃。

(13)在施工缝等断开处设立标志,避免车辆、行人掉入。

13.4.4 环境要求

(1)拌和站、生活区、路面施工段应经常清理环境卫生,排除积水,并及时整治运输道路和停车场地,做到文明施工。

(2)施工路段和拌和场应经常洒水防尘,并经常清理路上废弃物。

(3)搅拌楼、运输车辆和摊铺设备的清洗污水不得随意排放;每台拌和楼宜设置清洗污水的沉淀池或净化设备,车辆应在有污水沉淀或净化设备的清洗场进行清洗。

(4)废弃的水泥混凝土、基层残渣和所有机械设备的修理残渣和油污等废弃物应分类集中堆放或掩埋。

(5)拌和场原材料的施工现场临时堆放的材料均应分类、有序堆放。施工现场的钢筋、工具、机械设备等应摆放整齐。

13.5 施工工艺

13.5.1 工艺流程

1. 水泥混凝土路面

水泥混凝土路面施工工艺流程如图 13-1 所示。

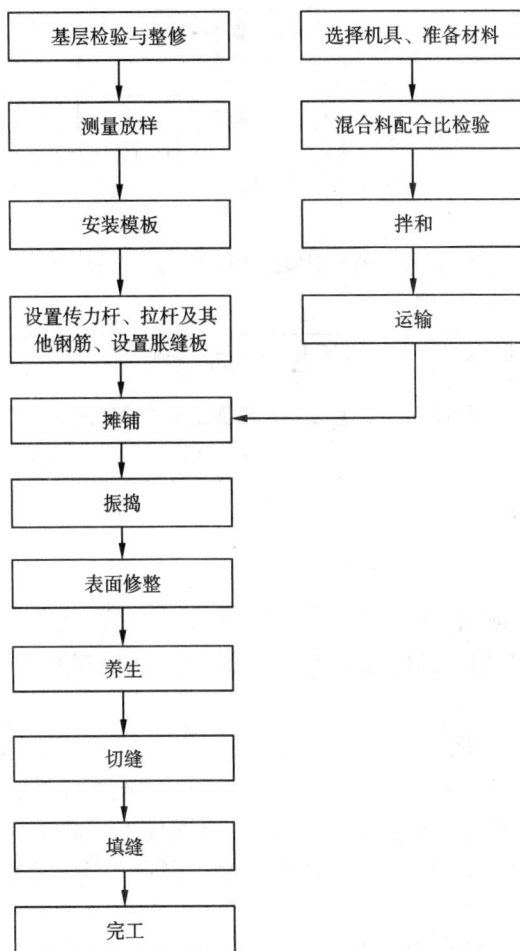

图 13-1 水泥混凝土路面施工工艺流程图

2. 沥青混凝土路面

沥青混凝土制作工艺主要为厂拌法如图 13-2 所示。

沥青混凝土铺设工艺如图 13-3 所示。

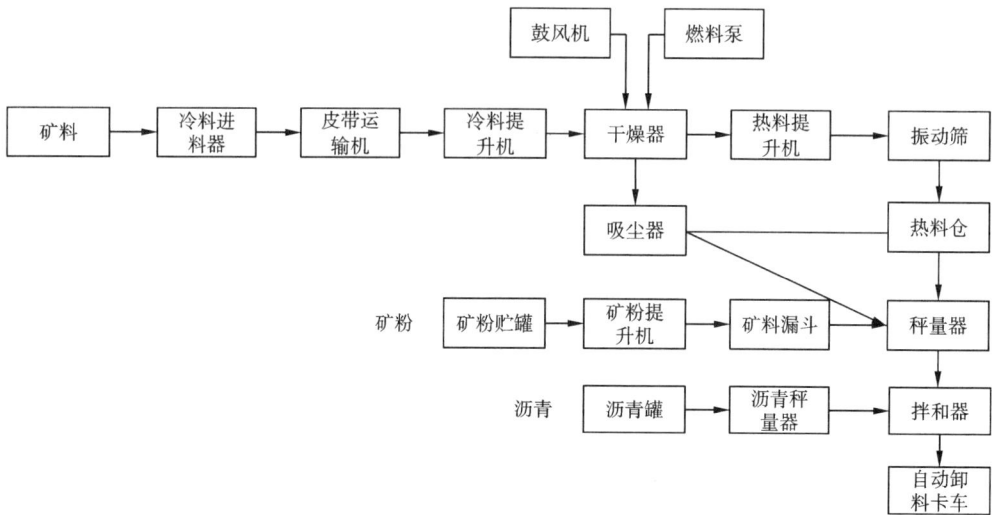

图 13 - 2 沥青混凝土制作工艺图(厂拌法)

图 13 - 3 沥青混凝土路面施工工艺流程图

13.5.2 操作工艺

1. 水泥混凝土路面

路面结构如图 13 - 4 所示。

(1)混凝土摊铺前,基层表面应洒水润湿,以免混凝土底部的水分被干燥的基层吸去。

(2)模板安装。

①如果采用手工摊铺混凝土,则边模的作用仅在于支撑混凝土,此时可用厚 40 ~ 80 mm 的木模板。在弯道段,应采用 15 ~ 30 mm 厚的薄模板,以便弯成弧形。

②条件许可时宜用钢模,这不仅节约木材,而且保证工程质量。钢板厚 4 ~ 5 mm,或用 3 ~ 4 mm 厚钢板与边宽 40 ~ 50 mm 的角钢或槽钢组合构成。当用机械摊铺混凝土时,必须采用钢模。

③侧模应按预先标定的位置安放在基层上,两侧用铁钎打入基层以固定位置。

④模板顶面用水准仪检查标高。

⑤模板内侧应涂刷肥皂液、机油或其他润滑剂,以便利拆模。

(3)传力杆安装。

①当两侧模板安装好后,即在需要设置传力杆的胀缝或缩缝位置上安设传力杆。

②混凝土板连续浇注时胀缝传力杆的做法:在嵌缝板上预留圆孔以便传力杆穿过;嵌缝板上面设木制或铁制压缝板条,旁边再放一块胀缝模板,按传力杆位置和间距,在胀缝模板下部挖成倒 U 形槽,使传力杆由此通过。传力杆的两端固定在钢筋支架上,支架脚插入基层内,如图 13 - 5 所示。

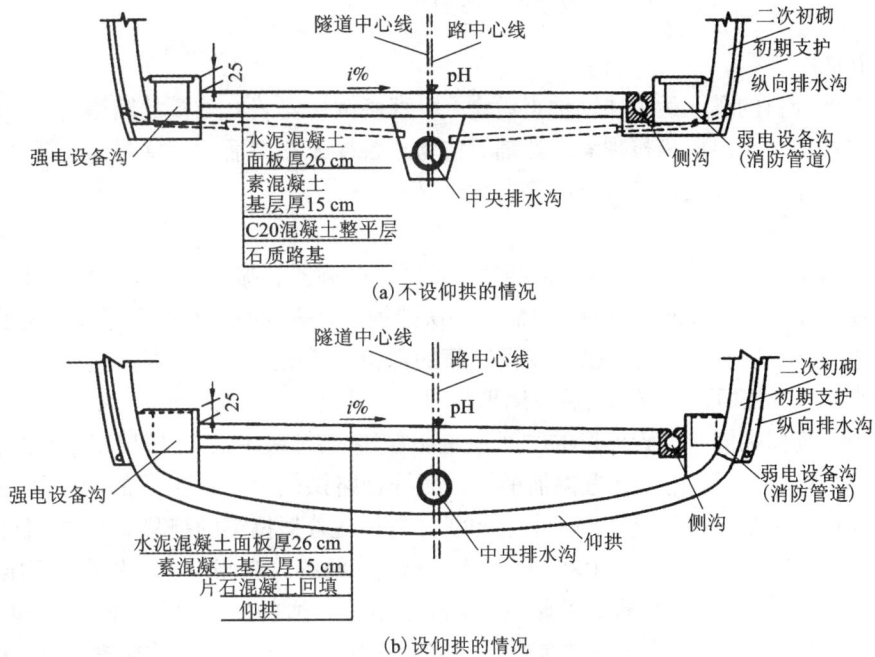

图 13-4 水泥混凝土路面结构

③混凝土板不连续浇注时胀缝传力杆的做法：在端模板外侧增设一块定位模板，按照传力杆间距及杆径在板上钻孔，将传力杆穿过端模板孔眼并直至外侧定位模板孔眼。两模板之间用按传力杆一半长度的横木固定。继续浇注邻板时，拆除挡板、横木及定位模板，设置胀缝板、木制压缝板条和传力杆套管，见图 13-5。

（4）制备与运送混凝土混合料。

①在工地制备混合料时，应在拌和场地上，合理布置拌和机和砂石、水泥等材料的堆放地点，力求提高拌和机的生产率。

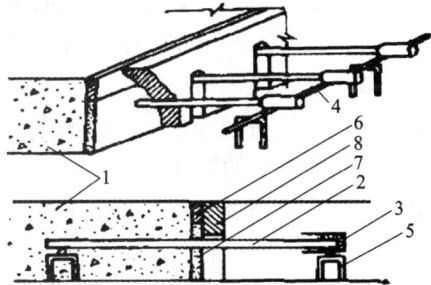

图 13-5 胀缝传力杆架设示意图（钢筋支架法）
1—先浇注的混凝土；2—传力杆；3—金属套筒；4—钢筋；
5—支架；6—压缝板条；7—嵌缝板；8—胀缝模板

②拌制混凝土时，要准确掌握配合比，特别要严格控制用水量（除采用真空吸水工艺外）。每天开始拌和前，应根据天气变化情况测定砂、石材料的含水量，以调整拌制时的实际用水量。每次拌和所用材料应过秤。

③配合比的精确度：水泥为 ±1.5%，砂为 ±2%，碎石为 ±3%，水为 ±1%。每一工班应检查材料选配的精确度至少 2 次，每半天检查混合料的坍落度 2 次，拌和时间为 1.5~2 min。

④混合料用手推车、翻斗车或自卸汽车运送。合适的运距视车辆种类和混合料容许的运输时间而定。通常，夏季不宜超过 30~40 min，冬季不宜超过 60~90 min。高温天气运送混

合料时应采取覆盖措施,以防混合料中水分蒸发。运送用的车厢必须在每天工作结束后,用水冲洗干净。

(5)摊铺。

当运送混合料的车辆运达摊铺地点后,一般直接倒向安装好侧模的路槽内,并用人工找补均匀。要注意防止出现离析现象。摊铺时应考虑混凝土振捣后的沉降量,虚高可高出设计厚度约10%左右,使振实后的面层标高与设计相符。

(6)振捣。

①振捣由平板振捣器(2.2~2.88 kW)、插入式振捣器和振动梁(各1.1 kW)配套作业。混凝土路面板厚度在22 cm以内时,一般可一次摊铺,用平板振捣器振实。凡振捣不到之处,如面板的边角部、进水口附近,以及安设钢筋的部位,可用插入式振捣器进行振实;当混凝土板厚较大时,可先插入振捣,然后再用平板振捣,以免出现蜂窝现象。

②平板振捣器在同一位置停留的时间,一般为10~15 s,以表面振出浆水,混合料不再沉落为准。平板振捣后,用带有振捣器的、底面符合路拱横坡的振捣梁的两端搁在侧模上,沿摊铺方向振捣拖平。拖振过程中,多余的混合料将随着振捣梁的拖移而刮去,低陷处则应随时补足。随后,再用直径75~100 mm的无缝钢管,两端放在侧模上,沿纵向滚压一遍。

③试验表明,混凝土强度提高的幅度,取决于掌握合适的振捣时间,而且也和混凝土的配合比、水泥品种、施工气温等因素有关。因此,在施工中具体采用的振捣时间,应通过试验确定。

(7)施做接缝。

①胀缝。先浇注胀缝一侧混凝土,取去胀缝模板后,再浇注另一侧混凝土,钢筋支架浇在混凝土内不取出。压缝板条在使用前应涂废机油或其他润滑油,在混凝土振捣后,先抽动一下,而后最迟在终凝前将压缝板条抽出。抽出时为确保两侧混凝土不被扰动,可用木板条压住两侧混凝土,然后轻轻抽出压缝板条,再用铁抹板将两侧混凝土抹平整。缝隙上部浇灌填缝料,留在缝隙下部的嵌缝板是用沥青浸制的软木板或油毛毡等材料制成的预制板。

②横向缩缝。即假缝。可用下列两种方法筑做:

(a)切缝法。在混凝土捣实整平后,利用振捣梁将T形振动刀准确地按缩缝位置振出一条槽,随后将铁制压缝板放入,并用原浆修平槽边。当混凝土收浆抹面后,再轻轻取出压缝板,并即用抹子修整缝缘。这种做法要求谨慎操作,以免混凝土结构受到扰动和接缝边缘出现不平整(错台)。

(b)锯缝法。在结硬的混凝土中用锯缝机锯出所要求深度的槽口。这种方法可保证缝槽质量和不扰动混凝土结构。但要掌握好锯割时间,过迟了,会因混凝土过硬而使锯片磨损过大且费工,更主要的是可能在锯割前混凝土会出现收缩裂缝。过早了,混凝土因还未结硬,锯割时槽口边缘易产生剥落。合适的时间视气候条件而定,炎热而多风的天气,或者早晚气温有突变时,混凝土板会产生较大的湿度或温度差,使内应力过大而出现裂缝,锯缝应在表面整修后4小时开始;若天气较冷,一天内气温变化不大时,锯割时间可晚至表面整修后12 h以上再开始。

③纵缝。施做企口式纵缝,模板内壁做成凸榫状。拆模后,混凝土板侧面即形成凹槽。需要设置拉杆时,模板在相应位置处要钻孔,以便拉杆穿入。浇注另一侧混凝土前,应先在凹槽壁上涂抹沥青。

(8)表面整修。

混凝土终凝前必须用人工或机械抹平其表面。但人工抹面的劳动强度大、工效低，而且还会把水分、水泥和细砂带至混凝土表面，致使它比下部混凝土有较高的干缩性和较低的强度。而采用机械抹面就可以克服以上缺点。抹面结束后，有时再用拖光带横向轻轻拖拉几次。

(9)防滑。

为保证行车安全，混凝土表面应具有粗糙抗滑的表面。最普通的做法是用棕刷顺横向在抹平后的表面上轻轻刷毛，也可用金属丝梳子梳成深 1～2 mm 的横槽。还可在已硬结的路面上，用锯槽机将路面锯割成深 5～6 mm、宽 2～3 mm、间距 20 mm 的小横槽。或者在未结硬的混凝土表面塑压成槽，或压入坚硬的石屑来防滑。

(10)养生。

①湿法养生。混凝土抹面 2 h 后，当表面已有相当硬度，用手指轻压不现痕迹时即可开始养生。一般采用湿麻袋或草垫，或者 20～30 mm 厚的湿砂覆盖于混凝土表面。每天均匀洒水数次，使其保持潮湿状态，至少持续 14 天。

②塑料薄膜养生。当混凝土表面不见浮水，用手指按压无痕迹时，即均匀喷洒塑料溶液(由轻油溶剂、过氯乙烯树脂和邻苯二甲酸二丁酯三者，按 0.88∶0.09∶0.03 的重量比配制而成)，形成不透水的薄膜黏附于表面，从而阻止混凝土中水分的蒸发，保证混凝土的水化作用。也可用塑料布覆盖以代替喷洒塑料溶液的养生方法，效果同样良好。

(12)填缝。

填缝工作宜在混凝土初步结硬后及时进行。填缝前，首先将缝隙内泥砂杂物清除干净，然后浇灌填缝料。理想的填缝料应能长期保持弹性、韧性，热天缝隙变窄时不会软化挤出，冷天缝隙增宽时能胀大且不脆裂，同时还能与混凝土黏牢，防止土砂、雨水进入缝内，此外还要耐磨、耐疲劳、不易老化。填料不宜填满缝隙全深，最好在浇灌填料前先用多孔柔性材料填塞缝底，然后再加填料。这样在夏天胀缝变窄时填料不至受挤而溢至路面。常用的填缝料有聚氯乙烯类、沥青玛蹄脂、聚氨酯类等。

2.沥青混凝土路面

路面结构如图 13-6 所示。

(1)基层准备和放样。

①面层铺筑前，应对基层的厚度、密实度、平整度、路拱等进行检查。若有坎坷不平、松散、坑槽等，必须在面层浇注之前整修完毕，并应清扫干净。

②施工放样和高程控制，必须进行水平和垂直坡度控制，通常由测量人员在路基基层两侧平行于中心线的位置上按一定距离设立坡度桩和路线桩，设立桩线。

③为使面层与基层黏结好，可在面层铺筑前 4～8 h，在粒料类的基层上洒布透层沥青。

(2)摊铺。

①人工摊铺。

(a)将汽车运来的沥青混合料先卸在铁板上，随即用人工铲运，以扣铲方式均匀摊铺在路上。摊铺时不得扬铲远甩，以免造成粗细粒料分离，一边摊铺一边用刮板刮平。

(b)刮平时要做到轻重一致，往返刮 2～3 次达到平整即可，防止反复多刮使粗粒料刮出表面。

(a)不设仰拱的情况

(b)设仰拱的情况

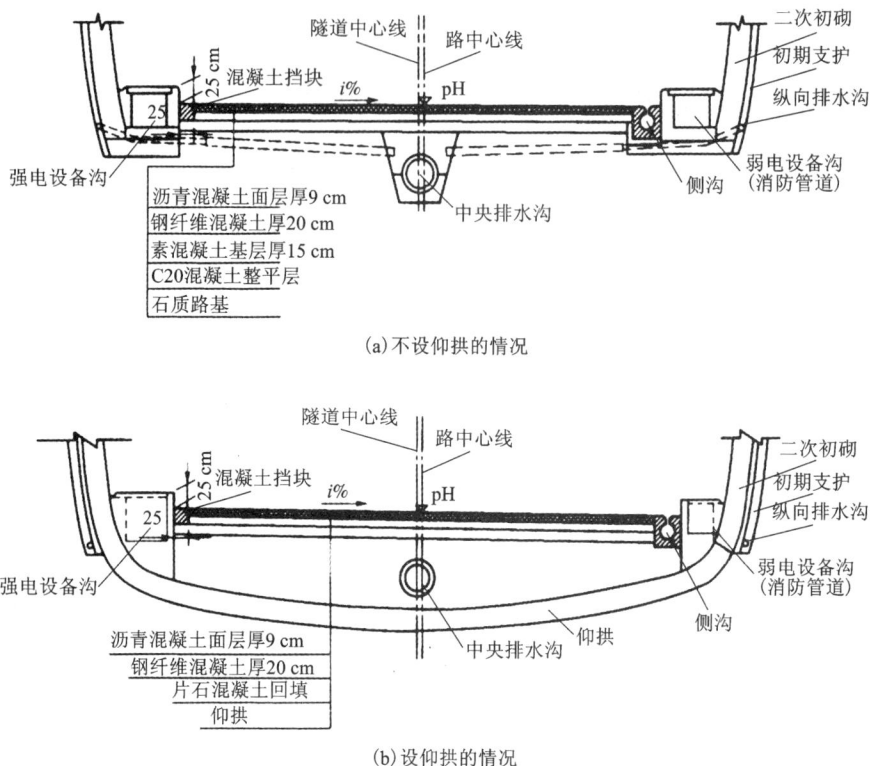

图 13-6 沥青混凝土路面结构(复合式路面结构)

(c)摊铺过程中要随时检查摊铺厚度、平整度和路拱,若发现有不妥之处则应及时修整。

(d)摊铺厚度为路面设计厚度乘以压实系数。人工摊铺时,沥青混凝土混合料的压实系数为 1.25~1.50。

(e)摊铺顺序应从进料方向由远而近逐步后退进行。应尽可能在全幅路面上摊铺,以避免产生纵向接缝。

②机械摊铺:沥青混合料摊铺机有履带式和轮胎式两种,二者的构造和技术性能大致相同。机械摊铺的过程是自卸汽车将沥青混合料卸到摊铺机料斗后,经链式传送器将混合料往后传到螺旋摊铺器,随着摊铺机向前行驶,螺旋摊铺器即在摊铺带宽度上均匀地摊铺混合料,随后由振捣板捣实,并由摊平板整平。

(3)碾压。

①沥青混合料摊铺整平之后,应趁热及时进行碾压。

②开始碾压温度:石油沥青混凝土混合料不高于 100~120℃;煤沥青混凝土混合料不高于90℃。

③碾压终了温度:石油沥青混凝土混合料不低于70℃;煤沥青混凝土混合料不低于50℃。

④碾压过程分为初压、复压和终压三个阶段。

(a)初压:用60~80 kN双轮压路机以1.5~2.0 km/h的速度碾压3遍,使混合料得到初步稳定。

（b）复压：初压后，随即用100~120 kN三轮压路机或轮胎式压路机复压4~6遍。碾压速度：三轮压路机为3 km/h，轮胎式压路机为5 km/h。复压是碾压过程中最重要的阶段，混合料能否达到规定密实度，关键在于这阶段的碾压，应碾压至稳定无显著轨迹为止。

（c）终压：在复压之后用60~80 kN双轮压路机以3 km/h的碾压速度碾压2~4遍，以消除碾压过程中产生的轨迹，并确保路面表面的平整度。

（4）接缝施工。

①纵缝施工。对当天先后铺筑的两个车道，摊铺宽度应与已铺车道重叠30~50 mm，所摊铺的混合料应高出相邻已压实的路面，以便压实到相同的厚度。对不在同一天铺筑的相邻车道，在摊铺新料之前，应对原路面边缘加以修理，要求边线凿齐，塌落松动部分应刨除以露出坚硬的边缘。缝边应保持垂直，并在涂刷一薄层沥青黏层之后方可摊铺新料。纵缝应在摊铺之后立即碾压，压路机应大部分压在已铺好的路面上，且仅有100~150 mm的宽度压在新铺的车道上，然后逐渐移动跨过纵缝。

②横缝施工。横缝应与道路中线垂直。接缝时应先沿已刨齐的缝边用热沥青混合料覆盖，以资预热，覆盖厚度约150 mm；待接缝处沥青混合料变软之后，再将所覆盖的混合料清除，换用新的热混合料摊铺，随即用热夯沿接缝边缘夯捣，并将接缝的热料铲平；然后趁热用压路机沿接缝边线碾压密实。

13.6　质量标准

13.6.1　水泥混凝土路面

1.试件要求

（1）每铺筑400 m³混凝土，同时制作二组抗折试件，龄期分别为7 d和28 d。

（2）每铺筑1000~2000 m³混凝土增做一组试件，龄期为90 d或更长，备作验收或检查后期强度时用。

（3）抗压试件可利用抗折试验的断头进行试验，抗压试验数量与抗折数量相对应。

（4）试件在现场与路面相同的条件下进行湿法养生。

（5）施工中应及时测定7 d龄期的试件强度，检查其是否已达到28 d强度的70%，否则应查明原因，并立即采取措施，务使继续浇注的混凝土强度达到设计要求。

2.水泥混凝土路面的质量标准

参照路面相关技术标准。

13.6.2　沥青混凝土路面

1.原材料

①沥青：施工前取样检查沥青材料的各项技术指标。施工过程中还应抽样检验。

②矿料：检查砂石材料的规格、形状、等级、级配组成、含水量、与沥青材料的黏附性等。矿粉应检查其颗粒组成、比重、含水量和亲水系数等。

③沥青混合料：施工时应取样检查沥青混合料中矿料的级配组成，沥青用量、拌和温度、

流值和剩余空隙率，并检查沥青混合料的外观特征(颜色、拌和的均匀度等)。

2. 基层

沥青混凝土路面面层施工之前，应对基层的厚度、密实度、平整度、路拱进行检查。

3. 路面的外形检查

应检查路面的标高、宽度、厚度、平整度、路拱及外观鉴定。必要时还应检查路面的渗水性和粗糙度。

4. 施工质量控制与检查

应检查沥青混合料运到施工现场后的温度、摊铺时的温度、摊铺的厚度和平整度碾压时的温度、碾压密实度、接缝的处理情况等。

13.7　成品保护

13.7.1　道路开通

路面结构强度必须达到技术规范的要求之后，道路才能开通。

13.7.2　维护

(1)隧道路面应定期进行清洁，要求为：

①高速公路隧道的清扫应不少于 1 次/日，其他公路隧道可根据具体情况确定适宜的清扫频度，但不宜少于 1 次/月。

②路面清扫宜以机械作业为主，人工作业为辅。

③作业时，应注意路面脏污部位的清扫。路面两侧边缘应清扫到位，对紧急停车带、车行横洞洞口应减速慢行清扫，必要时辅以人工清扫。

④当路面被油类物质或其他化学品玷污时，应及时采取必要的措施清除污垢，并用清洁剂清洗干净。

(2)应及时修复、更换损坏的窨井盖或其他设施的盖板。

(3)当路面出现渗漏水时，应及时处理，将水引入边沟排出，防止路面积水或结冰。

13.8　安全环保措施

施工过程中产生的工程垃圾，如混凝土碎块、沥青碎块、钢筋断头等，必须及时清理干净，不得污染当地环境。

13.9　质量记录

应做的工程质量记录有：底基层检查与施工记录、基层检查与施工记录、路面施工记录以及工程重大处理记录等。

14 土压平衡盾构掘进施工工艺标准

14.1 总则

14.1.1 适用范围

本标准适用于采用土压平衡式盾构机修建隧道结构的施工。

14.1.2 编制参考标准及规范

(1)地下铁道工程施工质量验收标准(GB/T 50299—2018)。

(2)地铁设计规范(GB 50157—2013)。

(3)铁路隧道设计规范(TB 10003—2016)。

(4)盾构法隧道施工及验收规范(GB 50446—2017)

(5)公路隧道施工技术细则(JTG F60—2009)。

(6)公路工程质量检验评定标准(JTG F80/1—2017)。

14.2 术语

14.2.1 土压平衡式盾构

土压平衡盾构也称泥土加压式盾构,它的基本构成如图 14-1 所示。在盾构切削刀盘和支承环之间有一密封舱,称为"土压平衡舱";在平衡舱后隔板的中间装有一台长筒形螺旋输送器,进土口设在密封舱内的中心或下部。用刀盘切削下来的土充填整个平衡舱,使其达到一定的密度,以保持足够的压力去平衡开挖面的土压力,这就是所谓的土压平衡作用。平衡舱内的土压主要是由螺旋输送器的出土量来控制的,出土量多则平衡土压下降,反之则上升,同时,还要密切配合刀盘的切削速度和千斤顶的顶进速度,使平衡舱内始终充满泥土而不致挤得过密或过松,这样就可以达到稳定开挖面的效果。

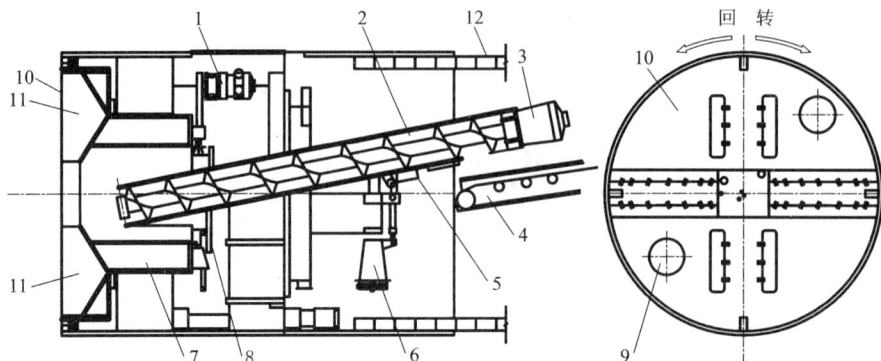

图 14 - 1　土压平衡盾构示意图

1—刀盘用油马达；2—螺旋运输机；3—螺旋运输机马达；4—皮带运输机；5—闸门千斤顶；6—管片拼装器；
7—刀盘支架；8—隔板；9—排障用出入口；10—刀盘；11—泥土进入盾构；12—管片

14.2.2　端头加固

为确保盾构始发和到达时施工安全，确保地层稳定，防止端头地层发生坍塌或涌漏水等意外情况，应根据各始发和到达端头工程地质、水文地质、地面建筑物及管线状况和端头结构等综合分析，确定对洞门端头地层加固形式。

14.2.3　盾构后座

盾构刚开始掘进时，其推力要靠工作井井壁来承担。因此，在盾构与井壁之间需要设置传力设施，此设施称为后座。

14.2.4　添加材

采用土压平衡盾构掘进时，为改善土体的流动性防止其黏附在盾构机上而注入的一些外加剂。添加材的功能是：辅助掘削面的稳定(提高泥土的塑流性和止水性)；减少掘削刀具的磨耗；防止土仓内的泥土压密黏附；减少输送机的扭矩和泵的负荷。

14.3　施工准备

14.3.1　技术准备

(1)根据隧道外径、埋深、地质、地下管线、构筑物、地面环境、开挖面稳定及地表隆陷值等的控制要求，经过经济、技术比较后选用盾构设备。盾构选型流程如图 14 - 2 所示。

(2)认真熟悉工程设计文件、图纸，对工程地质、水文地质、地下管线、暗渠、古河道以及邻近建筑等调查清楚，并将上述内容汇总表示在工程纵剖面总体图上，然后提出针对性的技术措施，以确保工程进展顺利和邻近范围内原建筑物的安全。

(3)进行工程环境的调查和实地踏勘，为制定施工组织设计提供足够的依据，进行核实

根据设计断面选择掘进机

装配式衬砌 → 根据衬砌类型选择配套系统 ← 挤压混凝土衬砌

衬砌安装机械系统

混凝土供给系统

讨论工作面是否稳定

(1)掘进机外径

(2)覆土厚、地下水位

(3)土质条件：粒度、成层条件
　　　　　　各土质参数

(4)岩层条件：岩性、节理、裂隙

测定水压、松弛土层或围岩压力

现场原位地层工作面稳定程度

工作面稳定性不好时

辅助工法种类及适用性的校核：
(1)压气工法
(2)降水法
(3)化学注浆工法
(4)冻结法

地质条件以外的条件：
(1)工期　　　　(2)外径、机长
(3)造价　　　　(4)环境因素
(5)沿线条件　　(6)基地条件
(7)设计线路、线形条件
(8)给排水条件　(9)通风条件
(10)动力源等其他条件

机种和辅助工法的综合组合比较分析

隧道掘进机的选定

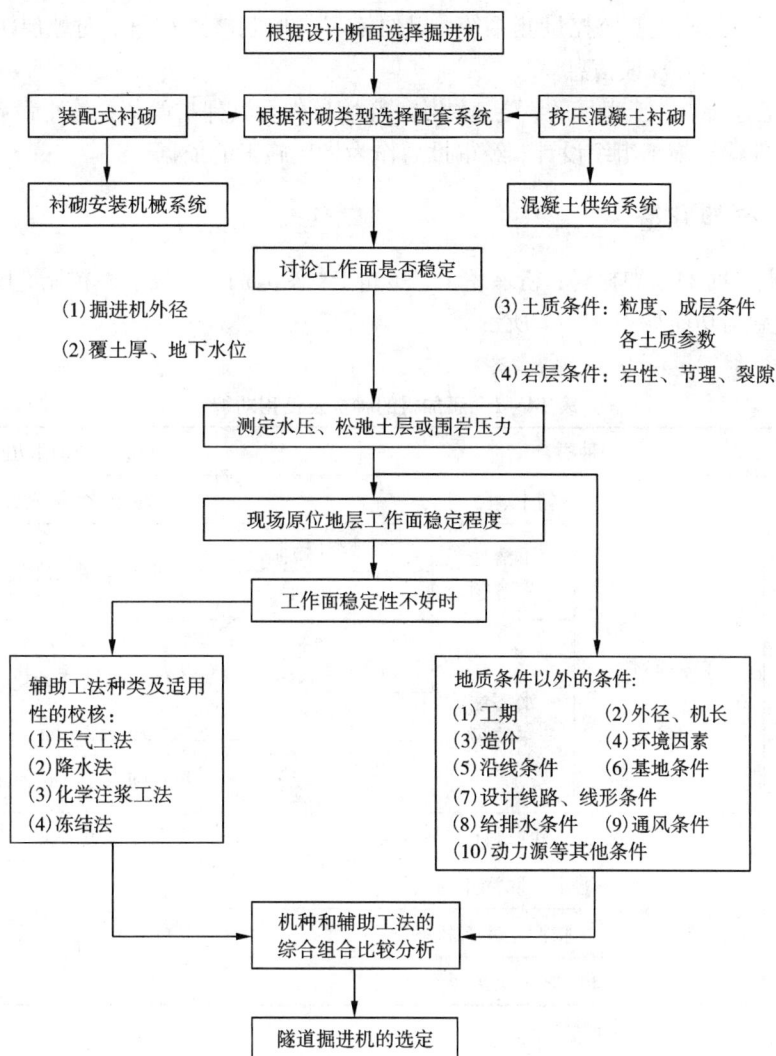

图 14-2　盾构选型流程图

的主要项目有：

①土地使用情况——根据报告和附图，实地踏勘调查各种建筑物的使用功能、结构形式、基础类型及其与隧道的相对位置等。

②道路种类和路面交通情况。

③工程用地情况——主要对施工场地及材料堆放场地、弃土场地、运土路线等做必要的调查。

④施工用电和给排水设施条件。

⑤有关环境保护的法律和法规。

⑥地下障碍物及管线。

(4)根据工程特点、施工设备的技术性能及操作要领，对盾构司机及各类设备操作人员进行上岗前的技术培训并持证上岗。

(5)建立完整的测量和监控量测系统,以便施工时控制隧道位置,对地层沉降及结构的变形进行监测,并及时反馈信息。

(6)根据工程特点、工程目的、隧道结构、环境条件及其保护等级、施工设备的性能、工程所处地质条件编制施工组织设计,经审批后作为指导施工的依据。

14.3.2 材料准备

(1)盾构掘进时的添加材料:粉末黏土、膨润土、发泡剂、高吸水性树脂、增黏剂等。添加材的主要类型与功能如表14-1所示。

表14-1 添加材的种类及使用功能

种类				使用功能
单一添加材	黏土、膨润土			泥土化(补充细粒成分)
	高分子类	不溶性聚合物	丙烯类(树脂)	吸收自由水、提高止水性
			淀粉类	
		水溶性聚合物	纤维类(CMC 纸浆渣)	增黏(黏结流动化、减少分离)
			多糖类	
			负离子类乳胶(硅溶胶)	防止喷发、增黏强化、防止黏附
	表面活性材料(气泡剂等)			提高流动性、止水性、防止黏附
复合添加剂	黏土 + 膨润土 + 气泡			综合提高流动性、止水性、防止黏附
	膨润土 + 有机酸			
	纤维素 + 负离子类乳胶			

(2)注浆材料:砂浆、水泥浆、速凝剂。

(3)衬砌材料:钢筋混凝土管片。

14.3.3 主要机具

(1)隧道掘进机械:土压平衡盾构机及其配套设备、备用刀具。

(2)材料与管片运输机械:门式吊车、轨道车、卡车。

(3)测量仪器:全站型经纬仪、精密水准仪、钢钢尺、倾斜仪、压力计。

14.3.4 作业条件

(1)弃土场地、管片堆放场地、注浆材料堆放场地等工作施工场地已布置妥当。

(2)盾构始发井工程已经施工完毕。

(3)盾构机在始发井内安装调试完毕,运转正常。

(4)操作人员经培训合格,已具备上岗资格。

(5)各项监测系统已设置妥当。

(6)施工组织计划已经监理部门审核批准。

(7)衬砌管片已开始批量生产。

14.3.5　劳动力组织

劳动力组织包括：盾构操作工6名，管片拼装工4名，洞内外管片与材料吊装、运输工10名，管片运输卡车司机若干名，壁后注浆工5名。

14.4　工艺设计和控制要求

14.4.1　技术要求

(1)盾构在厂内制造完工后，必须进行整机调试，检查核实盾构设备的供油系统、液压系统和电气系统的状况，调试机械运转状态和控制系统的性能，确保盾构出厂就具备良好的性能，防止设备上的先天不足给工程带来不必要的困难。

(2)盾构掘进施工对上部所需的覆土层的厚度，应满足下列要求：

①在控制地面变形要求高的地区，各种盾构的最小覆土厚度一般均不宜小于隧道直径的1倍。

②当实际覆土厚度不能满足上述规定时，应选用下列措施：

(a)水底隧道覆土厚度不足时，应选用合适黏土覆盖来增加覆土厚度，覆盖黏土的参数为$W \leqslant 40$、$I_p > 20$、$I_l = 1 \sim 1.3$、黏粒含量$> 30\%$。

(b)在陆地上施工点厚度不足时，可在设计允许的情况下调整隧道埋设深度，也可选用合适黏性增加覆土厚度或采用井点降低地下水位，使盾构使用的气压值能与覆土厚度相适应，或用注浆方法减少土的透气性。

(3)平行双洞应有足够的线间距，洞与洞及洞与其他建(构)筑物之间所夹土(岩)体加固处理的最小厚度为水平方向1 m，竖直方向1.5 m。

(4)两条隧道平行或立体交叉施工时，应根据地质条件、土压平衡盾构的特点、隧道埋深和间距，以及对地表变形的控制要求等因素，合理确定两条盾构推进前后错开的距离。

(5)土压平衡式盾构掘进时，工作面压力应在试推进50~100 m后确定，在推进中应及时调整并保持稳定。

(6)掘进中开挖出的土砂应填满土仓，并保持盾构掘进速度和出土量的平衡。

(7)在盾构掘进中遇有下列情况之一时，应停止掘进，分析原因并采取措施：

①盾构前方发生坍塌或遇有障碍。

②盾构自转角过大。

③盾构位置偏离过大。

④盾构推力较预计的增大。

⑤可能发生危及管片的防水、运输及注浆遇有故障等。

14.4.2　材料质量要求

(1)工程所使用的各种原材料、半成品或成品都必须符合国家现行有关标准和设计要求，特别是防水材料在使用前必须按规定抽查检测。

（2）盾构掘削时使用的添加材应满足表 14-1 的功能要求。

14.4.3 职业健康安全要求

（1）盾构工作竖井地面应设防雨棚，井口周围应设防淹墙和安全栏杆。

（2）更换刀具的人员必须系安全带，刀具的吊装和定位必须使用吊装工具。在更换滚刀时要使用抓紧钳和吊装工具。所有用于吊装刀具的吊具和工具都必须经过严格检查，以确保人员和设备的安全。

（3）隧道施工时应进行机械通风，保证每人每分钟须供应新鲜空气 3 m³；最小风速不小于 0.15 m/s。隧道内气温不得高于 28℃；隧道内噪声不得大于 90 dB。

（4）带压作业人员必须身体健康，并经过带压作业的专业培训，制定并执行带压工作程序。

14.4.4 环境要求

（1）针对盾构施工在特定的地质条件和作业条件下可能遇到的风险，在施工前必须仔细研究并切实采取防止意外的技术措施。

（2）应特别注意防止瓦斯爆炸、火灾、缺氧、有害气体中毒和涌水情况等，预先制定和落实发生紧急情况时的对策和措施。

14.5 施工工艺

14.5.1 工艺流程

土压平衡盾构掘进工艺流程如图 14-3 所示。

14.5.2 操作工艺

1.盾构掘进时泥土质量控制

（1）泥土压力控制。盾构中的泥土压力可通过以下三种方式调节：

①调节螺旋输送机的转数。

②调节盾构千斤顶的推进速度。

③两者组合控制。

（2）泥土塑流性控制。泥土的塑流性可通过以下四种方法测试：

①土仓内的土压。可通过设在盾构隔板上的土压计测定，这是判断泥土塑流性的一种简洁方法。

②盾构负荷。由掘削扭矩、螺旋输送机的扭矩等负荷的变化推定泥土的塑流性。

③螺旋输送机的排土效率。泥土塑流性好的情况下，从螺旋输送机的转数算出的排土量与计算掘削土量的相关性较高。

④排土形状测量。根据目测排土状况或者泥土取样的坍落度试验可以判定泥土的塑流性。

掘进方案

增加时注入率设定

塑流态　硬　软

注入率减　OK　注入率减

应预改进　NO

YES

土压设定　设定值变动

掘削土压　高　低

泥土压指示调节装置　OK　泥土压指示调节装置

设定速度　设定值变动

掘削箱笼　超过上限　速度减

OK

槽力　超过上限

OK

周边土压　异常

OK

撑土量　异常

OK

掘削下一环

塑流性控制　土压控制　掘进速度控制　监视

设定值变动

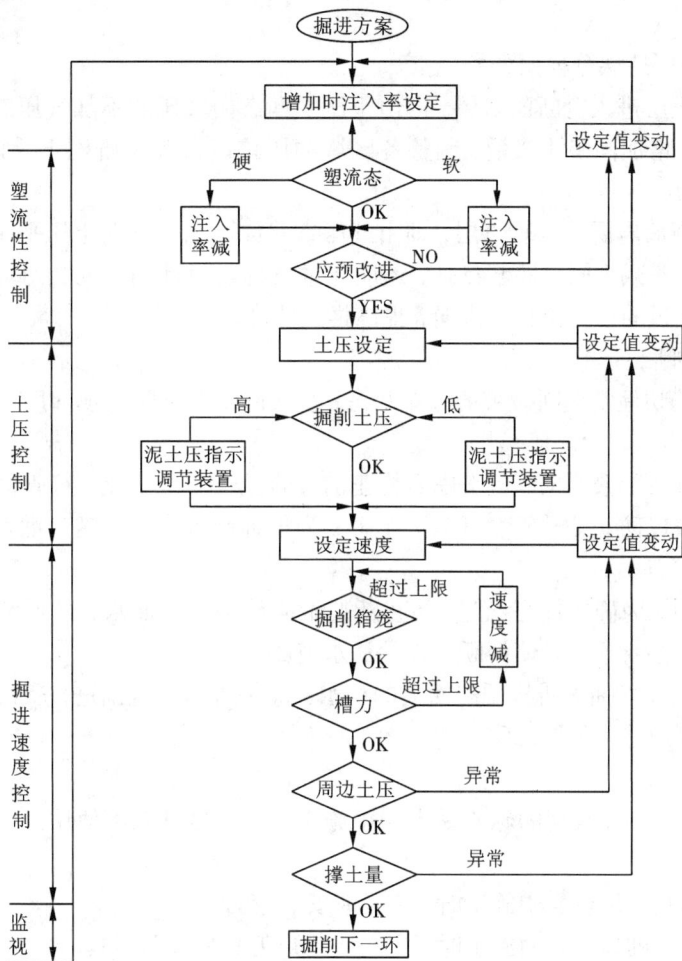

图 14-3　土压平衡盾构掘进工艺流程

（3）防止刀盘泥饼的形成。

①土舱内水、土、气压力设定值不宜过高，应设法减小刀盘与正面岩土的挤压应力。

②采取发泡剂等措施切断裂隙水的通道，防止地层中裂隙水涌入。

③合理布设刀盘刀具，遇到塑性大、裂隙水丰富的风化岩土时，应及时拆除滚刀。

④向刀盘正面压注一定量的发泡剂或润滑水，减小刀盘与正面土体的碾磨力，同时还可增加破碎的流塑性。

⑤在土舱内加以适当的气压，提高螺旋输送机的排土能力。

2. 盾构在不同地层中的施工

（1）盾构在岩层中的施工。

①合理利用超挖刀和中折千斤顶，以达到控制盾构机的姿态。

②孤石出现后立即停止推进并锁定千斤顶，防止盾构后退；若前方地层的自立性好，则先清空土舱内的泥土并建立气压平衡，随后作业人员通过人行闸进入土舱，对孤石进行粉

碎；若地层自立性差或根本不能自立，则须先对土体进行加固处理，随后方可允许作业人员进舱工作。

（2）盾构在不同地层分界面处的施工。

①盾构由软土层进入全断面岩层，即由土压平衡态向气压或不加气压态过渡时，除适当降低土压设定值、增加同步注浆量、调整各区域油压差以及改变盾构千斤顶的合力位置外，还应放慢推进速度。

②盾构由全断面岩层进入软土层，即由气压方式或不加压态向土压平衡态过渡时，除适当通过土压设定值、减少同步注浆量外，还应通过盾构与设计轴线的相对坡度，调整各区域油压差，改变千斤顶的合力位置和方向，提高推进速度。

（3）盾构穿越断裂带的施工。

①施工前应确切地掌握断裂带的分布状态，视实际情况对隧道顶部以上断裂带土层进行加固。

②盾构切口切入断裂带时，应考虑盾构正前方岩土性质的变化，对盾构姿态和出土量等参数做相应调整，以防止盾构产生下倾、上仰；为了抑制沉降和断裂带涌水的不利影响，应及时实施同步注浆。

③盾构穿越后，为确保隧道稳定，防止断裂带向盾构切口涌水，必须及时向隧道外周的断裂带土层进行背后注浆，以便切断切口的涌水道路。

④配备抽水泵及时抽去盾构掘削面上的积水，确保盾构高速掘进，严格控制螺旋输送机闸门开度，避免喷涌造成地层沉降。

3. 刀具选用

（1）在软土层或黏度较高的砾质黏土层中施工时，应尽可能不使用滚刀，同时增加刀盘的开口率。

（2）在强度较高的风化岩中施工时，应及时安装滚刀。

（3）在强度较低的风化岩中施工时，应安装 T 形刀具或超前刀具。

4. 刀具更换

（1）首先除去压力舱中的泥水、残土，清除刀头上黏附的泥沙，确认要更换的刀头，运入工具，设置脚手架。然后拆去旧刀具，换上新刀具。

（2）更换刀具停机时间比较长，容易造成盾构整体沉降，引起地层及地表沉降，损坏地表及地下建（构）筑物。更换要求：

①更换前做好准备工作，尽量减少更换时间。

②更换作业尽量选择在中间竖井或地层条件较好、较稳定地段进行。

③在地层条件较差的地段进行更换作业时，必须带压更换或对地层进行预加固，确保开挖面及基底的稳定。

④在岩层中更换刀具时，可对土舱施加气压；更换刀具时要选择土体自立性稳定的区段进行，最好选择全断面均为岩层的区段。

（3）更换刀具要记录刀具编号、原刀具类型、刀具磨损量、修复刀具的运行记录、更换原因、更换刀具类型、更换时间和更换人等。

5. 盾构纠偏

（1）盾构纠偏只能在盾构内径与管片外径两者之间的施工间隙范围内调整，过量纠偏会使盾壳卡住管片，导致管片被挤坏或增加下一环管片拼装的困难。

(2)盾构纠偏应及时、连续，不要过量纠偏。过大纠偏会使盾构轴线与隧道轴线产生较大的夹角，影响盾尾密封效果从而产生盾尾漏浆；过量纠偏将增加盾构对土体的扰动，增大地面变形。

6. 盾构到达终点

(1)一般以隧道贯通前最后50 m范围为到达段。按环境、地质条件、洞门尺寸及深度、洞口封门形式来确定洞口土体加固处理方案(降水、化学压浆或其他地基加固方法、土体加固强度及范围)，并对土体加固效果进行鉴定。当加固条件受到限制或加固效果不良时，必须采取其他技术措施，以保证盾构到达。

(2)到达井内的盾构接收基座应符合盾构基座技术要求，导轨应可调节，以适应盾构到达时的姿态。在曲线地段，接收基座应根据曲线在该位置的切线方向进行定位。

(3)盾构掘进至离洞口封门结构100 m时，必须做一次盾构推进轴线的方向传递测量，以逐渐调整盾构轴线。

(4)为防止由于盾构推力过大和切口开挖面土体挤压损坏洞口封门结构，在切口离封门10 m起应控制出土量；切口离封门结构300～500 mm时停止推进，并使切口开挖面压力降到最低值，以确保洞口封门拆除的施工安全。

(5)盾构停止推进后按计划方法与工艺拆除封门，盾构应尽快地连续推进和拼装管片，使盾构能在最短时间内全部进入接收井内的基座上。洞口与管片的间隙必须及时处理，并确保不渗漏。

7. 盾构到达车站

(1)盾构机到站前一个月，必须加固好车站两端的洞门土体，以保证加固体的强度及盾构机进、出站安全。

(2)盾构机到站前20 d，开始进行盾构到站的一切准备工作，包括接受托架的安设、横移钢板的安设、始发反力架的修改、对盾构机维修保养的准备工作。

(3)盾构机到站的洞门破除工作，先凿除前方维护结构的一半厚，最后一层钢筋的破除在盾构机完全进入加固体后进行，以确保到站安全。

8. 盾构调头

(1)必须预先编制调头方案，做到可靠、安全。

(2)盾构的调头方法应根据竖井尺寸、设备、盾构直径、重量及移动距离等决定。

(3)盾构在竖井内调头时，要有调头设施；当盾构在竖井内水平移动距离较大时，可采用移车台。小直径且重量轻的盾构，可用起重机直接起吊调头。

9. 壁后注浆

见盾构法施工工法工艺。

10. 盾构机的维护

盾构机的维护分为日常巡检保养与定期保养与维修。

(1)日常巡检保养是指盾构操作人员对盾构运转状况进行外观目测和仪表数据观测，采用视、听、触、嗅等手段，检查盾构及配套设备的运转情况，观测主控室的运转参数，检查机件的异响、异味、发热、裂纹、锈蚀、损伤、松动、油液色泽、油管滴漏等，初步判断盾构的工作状态。日常巡检保养具体内容为：

①各部位的螺栓、螺母松动检查并拧紧。

②异常声音、发热检查。

③液压油、润滑油、润滑脂、水、空气的异常泄漏检查。

④各润滑部位供油、供脂情况检查并补充。

⑤油位检查及补充；电源电压及掘进参数的检查确认。

⑥电气开关、按钮、指示灯、仪表、传感器的检查并处置。

⑦液压、电气、泥浆、水、空气等管线的检查确认并处置。

⑧安全阀设定压力的检查并确认。

⑨滤清器污染状况的检查确认并处置。

（2）定期保养是指按规定的运转周期或掘进长度对盾构及其配套设备进行检查和维护。定期保养与维修的主要内容有：

①检查油位、液压油滤清器有无泄漏。

②检查旋转接头，用润滑脂枪给轴承注油。

③检查刀盘驱动主轴承，检测油污染程度、含水量。

④检查刀盘驱动行星齿轮的油位，监听运行声音。

⑤检查推进油缸，润滑关节轴承。

⑥检查螺旋输送机变速器的油位，润滑螺旋输送机轴承、后闸门、伸缩导向（土压平衡盾构）。

⑦清理电动机、液压油泵的污物。

⑧检查铰接油缸，对润滑点注脂。

⑨润滑管片拼装机、管片吊机、管片输送机的润滑点，润滑所有轴承和滑动面。

⑩检查送排泥泵的密封及送排泥管道的磨损情况（泥水盾构）。

⑪检查空压机温度，检查凝结水和冷却器污染。

⑫液压油箱油位开关操作测试。

⑬检查皮带运输机各滚子的转动、刮板磨损情况（土压平衡盾构）。

⑭检查壁后注浆系统所有接头处的密封情况，润滑所有润滑点，彻底清理管线。

⑮检查并清洁主控室 PLC 及控制柜，检查旋钮、按钮、LED 显示的工作情况。

⑯检查并清洁风水管卷筒及控制箱、高压电缆卷筒及控制箱、传感器及阀组、接线盒及插座盒，送排泥泵站、照明系统等。

⑰检查变压器的油温、油标，清除变压器上的水污，监听变压器运行声音。

⑱检查刀具的磨损情况，当刀具磨损达到一定程度或由于地层条件变化时，进行刀具更换。刀具更换必须在确保安全的前提下进行，并做好更换记录。

14.6 质量标准

14.6.1 盾构掘进水平与垂直方向控制标准

（1）水平方向控制标准：±50 mm。

（2）垂直方向控制标准：±50 mm。

14.6.2 盾构推进时地表沉降控制标准

盾构推进时的地表沉降控制标准，如表 14-2 所示。

表 14-2 地表最大沉降量控制标准

隧道掘削面地层		隧道上方地层	最大沉降量/mm
冲积层	软黏性土层	冲积层	30~100
洪积层	砂性土层	洪积层且厚度小于隧道直径	50~80
		洪积层且厚度大于隧道直径	10~30
	黏性土层	洪积层或冲积层	30

14.7 成品保护

(1)盾构推进后，应及时对衬砌背后实施注浆，尽可能减少地层损失。

(2)盾构顶推时，应防止千斤顶对刚拼装完毕的管片造成损伤。

14.8 安全环保措施

14.8.1 安全措施

对于预计将通过存在可燃性、爆炸性气体、有害气体的隧道地段，必须事先对这些地段及周围的地层、水文等采用钻探或其他方法进行预先的详细调查，查明这些气体存在的范围与状态。

(1)采用专门仪器、仪表测量可燃性气体、有害气体和氧含量并做好记录。

(2)必须选择合适的通风设备、通风方式、通风风量，做好隧道通风，将可燃性气体和有害气体控制在容许值以内。

(3)对存在燃烧和缺氧危险时，应禁止明火火源，防止火灾。

(4)当发生可燃气体和有害气体浓度超过容许值时，应立即撤出作业人员，加强通风、排气。

14.8.2 环保措施

(1)隧道掘削出的泥土应按规定弃放于指定地段，并应有相应防护措施。

(2)盾构穿越重要建筑物下部时，应严格按监测计划实施监测，并及时进行信息反馈，以确保建筑物的安全。

(3)施工现场产生的排水，应先经过沉砂池、沉淀池除去悬浮物质，对酸性、碱性溶液进行中和后才能排放至公共下水道。

14.9 质量记录

（1）泥土压力控制记录。

（2）泥土塑流性质量记录。

（3）添加材的种类、特性、用量记录。

（4）盾构掘进水平与垂直方向控制记录。

（5）每日掘进进尺与衬砌拼装环数记录。

（6）地面沉降观测记录。

（7）衬砌背后注浆记录。

15　泥水平衡盾构施工工艺标准

15.1　总则

15.1.1　适用范围

本标准适用于采用盾构法施工的软土、淤泥地层的城市交通隧道。

15.1.2　编制参考标准、规范及专著

(1)地下铁道工程施工质量验收标准(GB 50299—2018)。

(2)地铁设计规范(GB 50157—2013)。

(3)铁路隧道设计规范(TB 10003—2016)。

(4)张凤祥,朱合华,傅德明.盾构隧道。

(5)张凤祥,傅德明.盾构隧道施工手册。

(6)盾构法隧道施工及验收规范(GB 50446—2017)

(7)公路隧道施工技术规范(JTG F60—2009)。

(8)公路工程质量检验评定标准(JTG F80/1—2017)。

15.2　术语

15.2.1　泥水盾构

靠泥水压力使掘削面稳定的盾构称为泥水盾构,其工作原理示意如图15-1所示。

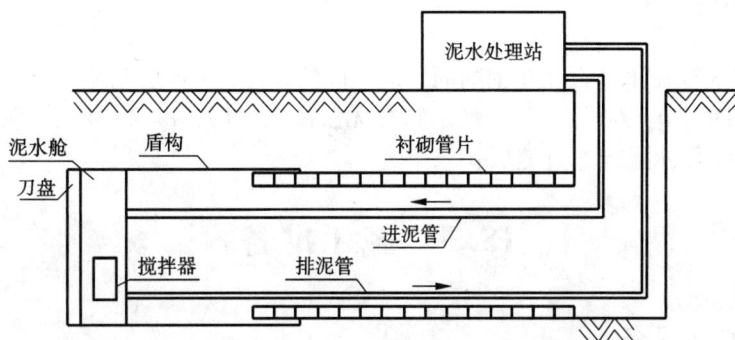

图 15-1　水泥加压平衡盾构示意图

15.2.2 泥水舱

在机械式盾构刀盘的后方设置一道封闭隔板，隔板和刀盘的空间称为泥水舱。

15.2.3 泥水压力

把水、黏土及添加剂混合而成的泥水，经输送管道压入泥水舱，待泥水充满整个泥水舱，则随着盾构机推进系统工作的进发，推进力经舱内泥水传递到掘削面的土体上，此时泥水对掘削面上的土体有一定的压力（与推进力对应），该压力称为泥水压力。

15.2.4 泥水特性参数

1. 物理稳定性

物理稳定性是指泥水经长时间静置后，泥水中黏土颗粒始终保持浮游散悬物理状态的能力。通常用界面高度描述稳定性的优劣。界面高度是指一定量的置于量筒中的泥水经过一段时间的静置后，部分土颗粒失去散悬特性出现沉淀，此时泥水的表层出现清水，底部出现土颗粒，中间仍为泥水。观察清水与泥水的分界面高度的经时变化，可鉴别泥水中土颗粒的沉淀程度，即泥水的物理稳定性的好坏。界面高度变化越小，则说明泥水的物理稳定性越好。

2. 化学稳定性

化学稳定性是指泥水中混入带正离子的杂质[水泥(Ca^{2+})或海水(Na^+·Mg^{2+})]时，泥水成膜功能减退的化学裂化现象。泥水未遭受正离子污染劣化时的 pH 的分布范围为 7~10，呈弱碱性；泥水遭受正离子污染后的 pH 远超过 10。利用 pH 增加的现象，可判定正离子造成的劣化程度，即可鉴别泥水的化学稳定性。

3. 相对密度

泥水相对密度越大，成膜性越好，过剩地下水压越小，掘削面变形越小，对掘削土砂的作用浮力也大，运送排放掘削土砂的效果也好；但相对密度大时，流动摩阻力大，流动性变差，易使运送泵超负荷运转，此外，地表水土分离难度也加大。泥水的相对密度使用泥浆比重计或容积法来测定。

4. 黏性

为了确保发挥作用，泥水还必须具备一定的黏度。现场多采用漏斗黏度法测定泥水的黏性。漏斗黏度法是用测定 500 mL 的泥水从漏斗中完全流出所经历的时间(s)来表征黏性，经历时间越长、黏性越大。

5. 可渗比

可渗比用以表征泥水是否能在掘削面形成泥膜的条件，用地层孔隙直径 L 与泥水有效直径 G 的比值 n 表示。$n = L/G < 2$ 时，泥水颗粒无法渗入地层；$n = 2~4$ 时，泥水颗粒可以渗入地层；$n > 4$ 时，泥水颗粒通过地层孔隙流走。

15.3 施工准备

15.3.1 技术准备

(1)根据隧道外径、埋深、地质、地下管线、构筑物、地面环境、开挖面稳定及地表隆陷值等的控制要求，经过经济、技术比较后选用盾构设备。盾构选型流程如图 14-2 所示。

（2）认真熟悉工程设计文件、图纸，对工程地质、水文地质、地下管线、暗渠、古河道以及邻近建筑等调查清楚，并将上述内容汇总表示在工程纵剖面总体图上，然后提出针对性的技术措施，以确保工程进展顺利和邻近范围内原建筑物的安全。

（3）进行工程环境的调查和实地踏勘，为制定施工组织设计提供足够的依据，进行核实的主要项目有：

①土地使用情况——根据报告和附图，实地踏勘调查各种建筑物的使用功能、结构形式、基础类型及其与隧道的相对位置等。

②道路种类和路面交通情况。

③工程用地情况——主要对施工场地及材料堆放场地、弃土场地、运土路线等做必要的调查。

④施工用电和给排水设施条件。

⑤有关环境保护的法律和法规。

⑥地下障碍物及管线。

（4）根据工程特点、施工设备的技术性能及操作要领，对盾构司机及各类设备操作人员进行上岗前的技术培训并持证上岗。

（5）建立完整的测量和监控量测系统，以便施工时控制隧道位置，对地层沉降及结构的变形进行监测，并及时反馈信息。

（6）确定泥水配料即配合比。

15.3.2　材料准备

（1）泥水材料：黏土、膨润土、羧甲基纤维（CMC）、水等。

（2）注浆材料：砂浆、水泥浆、速凝剂。

（3）衬砌材料：钢筋混凝土管片。

15.3.3　主要机具

（1）隧道掘进机械：泥水平衡盾构机及其配套设备。

（2）泥水制作输送与处理设备。

（3）材料与管片运输机械：门式吊车、轨道车、卡车。

（4）测量仪器：全站型经纬仪、精密水准仪、铟钢尺、倾斜仪、压力计。

15.3.4　作业条件

（1）弃土场地、管片堆放场地、注浆材料堆放场地等工作施工场地已布置妥当。

（2）盾构始发井工程已经施工完毕。

（3）盾构机在始发井内安装调试完毕，运转正常。

（4）操作人员经培训合格，已具备上岗资格。

（5）各项监测系统已设置妥当。

（6）施工组织计划已经监理部门审核批准。

（7）衬砌管片已开始批量生产。

（8）泥水处理站场地与设备已就绪，经试运行工作正常。

15.3.5　劳动力组织

劳动力组织包括：盾构操作工6名，泥水处理工7名，管片拼装工4名，洞内外管片与材料吊装、运输工10名，管片运输卡车司机若干名，壁后注浆工5名。

15.4　工艺设计和控制要求

15.4.1　技术要求

（1）盾构在厂内制造完工后，必须进行整机调试，检查核实盾构设备的供油系统、液压系统和电气系统的状况，调试机械运转状态和控制系统的性能，确保盾构出厂就具备良好的性能，防止设备上的先天不足给工程带来不必要的困难。

（2）盾构掘进施工对上部所需的覆土层的厚度，应满足下列要求：

①在控制地面变形要求高的地区，各种盾构的最小覆土厚度一般均不宜小于隧道直径的1倍。

②当实际覆土厚度不能满足上述规定时，应选用下列措施：

（a）水底隧道覆土厚度不足时，应选用合适黏土覆盖来增加覆土厚度，覆盖黏土的参数为 $W \leqslant 40$、$I_p > 20$、$I_l = 1 \sim 1.3$、黏粒含量 $> 30\%$。

（b）在陆地上施工点厚度不足时，可在设计允许的情况下调整隧道埋设深度，也可选用合适黏性增加覆土厚度或采用井点降低地下水位，使盾构使用的气压值能与覆土厚度相适应，或用注浆方法减少土的透气性。

③平行双洞应有足够的线间距，洞与洞及洞与其他建（构）筑物之间所夹土（岩）体加固处理的最小厚度为水平方向1m，竖直方向1.5m。

④两条隧道平行或立体交叉施工时，应根据地质条件、泥水平衡盾构的特点、隧道埋深和间距，以及对地表变形的控制要求等因素，合理确定两条盾构推进前后错开的距离。

⑤泥水平衡盾构掘进时，工作面压力应通过试推进 $50 \sim 100$ m后确定，在推进中应及时调整并保持稳定。

⑥泥水排放之前应经过三次处理、调整。

（a）一次处理：将掘削土砂中携带的砾、砂、淤泥及黏土结块等粒径大于 $74~\mu m$ 的粗颗粒从泥水中分离出去，并用运土车运走。

（b）送入泥水的调整：调整一次处理后剩下的只含细粒成分泥水的密度、黏度、粒度分布，使其达到管理基准值，然后作为稳定掘削面的泥水送回泥水舱。

（c）二次处理：使一次处理后的多余的泥水进一步作土（细粒成分）、水分离（凝集脱水），处理成可以搬运的状态，然后运出。

（d）三次处理：把二次处理后产生的水和隧道内排水等pH高的水进行，并处理达到排放标准后排放。

⑦在盾构掘进中遇有下列情况之一时，应停止掘进，分析原因并采取相应措施：

（a）盾构前方发生坍塌或遇有障碍。

(b)盾构自转角度过大。

(c)盾构位置偏离过大。

(d)盾构推力较预计的增大。

(e)可能发生危及管片的防水、运输及注浆遇有障碍等。

15.4.2　材料质量要求

(1)工程所使用的各种原材料、半成品或成品都必须符合国家现行有关标准和设计要求，特别是防水材料在使用前必须按规定抽查检测。

(2)泥水要具有物理稳定性好，化学稳定性好，泥水的粒度级配、相对密度与黏度适当，流动性好，成膜性好。

(3)泥水的最佳特性参数是：可渗比 $n = 14 \sim 16$、相对密度为1.2、漏斗黏度为 $25 \sim 30$ s、界面高度 < 3 mm(24 h 静置后)，pH 浓度 $7 \sim 10$。

15.4.3　职业健康安全要求

(1)盾构工作竖井地面应设防雨棚，井口周围应设防淹墙和安全栏杆。

(2)更换刀具的人员必须系安全带，刀具的吊装和定位必须使用吊装工具。在更换滚刀时要使用抓紧钳和吊装工具。所有用于吊装刀具的吊具和工具都必须经过严格检查，以确保人员和设备的安全。

(3)隧道施工时应进行机械通风，保证每人每分钟须供应新鲜空气 3 m^3；最小风速不小于 0.15 m/s。隧道内气温不得高于 28℃；隧道内噪声不得大于 90 dB。

(4)带压作业人员必须身体健康，并经过带压作业的专业培训，制定并执行带压工作程序。

15.4.4　环境要求

(1)针对盾构施工在特定的地质条件和作业条件下可能遇到的风险，在施工前必须仔细研究并切实采取防止意外的技术措施。

(2)应特别注意防止瓦斯爆炸、火灾、缺氧、有害气体中毒和涌水情况等，预先制定和落实发生紧急情况时的对策和措施。

15.5　施工工艺

15.5.1　工艺流程

泥水平衡盾构施工工艺流程见图 15 - 3。

15.5.2　操作工艺

1.泥水配比设计与质量调整

(1)由事前土质调查项目中的粒度试验结果，求出掘进地层的 D15(D15 为地层粒径累加曲线15%的粒径)。

(2)选定使用的膨润土，求出该膨润土的粒度级配累加曲线。

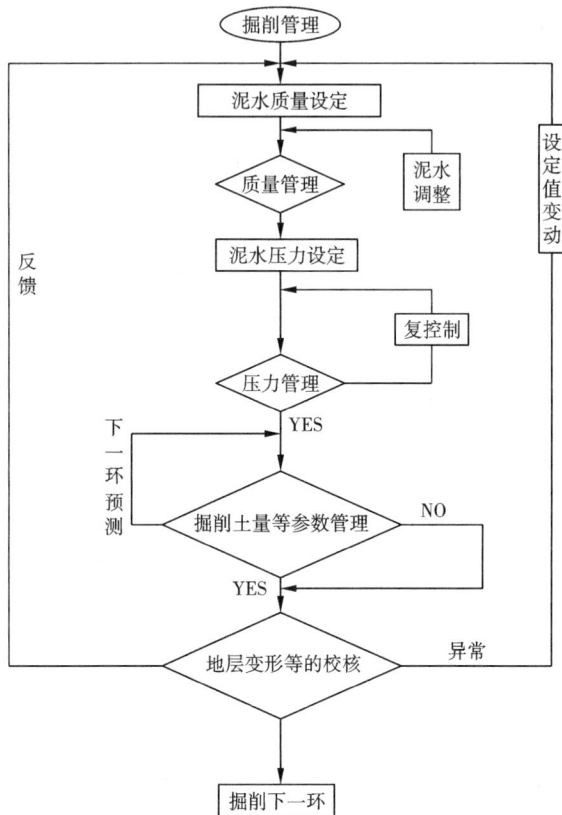

图 15 - 3　泥水平衡盾构施工工艺流程

（3）选定 2~3 种与膨润土混合后，对掘削地层具有 n 值为 14~16 的粒度分布的颗粒添加材。

（4）向选定膨润土和泥水添加材的混合液中加入增黏剂和分散剂，按相对密度为 1.2、漏斗黏度为 25~30 s，n 值为 14~16 的标准质量确认。

（5）泥水的质量调整，主要靠向泥水中添加添加剂来调整。

2. 泥水压力的设定与控制

泥水压力可按下式设定：

$$泥水压 = 地下水压 + 土压 + 预压 \tag{15 - 1}$$

式中：预压是考虑地下水压和土压的设定误差及送、排泥设备中的泥水压变动等因素，根据经验确定的压力。

不同地层的泥水压力控制基准如表 15 - 1 所示。

表 15-1　不同地层的泥水压力控制基准（参考值）

地层土质	泥水压力控制基准	预压/(kN·m^{-2})
冲积层软黏土	上限值＝劈裂压＋水压＋预压 下限值＝静止土压＋水压＋预压	20～30
冲积层松砂—砂砾	上限值＝静止土压＋水压＋预压 下限值＝主动土压＋水压＋预压	20～30
洪积层中等—团结黏性土	上限值＝静止土压＋水压＋预压 下限值＝主动土压＋水压＋预压	20～30
洪积层中等—密实砂质土	上限值＝静止土压＋水压＋预压 下限值＝主动土压＋水压＋预压	20～30

3. 盾构掘进管理

（1）掘进速度管理。盾构掘进速度即为千斤顶的推进速度，通常应控制在 20～40 mm/min，见表 15-2；但是当在加固地层或砂浆墙等固结区域掘进时，为了防止大块固结体进入土舱，掘进速度应控制在 10 mm/min 以下。

表 15-2　不同地层时的标准掘进速度

地层		掘进速度/(mm·min^{-1})
黏性土		25～30
砂	密实砂	25～30
	松散砂	25～35
砂砾		20～30
固结淤泥		15～25
软岩		10～20

（2）千斤顶推力控制。通常因装备推力为必要推力的 2 倍，所以掘进中的推力应控制在装备推力的 50% 以下。控制推力增大的措施有：

①降低掘进速度。

②使用修边刮刀。

③在盾构机外壳板外侧注入滑材减摩。

（3）掘削扭矩控制。正常掘进时的扭矩应小于装备扭矩的 50%～60%。若扭矩增大，应采用的措施有：

①降低掘进速度。

②使刀盘逆转。

③使用喷射管射水冲洗掘削面，确认刀具的磨耗状况及面板状况（刀具黏附黏土、结块也会使扭矩上升）。

（4）砾石处理：对从刀盘开口进入的砾石须通过破碎等手段进行处理，并制定防止管道或泵内发生堵塞的措施。

4. 泥水的分离

（1）在设计分离设备时，必须考虑到排出量的变化，运输密度通常为 1.3 t/m^3。

（2）泥水分离通常采用沉淀和过滤两种方法。

①沉淀是利用降低泥水的流动速度使开挖土体在输送介质中降落分离的方法。冬季气温较低时，使用此法受到限制。

②过滤是包含有开挖土体的悬乳液通过一种规定孔隙尺寸的过滤器，使开挖土体与介质分离的一种方法。在施工场地狭小，渣土细粒含量增大时，一般常用过滤方法。单级分离器

一般适用于中等粒径以下的砂粒，两级分离器能降低分离尺寸至中砂和粉细砂。冬季施工，采用此法分离时，要注意对分离设备的保温。

5.盾构纠偏

见土压平衡盾构掘进施工工艺14.5.2。

6.盾构到达终点

见土压平衡盾构掘进施工工艺14.5.2。

7.盾构到达车站

见土压平衡盾构掘进施工工艺14.5.2。

8.盾构调头

见土压平衡盾构掘进施工工艺14.5.2。

9.注浆作业

见土压平衡盾构掘进施工工艺14.5.2。

10.盾构机的维护

见土压平衡盾构掘进施工工艺14.5.2。

15.6 质量标准

1.盾构掘进水平与垂直方向控制标准

(1)水平方向控制标准：±50 mm。

(2)垂直方向控制标准：±50 mm。

2.盾构推进时地表沉降控制标准

盾构推进时地表沉降控制标准见表15-3。

表15-3 地表最大沉降量控制标准

隧道掘削面地层		隧道上方地层	最大沉降量(mm)
冲积层	软黏性土层	冲积层	30~100
洪积层	砂性土层	洪积层且厚度小于隧道直径	50~80
		洪积层且厚度大于隧道直径	10~30
	黏性土层	洪积层或冲积层	30

15.7 成品保护

(1)盾构推进后，应及时对衬砌背后实施注浆，尽可能减少地层损失。

(2)盾构顶推时，应防止千斤顶对刚拼装完毕的管片造成损伤。

15.8　安全环保措施

15.8.1　安全措施

对于预计将通过存在可燃性、爆炸性气体、有害气体的隧道地段，必须事先对这些地段及周围的地层、水文等采用钻探或其他方法进行预先的详细调查，查明这些气体存在的范围与状态。

(1)采用专门仪器、仪表测量可燃性气体、有害气体和氧含量并做好记录。

(2)必须选择合适的通风设备、通风方式、通风风量，做好隧道通风，将可燃性气体和有害气体控制在容许值以内。

(3)对存在燃烧和缺氧危险时，应禁止明火火源，防止火灾。

(4)当发生可燃气体和有害气体浓度超过容许值时，应立即撤出作业人员，加强通风、排气。

(5)盾构需要停止施工较长时间时，应按相关规定做好各项安全防护工作。

15.8.2　环保措施

(1)废弃泥水的排放应经三次处理，并符合循环再利用标准及废弃物排放标准。

(2)隧道掘削出的泥土应按规定弃放于指定地段，并应有相应防护措施。

(3)盾构穿越重要建筑物下部时，应严格按监测计划实施监测，并及时进行信息反馈，确保建筑物的安全。

15.9　质量记录

(1)泥水仓压力控制记录。

(2)泥水配比质量记录。

(3)泥水回收与处理情况记录。

(4)盾构掘进水平与垂直方向控制记录。

(5)每日推进进尺与衬砌拼装环数记录。

(6)地面沉降观测记录。

(7)衬砌背后注浆记录。

16 盾构掘进位置、姿态的测量与控制工艺标准

16.1 总则

16.1.1 适用范围

本标准适用于盾构法施工的隧道。

16.1.2 编制参考标准及规范

地下铁道工程施工及验收标准(GB 50229—2018)。

16.2 术语

16.2.1 盾构仪

盾构仪指盾构的测量标志,由前靶、后靶、横向坡度和纵向坡度组成(靶即测点)。

16.2.2 盾构掘进姿态

盾构掘进姿态即盾构在地层中掘进时的位置状态,由盾构的平面位置、高程位置、横向坡度及纵向坡度这四个方面来反映。

16.2.3 盾构方向控制

盾构方向控制即及时纠正盾构机推进中产生的方向偏离,使推进方向与设计路线保持一致。

16.3 施工准备

16.3.1 技术准备

（1）接收并核实隧道路线的基准点（三角点、水准点）及隧道路线的中心点、主要控制点（曲线的始、终点、交点）等基本测量桩。

（2）对接收的各基准点、路线中心点及主要控制点作核校测量。

（3）做好测量的各种准备，在盾构推进过程中必须时刻监测盾构所处位置（三维坐标）、姿态（倾角），并与计划路线时刻对比，出现偏差则立刻纠正。

16.3.2 主要仪器

一般规定每个隧道施工区间段配备 J2 级经纬仪两台、S3 水准仪两台、全站仪一台。

16.4 工艺设计和控制要求

16.4.1 技术要求

1.地表平面测量要求

为确保盾构的推进精度，宜选取闭合导线，以便检核导线的连接精度。考虑到路线总长、偏离允许值、盾构洞内测量误差等因素，连接精度必须确保在 1/100000 ~ 1/50000。

2.地表水准测量要求

基本水准点应是国家的一级水准点，必须以这些点为测量原点。临时水准点应设置在坚固的地点，须定期检测确认无沉降后才能使用。

3.地下导线测量要求

地下导线测量的目的是以必要的精度按照与地面控制测量统一的坐标系统，建立地下控制系统。根据地下导线的坐标，即可放样出隧道轴线指导盾构掘进方向，有施工导线、基本导线和主要导线三种。

施工导线：当盾构由始发井出发，开始掘进时，用以进行放样而指引盾构掘进的导线，施工导线边长为 25 ~ 50 m。

基本导线：当掘进 100 ~ 200 m 时，必须选择部分施工导线点敷设边长较长、精度要求较高的基本导线，用以检查隧道轴线与设计轴线是否相符。

主要导线：当隧道长度大于 1 km 时，基本导线将不能保证应有的贯通精度，因而需要选择一部分基本导线点来敷设主要导线，主要导线的边长为 150 ~ 350 m。

地下导线的起始点通常设在隧道衬砌的上弦位置。

最后一个导线点离贯通工作面的距离不应过大，一般为 60 ~ 80 m。

导线点的编号应按照有关技术规范，尽量做到号码简单又能按次序排列，使用方便。

4.地下水准测量

（1）地下水准测量应以始发井地面水准点的高程作为起始依据，通过竖井将高程传递到井下，然后测定隧道内各水准点的高程，作为测定盾构在土层中的高程姿态依据。

（2）地下水准线路随着盾构掘进的进展而增长。为满足施工放样要求，一般先测设精度较低的临时水准点，然后再测设较高精度的永久水准点。永久水准点间距一般以 200～350 m 为宜。

16.4.2 路线中心线测量

（1）在导线网的基础上设置地表路线中心线，确定从始发井至到达井的计划路线，并将中线由始发井引入隧道。

（2）在直线段，通常每 20 m 设一个路线中心点，在曲线段应设置始点、终点、交点等主要控制点。

16.5 施工工艺

16.5.1 工艺流程

盾构仪测量施工工艺流程如图 16 - 1 所示。

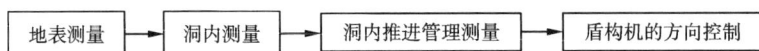

图 16 - 1 盾构仪测量施工工艺流程

16.5.2 操作工艺

1. 基准点和水准点的洞内导入

基准点和水准点的洞内导入即将盾构位置测量中要用到的基准点和临时水准点，经竖井导入盾构隧道内（图 16 - 2）。

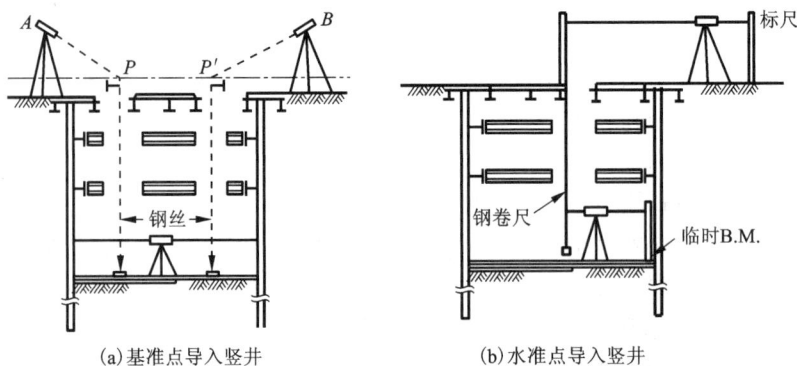

（a）基准点导入竖井　　　（b）水准点导入竖井

图 16 - 2 基准点、水准点导入竖井

2. 盾构推进管理测量

（1）平面位置测量。

通常采用导线测量法，通过观测盾构机上的两个靶来确定盾构机的位置和方向，见图16-3。

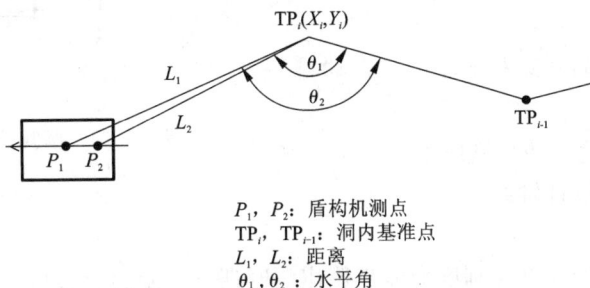

P_1、P_2：盾构机测点
TP_i、TP_{i-1}：洞内基准点
L_1、L_2：距离
θ_1、θ_2：水平角

图 16-3 导线测量法

测量顺序如下：

①在盾构机内设置测点 P_1、P_2，测点应设置在隔板、梁、或者螺旋输送机及作业平台等盾构机内的固定件上。

②用导线测量法测定洞内基准点与这两点的距离和角度，进而计算测点坐标。

③从 P_1、P_2 的方向求出修正量及盾构机的方向。

④由盾构中心线与测点的位置关系计算掘削面和盾尾的坐标。

⑤与隧道计划坐标对比，从计划线形算出偏离量和方向偏离量。

（2）纵断面位置测量。

用水准仪直接作水准测量，或者用经纬仪作间接水准测量（三角水准测量）。

（3）测量频度。

盾构机的重心位置受盾构机的重量、土质变化、推进速度等因素的影响，常发生偏离，所以必须提高测量频度，一般为每推进一环测量一次。

3. 盾构推进管理自动测量系统

盾构推进管理自动测量系统即自动检测盾构机位置和姿态的设备，可分为电子速测仪式和陀螺式两类，整个测量过程将自动化进行。

4. 盾构机的方向控制

（1）模式法。

选择推进千斤顶群的工作模式实现方向控制。根据测得的水平和竖直方向上的姿态偏差，让千斤顶群中的部分千斤顶工作，另一部分千斤顶停止工作，与此同时修正上述两个方向姿态偏差的方法。使用该方法应注意以下问题：当停止的千斤顶再次工作时，需要等到该千斤顶触及管片后才能重新推进，即必须间歇一段时间，所以工作效率低。这种控制模式属于阶段性控制，且因水平和竖直方向同时纠偏，故控制精度不高。

（2）压力法。

将盾构机的推进千斤顶分成多组，各组千斤顶的推力为连续变化，而不是阶段性变化，而且全部千斤顶始终参加推进，靠追加给千斤顶不同的压力来纠偏，工作效率要高于模式法。

5. 管片组装管理

当盾构推进完一个行程，一环管片组装完成后，必须测量管片与盾尾板之间的间隙，如果此间隙变小，甚至于消失，则会对盾构方向的修正产生不利影响，此时就需要采用楔形管片来修正管片的方向(图16-4)。

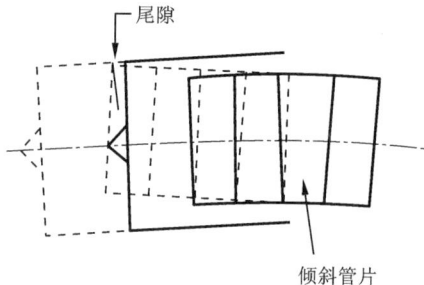

图 16-4　倾斜管片方向的修正

6. 盾构基座变形的预防与治理

(1)现象。

在盾构出洞过程中，盾构基座发生变形，致使盾构掘进轴线偏离设计轴线。

(2)预防。

①基座框架结构的强度和刚度应能克服出洞时遇到的阻力。

②合理控制盾构姿态，尽量使盾构轴线与盾构基座中心夹角轴线保持一致。

③盾构基座的底面与始发井的底板之间要垫平垫实，保证接触面积满足要求。

(3)治理。

①先停止推进，对已发生变形破坏的构件进行加固。对需要调换的部件，先将盾构支撑加固牢靠，再调换被破坏构件。

②若盾构基座的变形确实严重，且盾构在其上又无法修复和加固时，只能采取措施使盾构脱离基座，创造工作条件后对基座作修复加固。

7. 盾构后靠支撑位移及变形

(1)现象。

在盾构出洞过程中，盾构后靠支撑体系在受盾构推进顶力的作用后发生支撑体系的局部变形或位移。

(2)预防措施。

①在推进过程中合理控制盾构的总推力，且尽量使千斤顶合理编组，使之均匀受力。

②采用素混凝土或水泥砂浆填充各构件连接处的缝隙，除充填密实外，还必须确保填充材料强度，使推力能均匀地传递至工作井后井壁。

③对后靠支撑体系的各构件进行强度、刚度校验，对受压构件一定要作稳定性验算。各构件的安装要定位精确，并确保电焊质量以及螺栓连接的强度。

④尽快安装上部的后盾支撑构件，完善整个后盾支撑体系，以便开启盾构上部的千斤顶，使后盾支撑系统受力均匀。

(3)治理。

①凿除裂缝填充料，重新充填，并经过养护达到要求强度后再恢复推进。

②对变形的构件进行修补与加固，根据推进油压及千斤顶开启数量计算出发生破坏时的实际推力，对后靠体系进行校验。

③对于发现裂缝的接头及时进行修补。

8. 凿除钢筋混凝土封门时产生涌土

(1)现象。

在拆除洞封门过程中，洞门前方土体从封门间隙内涌入工作井内。

（2）预防。

①根据现场土质状况，制定合理的土体加固方案，并在拆封门前设置观察孔，检查加固效果，以确保在土体加固效果良好的情况下拆封门。

②布置井点降水管，将地下水位降至能保证安全出洞水位。

③根据封门的实际尺寸，制定合理的封门拆除工艺，施工流程安排周详，确保拆封门时安全、快速。

（3）治理。

创造条件使盾构尽快进入洞口内，对洞门圈进行注浆封堵，减少土体流失。

9.盾构出洞后发生轴线偏离

（1）现象。

盾构出洞推进段的推进轴线上浮，偏离隧道设计轴线，待推进一段距离后盾构推进轴线，才能将其控制在隧道轴线的偏差范围内。

（2）预防。

①正确实施合理的加固方法和加固强度，保证加固土体的强度均匀，防止产生局部的硬块、障碍物等。

②施工过程中正确地设定盾构正面平衡土压。

③及时安装上部后盾支撑，改变推力的分布状况，有利盾构推进轴线的控制。

④正确操作盾构，按时保养设备，保证机械设备的功能完好。

（3）治理。

①施工过程中在管片拼装时加贴楔子，调正管片环面与轴线的垂直度，便于盾构推进纠偏控制。

②在管片拼装时尽量利用盾壳与管片间隙作隧道轴线纠偏，改善推进后座条件。

③用注浆的办法对隧道做少量纠偏，便于盾构推进轴线的纠偏。

10.盾构掘进轴线偏差

（1）现象。

盾构掘进过程中，盾构推进轴线过量偏离隧道设计轴线。

（2）预防。

①正确设定平衡压力，使盾构的出土量与理论值接近，减少超挖与欠挖，控制好盾构的姿态。

②盾构施工过程中经常校正、复测及复核测量基站。

③发现盾构姿态出现偏差时应及时纠偏，使盾构正确地沿着隧道设计轴线前进。

④盾构处于不均匀土层中时，适当控制推进速度，多用刀盘切削土体，减少推进时的不均匀阻力。也可以采用向开挖面注入泡沫或膨润土的办法改善土体，使推进更顺利。

⑤当盾构在极其软弱的土层中施工时，应掌握推进速度与进土量的关系，控制正面土体的流失。

⑥拼装拱底块管片前应对盾壳底部的垃圾进行清理，防止杂质夹杂在管片间，影响隧道轴线。

⑦在施工中应按质保量做好注浆工作，保证浆液的搅拌质量和注入的数量。

（3）治理。

①调整盾构的千斤顶编组或调整各区域油压，及时纠正盾构轴线。

②对开挖面做局部超挖，使盾构沿被超挖的一侧前进。

③盾构的轴线受到管片位置的阻碍不能进行纠偏时，采用楔子环管片调整环面与隧道设计轴线的垂直度，改善盾构后座面。

11.盾构在推进过程中发生上浮或扎头

（1）现象。

随着盾构的不断向前推进，成环隧道呈上浮现象（多见于泥水盾构），或者呈扎头现象（在软土地层中尤为显著）。

（2）预防。

①提高同步注浆质量，缩短浆液初凝时间。

②提高注浆与盾构推进的同步性，使浆液能及时充填建筑空隙，形成盾尾处的浆液压力。同时加强隧道沉降监测，当发现隧道呈上浮趋势时，立即采取对已成环隧道的补压浆措施。

③及时复紧已成环隧道的连接件。

④适时调整推进速度。

（3）治理。

①当出现上浮时，在盾尾后隧道外周压注双液浆形成环箍（必要时采用聚氨酯），隔断泥水流失路径，消除管片呈悬浮状态的条件。

②当出现扎头现象时，应重点使用底部千斤顶，必要时往盾构前面的底部压浆，以改良地基。

③采用人为超挖、上下千斤顶不同推力等手段纠偏。

12.盾构过度自转

（1）现象。

盾构推进中盾构发生过量的旋转，造成盾构与车架连接不好，影响盾构的正确姿态。

（2）预防。

①对盾构内各种设备的重量和位置进行验算，使盾构重心位于中线上或配置配重调整重心位置于中心线上。

②经常纠正盾构转角，使盾构自转在允许范围内。

③根据盾构的自转角，经常改变旋转设备的工作转向。

（3）治理。

①通过改变刀盘或旋转设备的转向或改变管片拼装顺序来调节盾构的自转角度。

②网格盾构、挤压盾构可调节胸板的开口位置和大小、调整千斤顶的编组等来调整盾构的旋转角度。

③盾构自转量较大时，可采用单侧压重的方法纠正盾构转角。

13.盾构发生后退

（1）现象。

盾构停止推进，尤其是拼装管片的时候，产生后退的现象，使开挖面压力下降，地面产生下沉变形。

（2）预防。

①加强盾构千斤顶的维修保养工作，以防止产生内泄漏。

②将安全溢流阀的压力调定到规定值。

③拼装时不多缩千斤顶，管片拼装到位时，应及时伸出千斤顶到规定压力。

（3）治理。

如因盾构后退而无法拼装衬砌，可进行二次推进。

14. 盾构进入接受井时姿态突变

（1）现象。

盾构进入接受井洞后，最后几环管片与前几环管片存在明显的高差，影响了隧道的有效净尺寸。

（2）预防。

①盾构接收基座的施做应严格满足设计要求，使盾构下落的距离不超过盾尾与管片的建筑空隙。

②将进洞段的最后一段管片，在上半圈的部位用槽钢相互连结，增加衬砌结构的整体刚度。

③在最后几环管片拼装时，注意对管片的拼装螺栓及时复紧，以提高抗变形的能力。

④进洞前调整好盾构姿态，使盾构标高略高于接收基座标高。

（3）治理。

在洞门密封钢板未焊接以前，用整圆装置将下落的管片向上托起，纠正误差。

16.6　质量标准

（1）盾构现场组装时的各项技术指标应达到工厂总装时的精度标准，配套系统应符合规定，组装完毕经检查合格后方可使用。

（2）盾构掘进中应严格控制中线平面位置和高程，其允许偏差均为 ±50 mm。发现偏离应逐步纠正，不得猛纠硬调。

16.7　成品保护

（1）及时进行精确测量，确保盾构的平面位置、高程位置、横向坡度及纵向坡度的准确性。

（2）及时纠正盾构机推进中产生的方向偏离，使推进方向与设计路线保持一致。

16.8　安全环保措施

在控制盾构掘进方向的过程中，当采用注浆方式时，应严格观察浆液的流向。若可能污染环境时，应采取必要的工程措施。

16.9 质量记录

（1）按测量要求填写盾构的相关测量记录。

（2）盾构掘进过程中应按表16-1填写施工记录。

表16-1 盾构掘进施工记录表

工程名称＿＿＿＿＿＿＿＿＿＿＿＿＿＿＿＿　盾构机械类型＿＿＿＿＿＿＿＿＿＿

设计每环长度＿＿＿＿＿＿＿＿＿＿＿＿m　管片设计每环＿＿＿＿＿＿＿＿片

循环节序号	循环节起止里程	施工班组别	施工日期 年月日时 至 年月日时	盾构掘进					管片拼装		压浆					记事	记录者
				掘进速度	地质描述	千斤顶编组	千斤顶顶力 /t	出土量 /m³	拼装时间 年月日时 至 年月日时	拼装质量	时间 年月日时 至 年月日时	材料及配比	压浆压力 /Pa	压浆数量 /m³	压浆质量		

施工单位：＿＿＿＿＿＿＿　工班长：＿＿＿＿＿＿＿　技术负责人：＿＿＿＿＿＿＿

17　盾构法施工衬砌制作施工工艺标准

17.1　总则

17.1.1　适用范围

本标准适用于采用盾构法施工的公路与地下铁道隧道工程。

17.1.2　编制参考标准、规范

(1)地下铁道工程施工及验收标准(GB/T 50299—2018)。

(2)公路隧道施工技术细则(JTG F60—2009)。

(3)通用硅酸盐水泥(GB 175—2007)。

(4)钢筋焊接及验收规程(JGJ 18—2012)。

(5)混凝土外加剂(GB/T 8076—2008)。

(6)混凝土用水标准(JGJ 63—2006)。

(7)混凝土强度检验评定标准(GB/T 50107—2010)。

(8)混凝土质量控制标准(GB 50164—2011)。

(9)高强度混凝土结构技术规程(CECS 104 – 99)。

17.2　术语

17.2.1　管片

采用盾构法施工的隧道,目前多采用装配式衬砌,这种装配式衬砌的预制构件通常称为管片。除特殊地段外,管片的材料为钢筋混凝土。

17.3　施工准备

17.3.1　技术准备

(1)根据工程特点、工程目的、隧道结构、环境条件及其保护等级、施工设备的性能、工程所处地质条件来设计衬砌与接头形式。

(2)对管片生产厂家的资质和质量管理及质量保证体系提出了要求。预制厂家推行全过程质量控制是确保管片质量稳定并不断改进的最基本的条件。

（3）编制施工组织设计和技术方案的目的是使管片生产有序、合理安排，以便采取各种预控措施，保证质量。对涉及结构安全和人身安全的内容，应有明确的规定和措施，这些技术文件应按程序审批。

（4）工程材料用量与使用计划、劳动力组织和使用计划。

17.3.2　材料准备

管片制作材料：钢筋、石子、砂子、水泥、水、外加剂等。

17.3.3　主要机具

（1）管片制作钢模。

（2）管片质量检查仪器。

17.3.4　作业条件

（1）提出模具设计的基本要求。

（2）明确了管片生产在基础设施、技术准备、人员培训、材料准备等方面应具备的条件。

17.3.5　劳动力组织

钢筋混凝土管片制作劳动力组织见表 17 – 1。

表 17 – 1　钢筋混凝土管片制作劳动力组织

工种	人数	工作地点	职责范围
车间主任	1	生产办公室	负责跟班组织施工管理工作、协助总指挥工作等
工班长	2	管片生产车间 1 人 钢筋笼做作车间 1 人	负责跟班组织施工，协调各工种交叉作业等
技术员	1	生产办公室	负责跟班解决施工中的技术问题、编写技术措施等
安全员	1	管片生产车间	负责跟班检查安全措施、安全措施的执行情况及安全教育工作，对安全生产负责
质量检查员	1	管片生产车间	负责跟班检查工程质量，组织各工种交接及质量保证措施的执行情况，对工程质量负责
钢筋工	8	钢筋笼做作车间	负责制作管片
混凝土拌和工	5	混凝土拌和场	负责管片混凝土的上料、拌和、等工作
桁车司机	2	管片生产车间	负责管片混凝土时向各钢模内的运输与浇灌
管片制作工	12	管片生产车间	负责管片的生产的振捣、膜平、养护、拆模、搬运等
电工	2	各车间	负责生产车间的动力、照明、电器系统的维修保护
试验工	2	实验室	负责管片混凝土各种原材料的材质、配合比与密实度、强度的抽样试验工作
机械工	3	管片生产车间	负责管片钢模的维修保养
材料员	1		负责现场材料供应及管理
杂工	3		负责管片原材料的搬运及现场清理等
总计	44		

注：此表为一个作业班施工配备人员，未计后勤、行政等人员。

17.4 工艺设计和控制要求

17.4.1 技术要求

1. 合模与脱模

(1)模具清理和脱模剂涂刷质量会直接影响成形后的管片外观质量,因此,模具必须清理干净,并喷涂脱模剂。

(2)由于不同厂家生产的模具合模方法可能不同,因此,应按说明书规定合模。合模完毕后应检查合模标记并对模具尺寸进行量测。

(3)管片各预留孔与模板接触部位不漏浆,埋件与混凝土黏接良好。

(4)混凝土强度不足容易导致拆模时管片缺棱掉角、开裂和黏模等缺陷,为保证结构的安全、使用功能和管片外观质量,提出了脱模时对混凝土强度的要求。该强度为同条件养护混凝土试件的强度。

(5)管片表面及棱角损伤会影响其防水功能,故脱模时应做好产品保护,避免损伤。同时,也应保护模具,以保证模具精度并延长模具使用寿命。

(6)为尽可能减少温差裂缝,应减小出模时管片与环境的温差。

(7)管片模具周转一定次数后可能会超出规定的偏差,因此,应对模具进行量测及整修。

2. 钢筋加工

(1)管片钢筋必须严格按设计图纸加工,不得随意改动。

(2)管片主筋呈弧形,加工时应防止出现翘曲,以免影响骨架质量。

(3)对钢筋弯钩、弯折和箍筋的弯弧内直径、弯折角度、弯后平直部分长度提出了要求。上述各项对于保证钢筋与混凝土协同受力非常重要。

(4)以盘条供应的钢筋使用前需要调直。调直宜优先采用机械方法,以有效控制调直钢筋的质量;也可采用冷拉方法,但应控制冷拉伸长率,以免影响钢筋的力学性能。

3. 混凝土浇注

(1)管片混凝土必须连续浇注,遇特殊情况(停电、设备故障等)时,其间断时间不得超过已浇注混凝土的初凝时间。

(2)初凝前压面有利于减少混凝土表面的塑性裂缝。

4. 混凝土养护

目前,在非冬季施工期间主要有水中养护和喷淋养护两种方法。在条件允许时,优先采用水中养护,一般是在水中养护 7 d 后进入贮存养护。实践证明,采用喷淋法养护时,通过对喷淋时间间隔、喷淋方式等加强控制可以避免干湿交替养护,也可达到预期的养护效果。

17.4.2 材料质量要求

(1)所有原材料的选用均应满足设计及相关规范的要求,并进行复验。

(2)管模加工保证措施。

①选择线长系数小的钢材,通过精心的结构强度和刚度设计,确保模具在使用过程中变形小,且能生产出高精度管片。

②钢模加工的尺寸误差必须控制在允许偏差范围内。

③每块管片模具在生产过程中，要经常对模具进行清洗和尺寸检查，保养和更换易损件，确保管模各部尺寸精度在允许范围。

(3)钢筋骨架采用焊接方法成形后，其钢筋连接牢固，骨架强度高，不变形。由于弧形骨架加工尺寸不易保证，所以要求骨架必须试制，经检验合格后才能批量制作，且应该在预先制做好的胎具上进行骨架成形，以便于保证骨架的成形精度。

(4)混凝土。

①混凝土应根据实际采用的原材料进行配合比设计并按普通混凝土拌和物性能试验方法等标准进行试验、试配，以满足混凝土强度、耐久性和工作性的要求，不得采用经验配合比。同时，应符合经济、合理的原则。低坍落度有利于减少管片裂缝的出现，坍落度不宜大于70 mm。随着混凝土技术的发展，当有可靠的技术保证时也可采用大流动性混凝土。

②防水混凝土的水泥用量不得少于 280 kg/m³。

③对混凝土中的碱含量和氯离子含量加以限制和确保管片的抗渗等级是保证管片耐久性的有效措施。现行国家标准《混凝土结构设计规范》GB 50010—2010、《混凝土结构工程施工质量验收规范》GB 50204—2015 和《混凝土碱含量限值标准》CECS 53：1993 对此都有明确的规定，应遵照执行。

17.4.3 职业健康安全要求

(1)管片制作过程中，安全员应随时检查安全情况。
(2)所有操作人员必须经过培训后方可上岗。

17.4.4 环境要求

(1)制作管片时的废水、废料应严格管理。
(2)应控制制作管片时的噪声。

17.5 施工工艺

17.5.1 工艺流程

钢筋混过凝土管片制作工艺流程见图 17 - 1。

17.5.2 操作工艺

1.管片钢模

(1)钢筋混凝土管片精度是以钢模加工和合龙振捣后的精度作为保证的，因此钢模在正式投入管片制作前必须经过四阶段检测。即加工装配精度检测、运输到厂钢模定位后的精度复测、试生产后的钢模精度同实物精度对比检测及管片三环水平拼装精度的综合检测。

(2)在正常生产状态下，对钢模实施两种检查的管理，即浇捣前的快速检查和钢模定期检查。浇捣前的快速检查检查为暂定检查周期。如有特殊情况，可缩短其检查周期或作针对性检查。

钢筋、水泥、砂、石子、外加剂；有质保书、复试合格	→ 钢筋半成品，钢模：杂物清除、隔离涂剂刷均匀、宽度检测合格	→ 钢筋骨架：骨架规格、间距、焊接检查；堆放标识清除

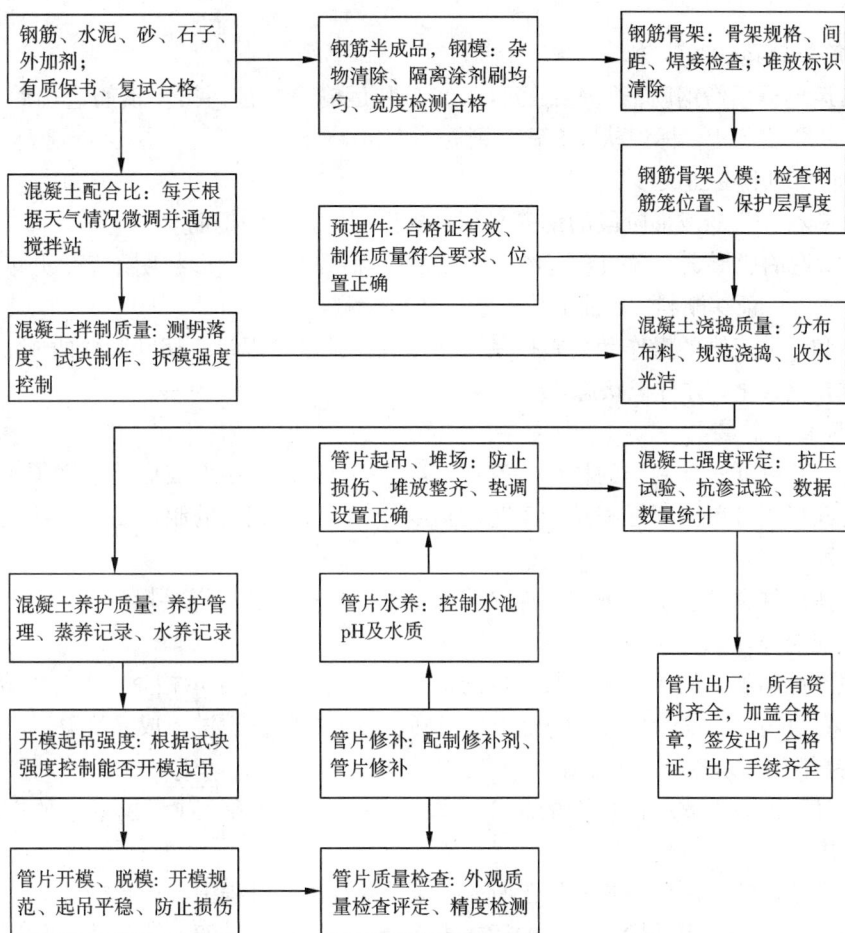

图 17-1 钢筋混过凝土管片制作流程

（3）对管片脱模和起吊后的钢模，必须在不损伤钢模本体的前提下进行彻底清理。确保钢模内表面和拼接缝不留有残浆和微小颗粒，以保证钢模合龙的精度。

（4）脱模剂应用专门工具均匀喷刷在混凝土所有接触面上，不能有影响管片质量的隐患，须确保脱模剂喷刷质量。

2. 管片钢架制作和入模

（1）钢筋原材料检验。

①根据采购程序控制对钢筋供应商进行严格评审，选择信誉好、质量优、价格合理的钢筋供应商，并提交工程师审核认可后，再正式确定供应商。

②每批钢筋进场时要有该批钢筋的质量保证书，且必须是相同钢筋等级、相同直径、相同铸造号码、相同批号（堆号）方可称为同一批。

③钢筋原材料复试验检测频率以每不大于 60 t 为一单位，样本从不同堆按检验要求取相应的尺寸和数量，按国家规范规定项目和要求进行测试。

④测试单位由业主指定的有资质的第三方进行测试，并出具有效的测试报告。经工程师

确认后，该批钢筋方可挂片牌标识进入待用状态。

（2）钢筋材料运输和堆放。

钢筋吊运不得损伤钢筋，严禁钢筋自落卸车和运输途中被污染。钢筋进场后，要分类、整齐堆放在水平支架上，标识状态，确保钢筋不发生畸变。

（3）钢筋断料和弯曲成形。

①进入断料和弯曲成形阶段的钢筋必须是标识可用状态的钢筋。

②断料、弯曲成形之前必须要有经过详细翻样确认的尺寸、形状明细表，并准备好样棒和校核基模，以保证在断料、弯曲成形过程中快速检测。

③切断和弯曲工序的操作和公差控制应遵从有关条款的规定。切断和弯曲成形后的钢筋应分类存放在支架上，并标识状态。

（4）钢筋骨架总装。

①根据管片钢筋骨架制作的精度特殊性，要求各单体部件制作成形精度必须满足总装精度要求。为此根据各单体部件和总装工艺的精度，专门加工相应的制作靠模来达到各自要求和总装的精度要求。

②各单体部件和总装工序中钢筋连接均采用低温焊接工艺。焊接操作工应经过培训、考核合格后凭证上岗。

③按照设计和规定的要求对总装完成的钢筋骨架严格进行质量检查，主要内容包括：外观、焊接和精度（公差）三个方面，经检查合格确认后可挂牌标识进入成品堆放区待用。

（5）成品堆放和运输。

①钢筋骨架成品堆放应按批准的施工平面布置图分类整齐，并呈拱形堆放在指定区域内。堆放高度不允许超过规定的高度。

②钢筋骨架吊装采用横担式专用工具，确保骨架在吊装过程中不产生变形。

③钢筋骨架运输采用手推支架车的运输方案，以保证钢筋骨架运输的速度能满足管片制作的需要。

（6）钢筋骨架入模。

①钢筋骨架的隔离器采用专用塑料支架。选用标准：应符合厚度、承受力和稳定性要求，承载力和耐久性不低于管片混凝土，支架颜色同管片混凝土保持基本一致，并经工程师检验认可。

②隔离器根据不同部位分别选用齿轮形和支架形两种。其中支架形用于内弧底部，对称设垫6只，封顶块底部对称设垫4只；齿轮形用于侧面和端面，除封顶块外，每块两侧面设垫6只、封顶块设垫4只，端面每块两侧设垫均为8只。隔离器设垫位置应正确、布设均匀。

③钢筋骨架入模条件：应该是经检验合格认可的骨架，形状同钢模相符合，且钢筋骨架表面符合要求的（一直要保持到混凝土浇捣前）。若钢筋骨架表面有恶化，不符合使用标准，则应采用工程师无异议的方法处理。处理后须经工程师认可，方能进行下道工序作业。

④钢筋骨架入模位置应保持正确，骨架任何部分不得同钢模、模芯等相接触，并应有规定的间隙。入模工序全部完成后，必须经工程师检查认可，方能进行混凝土浇注工序。

3.管片混凝土浇注

（1）管片混凝土浇注必须具备条件：钢模合龙精度和钢筋骨架入模均符合要求并已认可；

混凝土搅拌系统处于正常状态和振捣器能正常运作。

（2）混凝土供料和运输。

①混凝土由搅拌站供应。搅拌上料系统和搅拌系统及试验室等辅助设施均应经工程师确认能满足本标段管片制作的要求。

②管片混凝土搅拌配合比经模拟对比试验后，由工程师指定的配合比作为管片混凝土的基本配合比。每天混凝土开拌前根据气候、气温和骨料的含水量变化出具当日搅拌的混凝土配合比。

③根据当日混凝土配比单，调整好称量、计量系统。称量、计量系统应定期校核，把称量、计量公差控制在允许公差之内，以保证上料计量系统始终在受控状态下工作。

④混凝土搅拌要充分、均匀，现场测试混凝土坍落度公差为 ±10 mm。

⑤混凝土试块留置每次浇捣不少于 3 组。其中 2 组须进标养室标养，做 28 d 强度试验（其中有 1 组作备用）；另 1 组同管片同条件养护，测得到吊时的抗压强度。

⑥混凝土倒入专用 1 m³ 贮料斗内，由汽车运输到管片车间内，经桁车作垂直提升运到浇注位置，下料入模。

4. 混凝土布料、振捣和成形

（1）开始阶段混凝土由贮料斗从钢模一侧均匀进行布料。当盖板封上后，混凝土从钢模中间下料。下料速度应同振动效果相匹配，尤其是在每块钢模即将布满时，更要控制布料速度，防止混凝土溢出钢模外。

（2）振捣是管片成形质量的关键工序。振动时间、混凝土坍落度、布料速度和振动器的效率等是构成振捣效果的四大要素。因此在管片正式生产前，必须经过模块试验和试生产来确定有关制作参数。

（3）成形后的管片外弧面的混凝土收水应根据气温间隔的一定时间后进行，间隔时间一般以管片外弧面混凝土表面已达初凝来控制。收水的目的是使混凝土表面压实抹光，保证外弧面的平整和顺。因此该工序应由熟练的抹面工来操作。

（4）钢模内侧面和端面螺孔芯棒，严禁向外抽动。当混凝土初凝后，对芯棒再次松动，直到混凝土达到自立强度后方可拆下螺孔芯棒（混凝土自立强度一般根据气温凭经验控制拆芯棒间隔时间）

5. 管片脱模、养生

（1）在浇捣结束后静养 2 h 后开始蒸养。

（2）升温速度：每小时不得超过 15℃，最高温度为 60℃。恒温时间 2 h，在恒温时相对湿度不小于 90%。降温速度每小时不超过 20℃。在整个蒸养过程中应有专人负责检查，并做好记录。

（3）整个蒸养过程中，蒸养控制室值班人员应加强责任心，如实记录各温度测点的温度变化，确保同一蒸养窑内的温度的同一性，使管片均匀升温或降温。

（4）管片蒸养后达到规定的强度便可脱模。脱模注意事项：

①先拆卸侧板，再卸端头板，在脱模时严禁硬橇硬敲，以免损坏管片和钢模。

②管片脱模要用专门吊具，平稳起吊，不允许单侧或强行起吊，起吊时吊具和钢丝绳必须垂直。

③起吊的管片应在专用翻身架上成侧立状态。

④管片翻身架上应拆除螺栓手孔活络模芯及其他附件,并清除管片外露构件表面的砂浆。拆除时应按规定进行,不得硬撬硬敲,以防止损坏活络模芯、附件及管片。

⑤翻身架与管片接触部位必须有柔性材料予以保护。

⑥管片在内弧面醒目处应注明管片型号、生产日期和钢模编号。

⑦脱模过程中遇有管片混凝土剥落、缺损时,大缺角应用 SC - 1 混凝土黏结剂修补,密封垫沟槽两侧、底面的大麻点应用 107 号胶结剂加水泥腻子填平,并经监理认可后方可出厂。

⑧管片脱模后吊运至养护水池进行 7 d 水养护,注意管片与水的温度差不得大于 20℃。

6. 管片出厂检验

(1)每块管片必须经过严格质量检验,并须逐块填写好检验表。检验合格后的管片应在统一部位盖上合格章以及检验人员代号,只有合格的管片才能运出。管片运到工地后,须经盾构施工单位验收合格后,方可认为管片出厂。

(2)管片出厂检验内容:

①生产期达到 28 d,管片强度达到设计强度的 100% 才能出厂。

②管片无缺角掉边,无麻面露筋。

③管片预埋件完好,位置正确。

④管片型号和生产日期的标志醒目、无误。

⑤检查进场钢筋、水泥、石子等所有材料、成品。

⑥按规定随机抽取材料样品,监督送样。

⑦监督做好试块、构件的强度试验、渗漏试验、管片拼装试验。

17.6 质量标准

17.6.1 管片混凝土制作

(1)做好浇注前的准备工作,包括对各种机械设备(混凝土搅拌站、运输、浇注、蒸汽养护设备)进行检查,以保证整个工作日施工过程中正常运转。

(2)钢模内清理干净,表面无混凝土残屑黏附;脱模剂稠稀适当,表面均匀。

(3)钢筋骨架净保护层厚度要符合设计要求,允许偏差值为 ±5 mm。

(4)混凝土工序质检员应将入模后合格钢筋骨架、预埋件等检查验收,资料应在混凝土浇注前准备好,以供监理工程师随机检查。

(5)在混凝土浇注过程中,混凝土工序质检员应随机检查混凝土的坍落度、流动性、和易性,并做好记录,以备检查。

(6)应采取正确的浇捣方法,不漏振、欠振或过振。达到外光内实,管片外形平整光洁,螺栓孔保持光滑。

①特别强调浇捣时保证混凝土表面密实,振捣之后应进行两道收水。

②管片的制作将接受监理工程师的检查,监理工程师在整个合理的时间内应有权进入正在制作管片的场地,可以自由地在任何阶段来检查管片的制作,观察所需的试验,对不符合要求的材料应停止使用于管片生产中,对已使用的,应采取必要措施,并等待处理。

③水泥、骨料、混凝土、外加剂等取样及试验,按规范及标书规定执行。在管片制作过

程中，应按监理工程师的要求单独进行有关试验或测试。

④管片混凝土浇注完成后，应静置一段时间。注意做好蒸汽养护工作，蒸汽养护温度不高于60℃，严格执行养护程序。

⑤管片脱模后须详细检查成形管片的质量，包括管片外观尺寸，有无出现小裂缝、气孔、蜂窝、麻面，管片不能因蒸汽养护等原因产生大于规定的裂缝等缺陷。若孔洞直径小于3 mm或深度不超过2 mm，裂缝长度小于50 mm，棱角或缝宽不大于0.2 mm，边角损伤在50 mm、深30 mm范围内，可自行修补；修补时，应及时做好记录并通知监理工程师处理。

⑥脱模后管片须在养护池内养护7 d。立方体试块28 d强度达到设计要求，管片才可使用在工程中。

17.7　成品保护

17.7.1　管片堆放

(1)管片应按生产日期及型号排列堆放整齐，并应搁置在柔性垫条上，垫条厚度要一致，搁置部位上下一致。

(2)管片堆场坚实平整，管片内弧面呈元宝形堆放整齐，堆放高度以四块为宜。

17.7.2　管片运输

(1)管片出厂到工地时，管片应内弧面向上且平稳地放于有专用支架的运输车辆的车斗内。

(2)在同一车装运两块以上管片时，管片之间应附有柔性材料的垫料。

(3)配备能满足盾构施工需要的管片运输车辆，确保盾构推进连续性。

17.8　安全环保措施

(1)制作管片钢筋笼的边角料，应集中回收，不得随意堆弃。

(2)制作管片混凝土后的废水，应经处理后排入排污管道。

17.9　质量记录

(1)钢筋混凝土材料的抽样检查质量记录。

(2)混凝土配合比抽样检测记录。

(3)管片制作密实度抽样检查质量记录。

(4)管片混凝土养护时间记录。

(5)管片制作精度抽样检查质量记录。

(6)管片混凝土强度检查记录。

(7)管片防水性能抽样检查质量记录。

18　盾构工法中的衬砌背后注浆工艺标准

18.1　总则

18.1.1　适用范围

本标准适用于盾构法施工的隧道。

18.1.2　编制参考标准及规范

(1)地下铁道工程施工及验收标准(GB 50229—2018)
(2)周文波.盾构法隧道施工技术及应用.

18.2　术语

18.2.1　背后注浆

背后注浆是指向管片背后的空隙填充固结性浆液,用以控制地层变形,它是盾构工法中必不可少的一道施工工序。

18.2.2　注入时期

注入时期是指往衬砌背后注浆在何时进行。它与注浆作业与掘进作业的时间关系有关。

18.2.3　浆液泄漏

浆液泄漏是由于盾尾密封不严,注入的浆液由盾尾间隙泄漏。

18.2.4　二次注浆

二次注浆是指一次注浆未达到设计要求时进行补充注浆。在以下三种情形中应进行二次浆:

(1)一次注入中未填充到的部位。
(2)一次注入的浆液发生了体积缩减。
(3)需要提高抗渗效果。

18.3　施工准备

18.3.1　技术准备

根据土质条件和盾构具体情况设计注浆方案，技术准备包括以下几个方面：

(1)注浆浆液。

(2)浆液注入时期。

(3)注入量和注入压力。

(4)防止浆液泄漏。

(5)二次注浆。

(6)注浆设备。

18.3.2　材料准备

1. 根据土质条件选择注浆材料

根据土质条件选择背后注浆材料如图 18 - 1 所示。

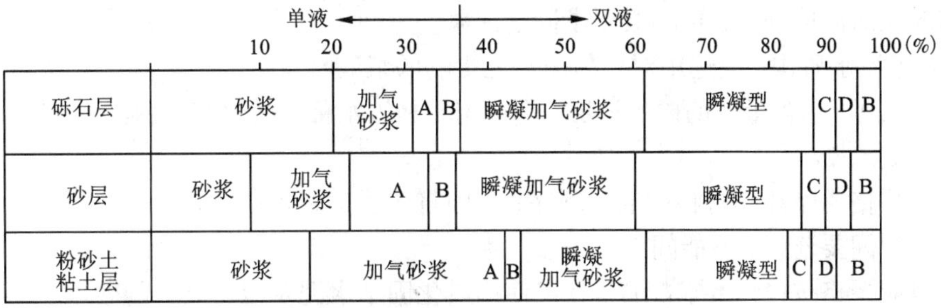

	单液 ←			→ 双液							
	10	20	30	40	50	60	70	80	90	100(%)	
砾石层	砂浆		加气砂浆	A B	瞬凝加气砂浆		瞬凝型		C D B		
砂层	砂浆	加气砂浆	A	B	瞬凝加气砂浆		瞬凝型		C D B		
粉砂土粘土层	砂浆		加气砂浆	A B	瞬凝加气砂浆	瞬凝型		C D B			

注：1. A——添加砂浆；B——其他；C——瞬凝砂浆；D——LW(双液浆)。

　　2. 百分比为各种浆液在不同土层中的使用概率。

图 18 - 1　根据土质条件选择背后注浆浆液

2. 根据注入方法选择注浆材料

一般情况下，同步注浆时多采用单液浆，非同步注浆时多采用双液浆。

18.3.3　主要机具

(1)材料贮藏。有纵型筒仓和横型筒仓两种，可按现场条件选用。

(2)材料计量。通常粉体计量重量，液体计量体积，分别配备计量器具。

(3)拌浆机。有搅拌式和旋喷式两种，以搅拌式使用较多。搅拌式拌浆机由圆筒形罐和旋转叶片构成，有单槽型、横双槽型、上下双槽型等多种。

(4)贮浆槽、料仓。搅拌好的注浆材料在注浆之前须用贮浆槽或料仓贮存。

(5)注浆泵。浆泵有适于压送浆液的压送泵和适于注浆的注入泵两种。

(6)注入输浆管。输浆管的口径直接影响到管的阻力和泵的功能。

18.3.4 作业条件

根据注浆方式确定各种机具的布置，优化作业条件，方便施工作业。

18.3.5 劳动力组织

根据施工进度安排和工程数量，按劳动定额和工班组织安排劳动组织计划。每工班每台注浆设备劳动力配备机手2人，搅拌工2人，辅助工4人，远地运输工若干人。

18.4 工艺设计和控制要求

18.4.1 技术要求

(1)注浆的最佳时期是在盾构推进的同时注入或者推进后立即注入，注入的宗旨是应完全填充尾隙。

(2)土质条件是确定注入工法的先决条件，对易坍塌的均粒系数小的砂质土、含黏性土少的砂、砂砾及软黏土地层，必须在尾隙产生的同时立刻进行注浆。

(3)尽量减少对管片拼装的干扰是确定注入工法的重要因素，为此，对于土质坚固，尾隙能维持较长时间的地层，可不必要求同步注浆。

(4)对于泥水盾构，应选用对切削泥水无影响的浆液材料。

(5)对于地下水含量大的砂砾地层，应选用不易被水稀释的浆液材料。

(6)制浆要求。

①必须严格遵循注浆材料的混合顺序，否则将无法达到预期效果。

②拌和时间要连续，不能间断。

③材料应严格按设计要求配置，杜绝使用风化固结水泥及混有杂物的砂。

(7)运输要求。

①运输过程中要使用搅拌装置，保证浆液在运输过程中不出现离析现象。

②需要运输时应使用固结延迟剂。

(8)注浆要求。

①注浆前，应检测从注入孔到泵的输浆管接头的好坏。

②注浆时，应密切观察注入孔位置的阀门和泵的工作状况；观察注浆压力和注入量。

③在注入结束时，应注意从注入孔阀门的关闭到移动输浆管的工作顺序。

④取下注入孔的阀门时，应装上柱塞。

⑤管片出现破损、上浮等现象时不能注浆。

⑥当浆液从管片外漏时，应停止注浆，待采取措施后再行注入。

⑦作业结束后，作业员必须对制浆设备、泵、输送管、注入管等进行彻底地清洗，不能留有废液残余。

18.4.2　材料质量要求

(1)浆液对尾隙的充填性好,且不会流失到尾隙以外去。

(2)浆液流动性好、离析少。

(3)浆液应具备不易受地下水稀释的特性。

(4)材料分离少,以便能长距离压送。

(5)早期强度能均匀,其强度值能与原状土相当。

(6)凝结后体积变化小、渗透系数小。

18.4.3　职业健康安全要求

(1)在制浆阶段因为涉及粉体,故应特别注意使用防尘面罩和胶皮手套。

(2)在注浆现场应保持良好的通风。

(3)在拌浆、冲洗设备时,应注意不要被搅拌机卷入,不被泵的皮带夹住。当制浆场地湿滑时(尤其是泄露的水玻璃非常之润滑),应及时处理,并特别注意防滑。

(4)当取下注入旋塞时,如果管内有残存压力,则可能出现残液飞溅的现象,应注意防范。浆液如果溅到皮肤上必须用水冲洗干净,如果溅到眼睛中,除应立即用水清洗外,还应请医生处理。

18.4.4　环境要求

注浆过程不得对周围环境造成不良影响。应加强对周围水体和土体的检测,一旦发现浆液产生环境污染,则应立即停止注浆,制定出改正措施后才能继续施工。

18.5　施工工艺

18.5.1　工艺流程

背后注浆工艺流程见图18-2。

18.5.2　操作工艺

1.注浆方式

(1)直接压送式。

直接压送式指由洞外拌浆设备直接把浆液压送到管片等注入口处的方式。适用于盾构直径较小、推进距离较短的场合。

(2)中继设备式。

中继设备式指由洞外拌浆设备把浆液压送到放置在后方台车上的中继设备上,由装在台车上的注浆泵进行注浆的方式。适用于推进距离长、盾构直径较大的场合。

(3)洞内运输式。

洞内运输式指在洞外拌浆,浆液存于罐中,经洞内运输,用洞内注浆泵注入的方式。适用于定量注入。

A液(灰浆)

B液(固化剂)

注入材料(主材、粘土、水、膨润土、添加剂等)

水+固化剂

使用原液

计量器

调整罐

灰浆拌和

压送注入泵

贮液罐搅拌器

压送注入泵

压送泵

专用运输车旋转搅拌罐

管道

管道

后方台车旋转搅拌罐

(运输)

管道

注入泵

后方台车贮液槽

搅拌装置

注入泵

注入

注入控制装置

(洞外竖井内)

(洞内)

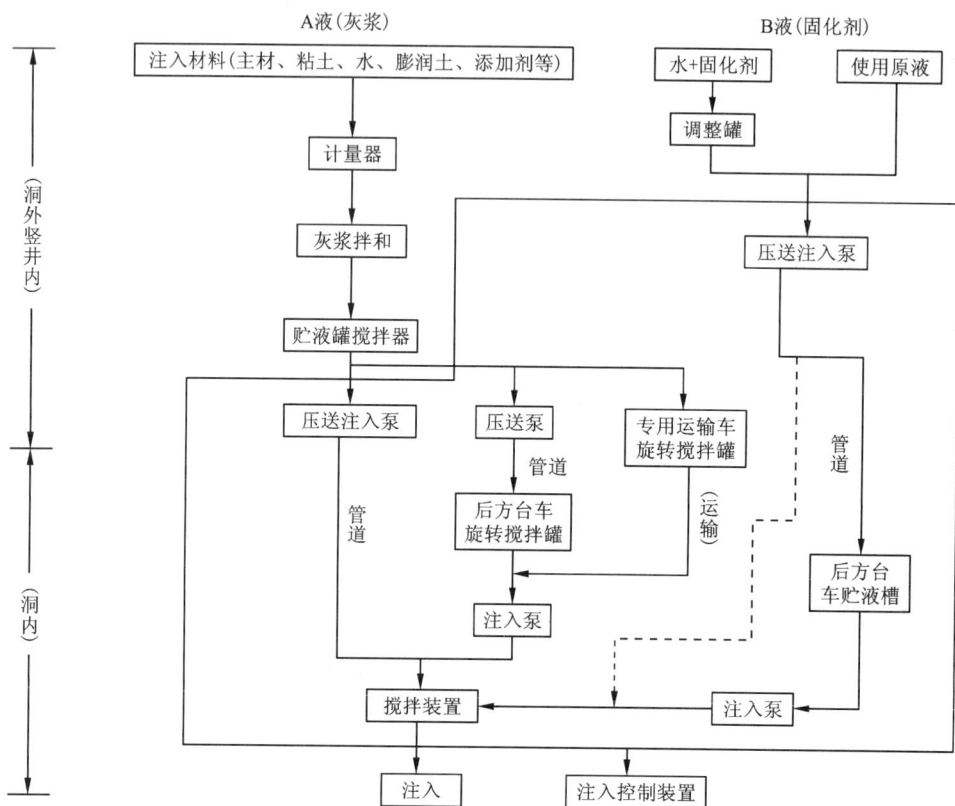

图18－2　背后注浆工艺流程图(双液浆)

(4)洞内拌浆式。

洞内拌浆式指把各种浆液材料搬到装在洞内后方台车上的洞内拌浆设备上,然后混拌注入的方式。可用于大直径隧道。

2.注入时期

背后注浆的最佳注入时期,应在盾构推进的同时进行注入(同步注入法)或者推进后立即注入(即时注入法)。当地质条件和施工条件许可时,也可采用后方注入法和半同步注入法。

3.注入方式

(1)后方注入式:从数环后方的管片上注入浆液。

(2)即时注入式:掘进一环后立即注入一环。

(3)半同步注入式:注浆孔从尾封层处伸出,在推进的同时进行跟踪注入。

(4)同步注入式:在盾构推进过程中进行跟踪注入(从盾尾直接向尾隙注入)。以同步注入式为例,又有:

①由安装在盾构机上的注入管直接向尾隙注入的方法。

②把管片上的注浆位置设置在管片的端头上,边推进边注入的方法。

③利用管片上的前后两个注浆孔交替注入的方法(图18－3)。

4. 注入压力、注入量和注入次序

（1）注入压力。

①注入压力大致为地层阻力强度再加上
0.1～0.2 MPa，一般为 0.2～0.5 MPa。

②后期注入压力要比先期注入压力大
0.05～0.1 MPa。

③当注入压力大于 0.5 MPa 时，可能导致
管环变形，故对最高注入压力要慎重采用。当
注浆时的阻力很大时，一定要加强观察与量
测，控制注入压力在管环能承受的范围之内。

（2）注入量。

根据设计注入量注浆，但要根据土体空隙
率、注入损耗率（如长距离管道输送时的浆液
损耗等）、超挖情况以及浆液是否为加气类等
因素进行调整。实际注入量一般大于设计注
浆量，为 130%～180%。

（3）注入次序。

背后注浆不仅仅是要充填盾尾空隙，还要
渗透到盾构壳体周围，使之与周围土体紧密黏

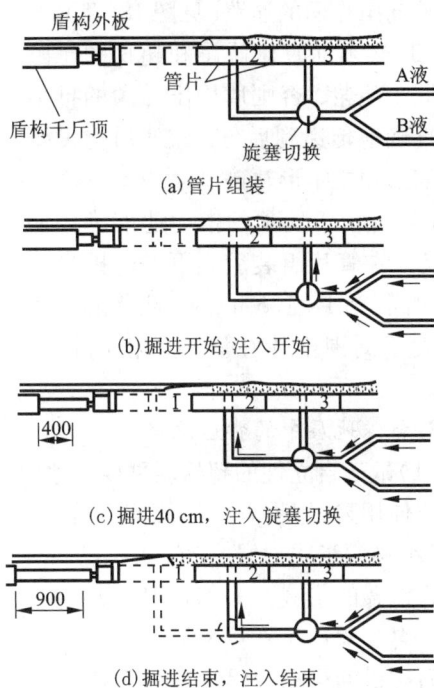

图 18-3　交替式同步注入法

结。注入次序宜先从隧道两腰开始，注完顶部再注底部，有条件时，则最好多点同时进行
注浆。

5. 输浆管的疏通

输浆管发生堵塞后，可采用在注入时往输浆管浆液中投放疏通球的方式来疏通，以消除
黏附于输浆管壁上的沉积物。疏通球的种类多种多样，如图 18-4 所示。

图 18-4　疏通球的种类

6. 注入橡皮管

在使用双液型浆液的情况下，当注入结束时，应先停止 B 液的注入，只压送 A 液，随后
停止 A 液。若不这样操作，则橡皮管内会产生注入浆液的固结物，影响继续注浆。

橡皮管的长度会因洞内施工条件的变化而变化，并受浆液胶凝时间长短的支配。如果过
长，则可能造成橡皮管的堵塞；如果过短，则浆液易在尾隙中凝胶或在地下水多时被稀释。

7. 小曲率半径盾构的背后注浆

（1）注浆材料应具备早期强度高和急凝的特点。建议采用瞬凝固结型浆液，它能按限定
范围进行背后注浆。

（2）为了防止浆液向工作面流动，可在管片背面设置截止袋，袋中注入浆液，可止住背

后浆液向工作面的通路(见图18-5)。

(3)必须同时对盾尾和超挖的尾隙进行同步注浆,否则盾构千斤顶的推力无法准确地传递到后方,致使盾构发生变形和出现之字形轨迹。

(4)为使千斤顶的推力能准确传递到后方,在管片组装后到下一轮推进中止的时间(为1~1.5 h)内,注浆的强度必须大于周围土体往盾构的横向挤压强度。

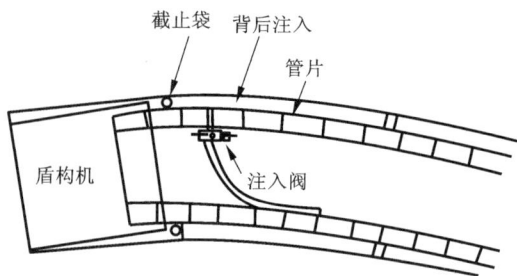

图18-5 截止袋防止背后注入浆液流失实例

8.特殊地层中的背后注浆

(1)缺乏自立性的超软弱黏性土地层因不能形成盾尾空隙,其注浆方式类似于劈裂注浆,因此应使用瞬凝型、早期强度好且可实现限定注入的浆液。

(2)坍塌渗水地层,因注入时已出现土体坍塌,尾隙不存在了,故必须是可以向土颗粒间隙作渗透的浆液,其胶凝时间应稍长一点,黏性较低一点。

9.自动背后注浆

盾构机的自动背后注浆已经实现,且已成为发展的方向,这方面的工艺是关于自动化进行,涉及的主要是机械和自动化方面的内容,不在本章讲述之列。

18.6 质量标准

18.6.1 材料质量与配比

材料质量应严格符合规范与设计要求。材料配比原则上按注浆设计要求进行,但应根据现场实际情况,在确认注浆效果的同时,予以适当的调整。施工时必须使用合格的计量器具对配比进行准确的管理。

18.6.2 试验检查

对浆液定期进行试验检查,以确认质量符合要求。主要试验项目有流动度、黏性、析水率、凝胶时间、强度等。

18.7 成品保护

18.7.1 气温变化影响

环境温度的变化对浆液早期强度和凝胶时间的影响较大,要注意观察气温与早期强度的关系,防止浆液质量发生变化。

18.7.2 材料管理

每天检查背后注入材料的使用量,以保证材料的合理供应。另外,还应检查配比是否异常。

18.8 安全环保措施

18.8.1 材料选择

应选用毒性小、污染少的注浆材料,从源头上控制污染。

18.8.2 施工作业

切实做好施工管理工作,尽量减少配制浆液过程中的撒漏和注入浆液的漏失。

18.8.3 处理措施

应严格采取措施,防止浆液流入地面水系统和人畜用水水源。一旦流入,应采取积极措施,按相关环境保护条例进行处理。

18.9 质量记录

18.9.1 注浆管理日报表

背后注浆管理日报表应记录注入环的序号、注入位置、注入压力、注入量等参数,还可以把这些参数用于注入率的计算、用料的管理、沉降量的监视等方面,并作成资料。通常可根据现场特点自行设计格式,见表18-1。

表18-1 背后注入作业日报表

昼夜　　值班员　　年　月　日

注入环	注入位置	注入压力			注入量			注入时间			记事
		初期	最大	常时	终了时	开始时	注入量	终了时	开始时	时间	

(注入位置)

检验

所长	主任	值班

18.9.2 质量记录表

根据浆液试验项目(如流动度、黏性、析水率、凝胶时间、强度等)制定相关记录表。根据需要可采用钻探或地质雷达等方式进行填充状态的调查,并制定相关记录表。

19 盾构的进发与到达作业工艺标准

19.1 总则

19.1.1 适用范围

本标准适用于盾构法施工的隧道。

19.1.2 编制参考标准及规范

(1)地下铁道工程施工及验收标准(GB/T 50229—2018)。

(2)周文波.盾构法隧道施工技术及应用。

19.2 术语

19.2.1 盾构的进发

盾构的进发是指在进发竖井内利用临时组装的管片、反力台架等设备,使台架上的盾构推进从井壁上的到达口处贯入地层,并沿着规定路线掘进的一系列作业。

19.2.2 盾构的到达

盾构的到达是指盾构推进至到达竖井的井壁处,从井内侧把井壁上的进入口挡土墙拆除,随后将盾构推入井内台架上的一系列作业。

19.3 施工准备

19.3.1 技术准备

1.相关设施的准备

(1)泥水式盾构。

配备泥水处理设备、泥水输送设备、背后注浆设备、器材搬运设备等。

(2)土压式盾构。

配备出土设备、背后注浆设备、器材搬运设备等。

2.进发准备作业

组装进发台设备、组装盾构、安装导口密封垫圈、设置反力座、设置后续设备、盾构试运转等。

若采用拆除临时挡土墙随后盾构掘进的进发方式，则须对地层加固。

19.3.2　材料准备

准备好地层加固的注浆材料。

19.3.3　主要机具

主要机具的组合位置见图19-1。

1.进发基座

进发基座是盾构的基座，作用是在其上组装盾构和支承组装好的盾构，并且可使盾构处于理想的预定进发位置（高度、方向）上，使盾构的进发掘进稳定。所以要求基座的结构合理（可以确保组装作业的施工性）；构件刚度好、强度高、不易损坏（承托几百吨重的盾构）；与竖井底板固定要牢靠、晃动变位小（确保盾构位置稳定、确保推进轴线始终与设计轴线重合）。

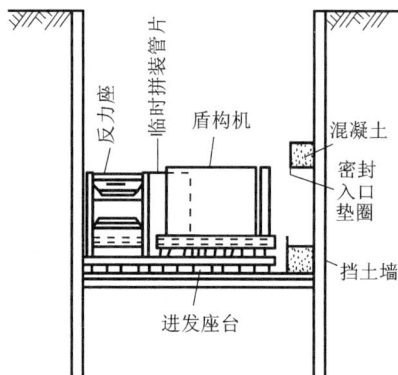

图 19-1　始发机具

（1）钢筋混凝土盾构基座。其断面示意见图19-2。它通常是多块钢筋混凝土构造物的组合体，既可以现场浇注，也可以预制件拼接。优点是结构稳定、抗压性能好。

（2）钢结构基座。其断面示意见图19-3，优点是加工周期短、适应性强。

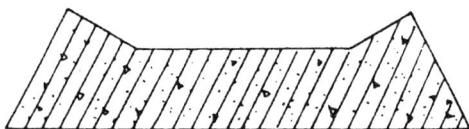

图 19-2　预制混凝土基座

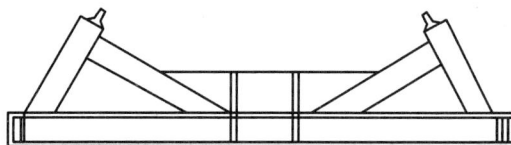

图 19-3　钢结构平底整体基座

（3）钢筋混凝土与钢结构组合基座，见图19-4。这种基座聚集了钢筋混凝土基座和钢结构基座二者的优点，使用较多。

2.反力设备

反力设备由反力座和临时组装管环构成，由管片运进和排土空间等条件确定其形状，由正式管片衬砌的起始位置确定临时组装管环、反力座的位置。通常用工字钢安装反力座，临时组装管环使用容易处理的钢或高强度的铸铁管片拼接。临时管片的组装精度影响正式管片的真圆度，故应特别注意。

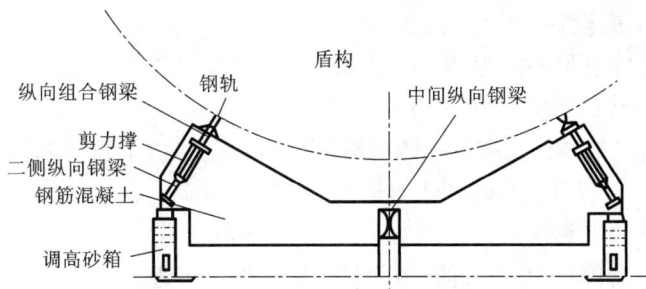

图 19-4 组合式基座

3.进发入口及入口密封垫圈

(1)进发入口。为了确保盾构出井贯入地层的轴线精度,通常在井内进发口处构筑一个进发入口。进发入口呈筒状,有一定的宽度和厚度,其内径略大于盾构外径,且与盾构纵断面形状相同。进发入口与井壁联结到一起即为进发导口。进发导口的作用是限制盾构的掘削摆动。在导口混凝土的顶部设有排气孔,这是为了当土舱内填满泥砂时排气。背后注浆时抽取地下水,以防止对导口衬垫造成大的压力。

(2)入口密封垫圈。这是在导口与盾构或导口与管环间隙中的垫圈,其作用是止水。它由止水垫圈、防止垫圈反转的压板及固定铁件构成,固定在混凝土导口上。压板多为滑动式,但必须可随盾构的移动随时调整。

19.3.4 作业条件

工作竖井(始发井、到达井)的空间尺寸必须满足盾构的拼装和拆除作业条件。

19.3.5 劳动力组织

根据盾构的种类和施工进度要求安排劳动组织计划。劳动力计划应根据工艺流程及相应各工序施工所需专业工作量及施工工序的持续时间安排编制。

19.4 工艺设计和控制要求

19.4.1 技术要求

(1)盾构组装时的各项技术指标应达到总装时的精度标准,配套系统应符合规定,组装完毕经检查合格后方可使用。

(2)盾构工作竖井的结构必须满足井壁支护及盾构推进的后座强度和刚度要求。其宽度、长度和深度应满足盾构装拆、掉头、垂直运输、测量和基座安装等要求。

(3)盾构工作竖井内应设集水坑和抽水设备,井口周围应设防淹墙和安全护栏。

(4)盾构工作竖井提升运输系统应符合下列规定:

①提升架和设备在使用中应经常检查、维修和保养。

②提升设备不得超负荷作业,运输速度应符合设备技术要求。

③工作竖井上下应设置联络信号。

（5）盾构的基座应有足够的强度、刚度和精度，并满足盾构装拆和检修的需要。基座导轨的高程、轨距和中线位置应正确，并固定牢固。

（6）盾构出始发井时，其后座管片的后端面应与线路中线垂直并紧贴井壁。盾构距洞口适当距离拆除封门后，切口应及时切入土层。

（7）当盾构掘进邻近到达井一定距离时，应控制其出土量并加强线路中线及高程的测量。距封门500 mm左右时停止前进，拆除封门后座后应连续掘进并拼装管片。

（8）盾构进、出工作竖井时，盾尾离开井壁后，应及时安装隧道洞口与管片之间的密封装置。

19.4.2 材料质量要求

各种材料均应满足规范与设计要求。

19.4.3 职业健康安全要求

盾构内的工作条件应符合相关规定，尤其是人工掘进的盾构和气压盾构，必须满足相关劳卫要求。

19.4.4 环境要求

对渣土、废水应按规定作处理，对泥水盾构掘进过程中产生的大量泥浆应做回收循环利用，已无法再用的应妥善转运，不得污染当地环境。

机械化盾构的工作噪音不得超过相关规定。

19.5 施工工艺

19.5.1 工艺流程

始发工艺流程见图19-5。

19.5.2 操作工艺

1.盾构的进发

（1）拆除临时挡土墙。这是进发口的开口作业，实施时易造成地层坍塌，地下水涌入，故拆除前要确认地层的自稳、止水等状况。应本着对土体扰动小的原则，把挡土墙分成多个小块，从上往下逐个依次拆除。拆除时应注意在盾构前面进行及时支护，拆除作业要迅速、连续。

（2）挡土墙进发口拆除后，立即推进盾构。若采用泥水盾构，则会因临时墙残渣堵塞泥水循环，故必须在确认障碍物已清除干净后才能推进。

（3）盾构贯入地层后，对掘削面加压，监视导口密封垫圈状况的同时缓慢提高压力，直到预定压力值。盾构尾部通过导口密封垫圈时，因密封垫圈易成反转状态，所以应密切监视，同时盾构应低速推进。当盾构通过导口后，进行壁后注浆，稳定洞口。

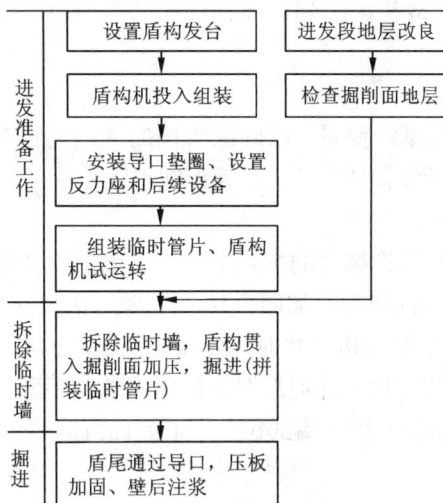

图 19 – 5　始发工艺流程图

2. 盾构的到达

（1）盾构到达前须慎重考虑的事项：

①是否需要事前加固到达部位近旁地层及设置出口密封圈。

②为了确保盾构按规定计划路线顺利到达预定位置，需要认真讨论测定盾构位置的方法和隧道内外的联络方法。

③讨论低速推进的起始位置、慢速推进的范围。

④讨论泥水盾构泥水减压的起始位置。

⑤讨论盾构推进到位时，由于推力的影响是否需要在竖井内侧井壁到达口处采取支护等措施。

⑥讨论掘削到达面的方法及起始时间。

⑦认真考虑防止从盾构外壳板和到达面间的间隙涌水、涌砂的措施。

⑧盾构停止推进的位置的讨论。

⑨讨论到达部位周围的背后注浆工法。

⑩应周密考虑盾构进入到井内时的承台等临时设备的配备及设置状况。

（2）盾构到达后拆除挡土墙再推进的工法。

该方法是将盾构推进至到达竖井的挡土墙外，利用地层加固使地层自稳，同时拆除挡土墙，再将盾构推进到指定位置。使用该方法拆除挡土墙时，盾构刀盘与到达竖井间的间隙小，自稳性强，且工序少，故被广泛采用。但因拆除挡土墙后盾构再推进时地层易发生坍塌，所以多用于稳定性较好的地层。

（3）先拆除挡土墙，而后盾构才到达的工法。

该工法事先要拆除挡土墙，所以要在拆除前进行高强度的地层加固，在井内构筑易拆除的钢制隔墙；然后从下至上拆除挡土墙，用水泥土或贫配比砂浆顺次充填地层及加固土体与隔墙间的空隙，完全换成水泥土或贫配比砂浆后，将盾构推进到隔墙前，拆除隔墙，完成到达。因不让盾构再次推进，故不会出现地层坍塌，洞口防渗性也很强，但地层加固的规模增大，而且必须设置钢制隔墙，故扩大了到达准备作业的规模。

3.到达的相关作业

(1)精确测量。

在到达之前，要充分进行基线测量，以确保盾构的准确到位。由于必须在到达口的允许范围内贯入，所以应精确测量各管环位置，以确保线形无误。

(2)临时挡土墙的加固。

盾构至到达口跟前时，在盾构推力的影响下，挡土墙易发生形变，对于特别容易变形的板桩之类的挡土墙，应事先进行加固。加固方法一般采用在竖井内用工字钢支承，或埋入临时支承梁。当盾构的掘削面靠近到达竖井时，对竖井挡土墙的状态要经常进行观测，应将盾构的推进控制在与位移吻合的程度，特别是掘削面压力急剧下降时易导致坍塌。故须综合考虑盾构的位置、地层加固的范围、挡土墙的位移、地表面沉陷等因素，来确定掘削面的压力。

(3)盾构的到达。

虽然通过刀具不能旋转或推力上升等机械操作方面的变化能察觉到已到达临时挡土墙，但仍应从到达竖井的临时墙钻孔和测量来确定盾构的位置，再确定是否停止推进。停止推进后，为防止临时墙拆除后漏水，应仔细进行壁后注浆施工。

(4)临时挡土墙的拆除。

拆除临时墙前，在临时墙上开几个检查口，以确认地层状况和盾构到达位置。临时墙的拆除与进发相同，地层的自稳性会随着时间而变化，故拆除作业必须迅速进行。特别是在拆去临时墙将盾构向竖井内推进时，应仔细监视地层状况，谨慎推进。

4.盾构的到达定位

(1)基线测量定位。这是常规方法，但某些情形下，该法实施有一定的难度。

(2)声波定位法。即利用声波传感器探测盾构接近时的刀盘掘削声，解析该掘削声音的变化状况，正确地掌握盾构的现场位置的方法。具体方法是在盾构预定到达位置的地层中设置上、下、左、右各4条内藏传感器的探测管，当盾构到达时，若位置不发生偏离，则4个声音传感器检测到的输出波形相同，否则这4个声音传感器的检测波形会不同。因此可由振幅的差异推断盾构的准确位置，并指导盾构纠偏。

19.6　质量标准

19.6.1　进发基座

进发基座承受盾构机的荷载，是盾构正确进发的首要保证，对进发时可能出现的偏压必须具有足够的承载能力。

19.6.2　进发导口

进发导口必须与盾构机的进发方向完全一致，并有必需的全周均等的富裕度。

19.6.3　反力座

反力座与挡土墙、临时组装管环之间必须无间隙，以保证反力的连续传递，且有足够的强度以抵御可能的偏压。

19.6.4   导口垫圈

导口垫圈在选择材质和形状时必须充分考虑与盾构机机身的摩擦、泥水、地下水、背后注浆的压力等强大的荷载对它产生的作用,安装要牢靠。

19.6.5   拆除临时墙

(1)在拆除临时墙前,地层必须确保稳定,如果采取了加固工法,必须确认已达到预期效果。

(2)如果在拆除临时墙过程中发生漏水,要止住漏水极为困难,恢复需要很多时间和劳力,因此止水措施必须达到要求。

(3)拆除临时墙后的井壁洞口形状不得影响盾构机通过。

19.6.6   最初的推进

从盾构机完全进入地层至背后注浆施工之前的这一段时间内,盾构机及进发各种设备将处于极不稳定的状态。所以,推进过程中应格外谨慎,常加检查,如果发现异常,应立即停止推进,并进行处理。

19.7   成品保护

严格按照工艺要求施工,以保证盾构能顺利进发与到达。

19.8   安全环保措施

由于开挖工作竖井引起了附近地层的松弛,再加上盾构推进时会进一步扰动地层,故当盾构开始推进时,可能会发生泥土涌入、地表下沉、地下水喷发等危及周围环境的现象,因此必须采取相应的环保措施。主要措施为对工作竖井周围的土体进行加固,加固的方法有注浆加固、冻结等。地层加固可以达到如下目的:

(1)消除构筑竖井时造成的周围土体的松动。

(2)防止拆除临时挡土墙时振动的影响。

(3)在盾构机贯入掘削面前或被拉入竖井内前能使地层自稳及防止地下水流入。

(4)降低对入口填塞物的压力。

(5)防止因掘削面压力不足而引起的掘削面坍塌。

(6)防止地表沉陷或消除对埋设物的不利影响。

19.9   质量记录

按照有关规定填写施工记录。

20 盾构法施工辅助工法工艺标准

20.1 总则

20.1.1 适用范围

本标准适用于盾构法施工的隧道。

20.1.2 编制参考标准及规范

(1)地下铁道工程施工及验收标准(GB/T 50229—2018)。
(2)周文波.盾构法隧道施工技术及应用。

20.2 术语

20.2.1 辅助工法

辅助工法是在盾构施工过程中稳定地层及保护环境的辅助施工措施。

20.2.2 注浆工法相关术语

1. 可渗比

当可渗比等于 1 时,浆液可以渗入地层土粒间隙,注入效果好;远大于 1 时,成为充填注浆;远小于 1 时,浆液很难进入土颗粒间隙,适于劈裂注浆。

2. 粒度级配

粒度级配是指浆材主剂的粒度级配,是浆液可否渗入土体间隙和决定扩渗半径的关键,它直接影响到可渗比。

3. 黏度

黏度指浆液配制后的黏度,表示浆液的流动特性,它与浆液的浓度、温度及时间有关。浆液的搁置时间越长、浓度越高、温度越低,其黏度就越大。

20.2.3 冻结工法相关术语

1.冻胀

冻胀是土层中的水结冰膨胀。它会导致土体积增大,可能使地表隆起。

2.融沉

融沉是因冻土层融化导致的土体积缩小。它可能使地表发生沉降。

20.3　施工准备

20.3.1　技术准备

1.注浆工法技术准备

(1)调查土质条件和地下水状况。调查地层各层的粒度分布,地下水在各层中的分布与水质情况。

(2)选择工法和注浆材料。根据土质条件、注浆要求及环境要求选择注入工法和注浆材料。

(3)调查障碍物。调查该范围内的埋设物、构造物的情况,及其对注浆工法可能的影响。

(4)布置钻孔。确定钻孔的总孔数、钻孔的间距和分布。

(5)确定注浆参数。如注入量、注入压力、注入速度等。

(6)了解公用井水域的情况。讨论公用水域受到注浆,尤其是化学注浆影响的可能性。

2.冻结工法技术准备

(1)根据工程的具体情况,选择冻结方式。隧道工程一般采用盐水方式,而较少采用液氮低温方式。

(2)调查土质条件和地下水状况。

(3)调查地下管线及其他地下构造物的分布状况。

(4)制定低温下混凝土浇注质量保证措施。

(5)制定防止冻胀及融沉措施。

20.3.2　材料准备

1.注浆工法材料准备

(1)注浆材料的选择依据是地质条件、加固或止水的工程要求、周围环境条件以及价格。图20-1表明了注浆材料的大致分类。

(2)注浆材料由浆材和助剂混拌而成。常用的浆材有水泥、水玻璃、膨润土、黏土、有机物等;助剂有固化剂、催化剂、减水剂、速凝剂和悬浮剂等。

2.冻结工法材料

(1)根据冻结方式准备相关材料,如制冷剂(氨)、冷媒剂(氯化钙,即工业用盐)等。

(2)根据工程需要,准备注浆材料。

注浆材料
├─ 化学浆液
│ ├─ 水玻璃类
│ │ ├─ 液态反应量
│ │ │ ├─ 碱性
│ │ │ │ ├─ 悬浊型 ── 水玻璃+水泥 / 水玻璃+矿渣+水泥 / 水玻璃+矿渣+石灰 / 水玻璃+石灰+石膏
│ │ │ │ └─ 溶液型 ── 水玻璃+酸性反应剂(碳酸氢盐) / 水玻璃+金属盐反应剂(氯化物) / 水玻璃+碱性反应剂(铝酸钠) ──〔无机水玻璃类〕
│ │ │ │   水玻璃+有机反应剂(有机类水玻璃) ── 乙醛 / 多价醇、醋酸酯 / 乙二醇、二醋酸酯 / 甘油三醋酸酯 / 乙烯碳酸酯
│ │ │ └─ 非碱性
│ │ │   ├─ 悬浊型 ── 硅溶胶+水泥(矿渣)
│ │ │   └─ 溶液型 ── 水玻璃+酸性反应剂 / 硅溶胶+碱性反应剂 / 硅溶胶+中和(缓冲)剂
│ │ ├─ 复合型水玻璃
│ │ │ ├─ 碱性
│ │ │ │ ├─ 悬浊溶液型 ── 水泥水玻璃+无机水玻璃类(或有机水玻璃类)(水玻璃+碳酸氢盐)(或水玻璃+乙醛)(悬浊型)(碱性溶液型)
│ │ │ │ └─ 瞬结、缓结型 ──(水玻璃+乙醛)+(水玻璃+乙醛)(瞬结)(缓结)(碱性)(碱性)
│ │ │ └─ 非碱性(硅溶胶类)
│ │ │   ├─ 悬浊溶液型 ──(硅溶胶+水泥类)+(硅溶胶+水泥类)(悬浊物)(溶液)
│ │ │   └─ 瞬结缓结型 ──(硅溶胶+水泥类)+(硅溶胶+水泥类)(瞬结型)(缓结型)
│ │ └─ 气液反应型 ── 水泥水玻璃+CO₂(气体) ── 碳石
│ └─ 有机高分子浆液
│   ├─ 单纯高分子浆液
│   │ ├─ 木素类
│   │ ├─ 酮醛树脂类
│   │ ├─ 聚氨脂类
│   │ ├─ 环氧树脂类
│   │ ├─ 丙烯酰胺类
│   │ ├─ 甲凝类
│   │ ├─ 丙烯酸盐类
│   │ ├─ 酚醛树脂类
│   │ ├─ 零饱和聚酯类
│   │ ├─ 呋喃树脂类
│   │ ├─ 康酮树脂类
│   │ ├─ 丙强类
│   │ ├─ 沥青类
│   │ └─ 硅酮类
│   └─ 有机高分子复合浆液
│   ├─ 有机高分子材料+水泥
│   │ ├─ 水泥+少量聚合物(起流化剂作用) 常用的流化剂有三聚氢胺典酸盐甲醛缩合物.茶磺酸盐甲醛缩合物.木素磺酸盐甲醛缩合物
│   │ └─ 水泥+聚合物(两者用量接近) 常用的聚合物有1.水溶性聚合物(如:水溶性环氧树酯.呋喃树脂.尿素树脂.纤维素衍生物等);2.聚合乳液(例如:聚醋酸乙烯乳液、橡胶乳液、有机硅树脂乳液、沥青乳液等)
│   └─ 有机高分子材料+水玻璃
│   ├─ 聚丙烯酰胺+水玻璃
│   ├─ 酚醛树脂+水玻璃
│   ├─ 三聚氢胺树脂+水玻璃
│   ├─ 聚丙烯胺+水玻璃
│   └─ 氨基甲酸酯预聚体+水玻璃
└─ 非化学浆液
   ├─ 水泥类
   │ ├─ 普通水泥
   │ ├─ 超细水泥 ── 超细水泥 / 超细水泥+活性硅粉
   │ ├─ 湿磨水泥
   │ └─ 普通水泥+活性硅粉+减水剂
   ├─ 黏土类
   │ ├─ 黏土
   │ ├─ 膨润土
   │ └─ 黏土+水泥
   ├─ 膨润土
   │ ├─ 膨润土
   │ └─ 膨润土+水泥
   └─ 砂浆

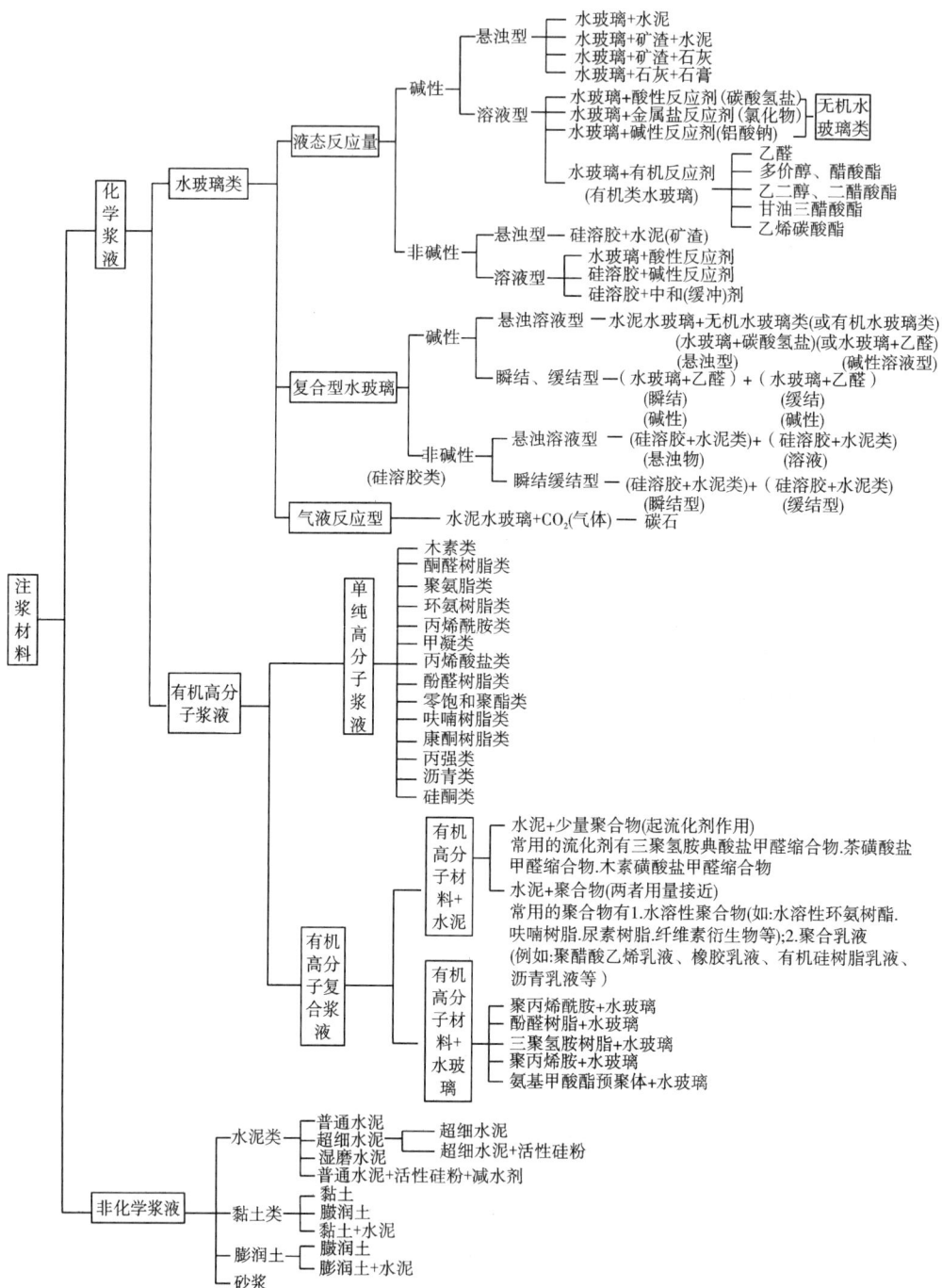

图 20-1 注浆材料的分类

20.3.3 主要机具

1. 注浆工法设备

(1)材料筒仓。应注意的是，液态材料、粉体材料以及带腐蚀性的材料采用的筒仓有所不同。例如，双液型浆液必须使用贮藏液态材料的罐，多为硅酸罐；如果不是硅酸性材料，而是其他腐蚀性材料，则可采用聚乙烯制的贮罐。

(2)计量设备：通常粉体计量重量，液体计量容积。

(3)拌浆机：用于将材料混拌成浆。

(4)贮浆槽：带搅拌器的料仓，用于存放搅拌好的浆液。

(5)浆泵：有用于压送的泵和用于注入的泵两种。

(6)注入输浆管：用于从制浆设备向注入现场运送浆液。

(7)注入装置：注入管和操作盘往地层中注浆，并用以控制浆液流量、注浆压力、注入量等操作。

2. 冻结工法设备

(1)制冷设备：压缩机组，主机与辅机。

(2)盐水系统：离心泵、盐水管路。

(3)冷却水系统：清水泵、冷却塔。

(4)钻机。

20.3.4 作业条件

1. 注浆工法作业条件

(1)施工机具简单。

(2)占地面积小，狭窄的场地、矮小的空间均可施工。

2. 冻结工法作业条件

(1)当地下水的流速超过一定值(1~5 mm/d 以上)时，会影响冻结效果。一般可用注浆方法来截断地下水流，使其不再流动。

(2)冻土强度与温度有关，会随温度下降而增大；强度还与地层含水率有关，当含水率小于10%时，冻土强度较低。

20.3.5 劳动力组织

根据施工工艺需要，编制劳动组织计划，一般每工班20人左右。

20.4 工艺设计和控制要求

20.4.1 技术要求

1. 注浆工法技术要求

(1)按土质条件选定浆液。

由土质条件选定浆液的大致标准见表 20-1。

表 20 - 1　选定浆液的大致标准

浆液种类	隧道上方地层
溶液型浆液 超细粒状悬浮液	适于砂质土层的渗透注入,可提高土层的防渗能力和土体的内聚力; 适于多种注入方式;这种浆液多用来稳定开挖面等注入加固的情形
悬浮液	黏土层中的劈裂注入,增加内聚力;填充空洞、卵石层及粗砂层等大空隙的注入

(2)由周围环境选定浆液。

主要应考虑浆液对公共水源和植物的影响。

①中性水玻璃粒状浆液。适用于周围环境要求浆液无毒性的情形。

②除中性水玻璃粒状浆液以外的各种浆液。适用于周围环境对浆液毒性无要求的情形。

(3)加固强度要求。

选用超细水泥、硅粉等超细粒状浆液或有机高分子类浆液可提高加固强度。

(4)耐久性要求。

选用凝胶时间长、渗透性好、无硅石淋液、凝固收缩率小、均凝强度高的硅溶胶浆液、硅粉浆液等。

(5)对地下水的要求。

通常情况地下水是中性或接近中性的,对浆液的凝结没有影响。如果地下水的 pH 呈酸性或碱性,浆液的凝结将受到影响,应制定相应的措施。

2.冻结工法技术要求

(1)冻结孔的孔位、孔间距及孔深须严格按设计要求进行。

(2)钻孔深度不能小于设计深度,也不能大于 0.5 m。

(3)测温孔的深度、质量要求同冻结孔。

(4)地层冻结温度必须达到设计要求,否则不能开始隧道掘进。

20.4.2　材料质量要求

各种材料均应符合设计与规范的要求。

20.4.3　职业健康安全要求

作业现场条件必须符合国家劳动卫生部门相关规定。注浆施工时,大多数浆液均不同程度地具有一定毒性和腐蚀性,施工时必须按规定采取防范措施。

20.4.4　环境要求

浆液固结后的析出水中往往具有毒性和腐蚀性,因而要注意检测地下水和当地水域是否受到污染。

20.5 施工工艺

20.5.1 工艺流程

1. 注浆工艺流程

注浆工艺流程见图 20-2。

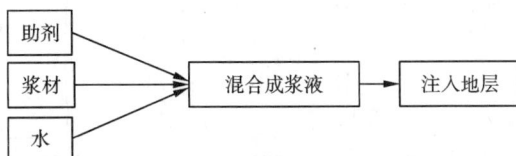

图 20-2 注浆工艺流程图

2. 冻结法工艺流程

冻结法工艺流程见图 20-3。

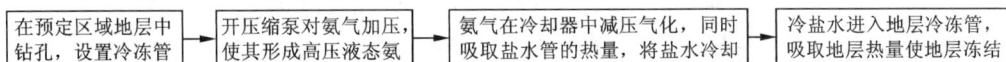

图 20-3 冻结法施工工艺流程图

20.5.2 操作工艺

1. 注浆工艺

根据注浆工法的不同,注浆工艺也有所不同,下面介绍几种常用的工法。

(1) 双重钻杆过滤管注浆工法。

① 单液双重钻杆过滤管注浆工法,见图 20-4。这里所谓的"单液"并非指只能采用 A 液,或是只能采用 B 液,而是指它只能注入短凝(凝胶时间以秒为量级)浆液,而不适于"中凝"(凝胶时间以分为量级)浆液和"长凝"(凝胶时间几十分钟以上)浆液。先用短凝浆液将注入范围的边缘固化,以防止浆液外溢,然后再开始范围内的注浆。该法采用双重钻杆把两种浆液分别送到钻杆地下尖头部位的过滤枪中,使它们在过滤枪中混合,然后喷射到地层中。这是一种能较好地限定固结范围的工法。

② 双液双重钻杆过滤管注浆工法,见图 20-5。该法不仅可以注入短凝浆液,还可以注入中凝浆液和长凝浆液以及它们的组合液,故而得名双液。它可以先注入短凝浆液,将容易跑浆的部位封闭起来;然后再注入长凝浆液,这样有利于浆液向土颗粒间隙中渗透。

(2) 双层管双栓塞法。

该方法主要用于长凝注浆。在钻孔成形后,拔出钻杆撤走钻机,然后向钻孔中插入一根外套管,外套管的节长为 330~500 mm,管壁开有注浆小孔,孔口外侧用橡胶胀圈包好。胀圈的作用是当孔内加压注浆液时,胀圈胀开,浆液从小孔中喷出进入土层,不注浆时胀圈封闭喷射口,以免土颗粒和地下水进入。注浆时,把两端都装有密封栓塞的注浆芯管插入外套管内,由于注浆压力的作用,浆液从两组栓塞的中间经喷射口挤开胀圈进入土层中,逐次提

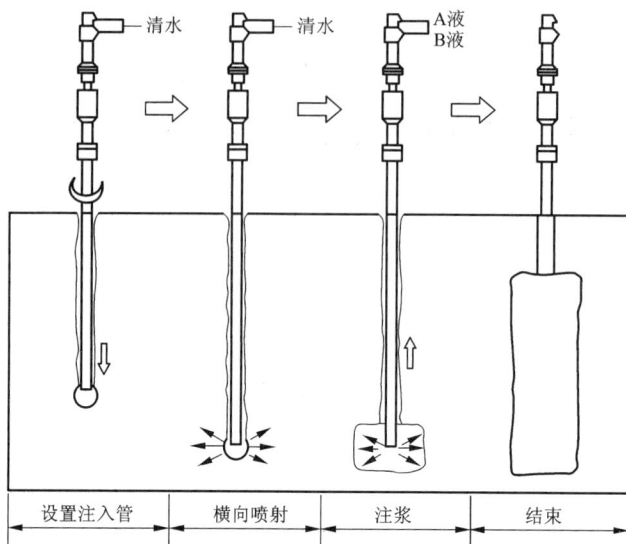

图 20 - 4　单液双重钻杆过滤管注浆工法示意图

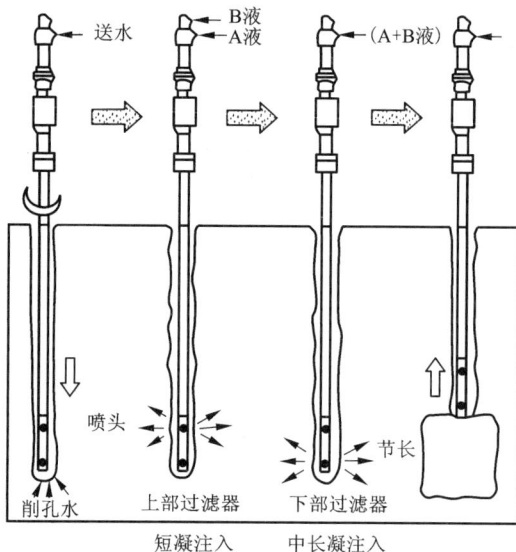

图 20 - 5　双液双重钻杆过滤管注浆工法示意图

升(或下降)芯管,即可实现逐段分层注浆。

这种工法注浆不受时间限制,可进行多次注浆以提高加固效果,且注浆不受深度限制,可深可浅,还可据不同地层,有选择地进行分层注浆。

2.冻结工艺

在钻孔中设置特殊金属管(冷冻管),将冷媒剂(冷却盐水等)注入管中,经过一段时间的连续循环,吸走周围地层的热量,从而使地层冻结。以冻结管为中心,冻土区域逐渐扩大,形成一定厚度的冻土壁,然后在其保护下,安全地进行隧道施工。

地层的冻结性能视其物理力学性质、水量、水的流速及化学成分而定。其中,土壤的热学性质、孔隙的总体积及孔隙的大小起着主要的作用。冻结的速度随着土壤的导热率而增加，并随着土壤的热容量的增加而降低。在孔隙大的土壤中存在着的自由水会加快冻结过程，而在孔隙小的土层中，冻结过程则进行得缓慢。

根据揭露出来的地层情况，应在软土或黏土中预留注浆孔，以备在冻结壁融化时，视融沉发展情况，及时跟踪压密注浆控制融沉。

20.6　质量标准

20.6.1　注浆工法

（1）注浆的效果是衡量注浆质量的唯一标准，所谓的效果是指浆液在地层中的实际分布状态与预定注入范围的吻合程度，以及注浆后土质参数（抗剪强度、承载力、密度、渗透系数等）的提高状况，以及地表变形量测等。

（2）注浆效果调查方法：电探法、声波法、弹性波法、地质雷达法、钻孔取芯、触探法、标准贯入试验以及渗水系数测定法等。

（3）经确认注浆未达到预期效果的，应予二次注浆。

20.6.2　冻结工法

冻结土层的强度标准依工程需要而定。参考值：在温度为 $-9℃$ 左右时，砂层的冻结极限抗压强度可达 $12.0 \sim 16.0$ MPa，土层达 $6.0 \sim 9.0$ MPa，淤泥达 2 MPa。冻结壁的平均温度一般可定在 $-8℃$。

20.7　成品保护

20.7.1　注浆工法

注浆成功后，对注浆区域并不需要有专门的保护，其关键在精心施工。尤其在注浆过程中应注意对注浆压力、浆液配比及凝结时间的控制，以保证注浆效果达到要求。

20.7.2　冻结工法

（1）钻孔全部施工完毕后，应立即检查，如发现孔间距超标，必须补孔，以确保冻结壁的连贯。

（2）对冻结区的温度不间断地进行监控，如发现温度有高于设定温度的趋势，则应立即采取措施。

20.8　安全环保措施

20.8.1　注浆

（1）注浆工法中使用的浆液不允许含剧毒物或氟化物。

（2）注浆施工必须保证注浆地点周围的水域（含地下水）符合表 20 - 2 的水质标准。

（3）注入机器的清洗水、浆液注入地点的涌水等废水排向公共水域时，其水质必须符合表 20 - 3 的标准。

表 20 - 2　水质标准

浆液种类		检查项目	检查方法	水质标准
水玻璃类	不含有机物的水玻璃	H^+离子浓度	比色法：H^+离子浓度变化时，指示剂颜色变化；玻璃电极法	pH 小于 8.6。若工程开工前的测定值大于 8.6 时，注入后的测定值应小于等于注入前的测定值
	含有机物的水玻璃	H^+离子浓度	比色法：H^+离子浓度变化时，指示剂颜色变化；玻璃电极法	pH 小于 8.6。若工程开工前的测定值大于 8.6 时，注入后的测定值应小于等于注入前的测定值
		高锰酸钾消耗量	酸性法	1×10^{-5}以下。注入前的测定值大于 1×10^{-5} 时，注入后的测定值应小于等于注入前的测定值

表 20 - 3　排水标准

浆液种类		检查项目	检查方法	水质标准
水玻璃类	不含有机物的水玻璃	H^+离子浓度	玻璃电极法	pH 5.8 ~ 8.6
	含有机物的水玻璃	H^+离子浓度	玻璃电极法	pH 5.8 ~ 8.6
		生物化学耗 O_2 量及化学耗 O_2 量	生物化学反应的方法	生物化学耗 O_2 量小于 160 mg/L，化学耗 O_2 量小于 160 mg/L

（4）为了防止注浆造成的地下水和公共水域的水质污染，施工单位必须监视注浆地点周围的地下水和公共水域的水质污染状况。

20.8.2　冻结工法

（1）采用冻结法时必须严格制定对邻近构造物的防护措施，如可采用往建筑物基桩设置热水循环管等方式。

（2）地下管线的保护除了防冻外，还要注意防止在冻结孔钻进时受到损害。为此，应严格责任制，在关键孔位实行专机、专人负责开孔，钻进责任到人。

（3）为防止冻胀与冻融可能产生对地表的不良影响，可采取以下措施：

①加强冻结壁温度与厚度的监测，并尽可能采用间隔制冷措施。

②在隧道开挖过程中，适当预留注浆孔，在冻结壁融化时，视融沉发展情况及时跟踪压密注浆控制融沉。

③冻结停冻后应及时回收供液管和冻结管，并用水泥浆充填其留下的空隙。

20.9　质量记录

20.9.1　注浆工法

（1）应详细做好钻孔记录，如钻孔进尺、起止深度、地质条件、出水量、出水位置、事故处理等。

（2）每日做好注浆记录，表20-4为注浆实例记录。

20.9.2 冻结工法

（1）做好钻孔记录。

（2）地层冻结期的温度控制记录。

（3）冻结维持期的温度控制记录。

21 特种盾构工法工艺标准

21.1 总则

21.1.1 适用范围

本标准适用于用特种盾构施工的隧道。

21.1.2 编制参考标准及规范

(1)地下铁道工程施工质量验收标准(GB/T 50229—2018)。
(2)周文波.盾构法隧道施工技术及应用。

21.2 术语

特种盾构是能满足隧道特殊断面及特殊工程要求的盾构。

21.3 施工准备

21.3.1 技术准备

(1)仔细研究工程地质与水文地质资料,论证特种盾构施工的必要性。
(2)根据工程需要确定特种盾构的类型,必要时应做盾构模型实验机和现场实验机的试验。
(3)施工前,认真核对隧道沿线地质资料,对疑难地段,必要时应进行补勘。
(4)进行技术人员培训,制定规章管理制度。
(5)做好辅助施工的技术准备,如选定注浆材料,进行浆液配比实验等。
(6)调查各种施工障碍物的分布状况,做好测量工作。

21.3.2 材料准备

(1)备足盾构施工各种零配件。
(2)准备注浆材料、管片及其他施工材料。

21.3.3　作业条件

(1)必须为特种盾构施工提供必要的现场作业条件。

(2)现场应提供特种盾构机的拼装、拆除场所。

21.4　工艺设计和控制要求

21.4.1　技术要求

(1)隧道应有足够的埋深,以满足特种盾构安全施工的要求。

(2)盾构从工作井进发时须防止正面和上面的土体坍塌。

(3)特殊管片在拼装时要按照严格的工艺进行,并尽快进行管片背后的注浆。

(4)当采用井点降水和地基加固时,应根据地质和地面环境等条件确定实施方法,并按相应的有关规定施工。

(5)应建立完整的测量和监控量测系统,控制隧道位置,对地层及结构进行监测,并及时反馈信息。

(6)应查清沿线地下管线、构筑物及邻近建筑物类型,施工中应采取保护措施。

(7)工作竖井结构必须满足井壁支护及盾构推进的后座强度和刚度要求。其宽度、长度和深度应满足盾构装拆、掉头、垂直运输、测量和基座安装等要求。

(8)工作竖井内应设集水坑和抽水设备,井口周围应设防淹墙和安全护栏。

(9)工作竖井提升运输系统应符合下列规定:

①提升架和设备必须经过计算,使用中应经常检查、维修和保养。

②提升设备不得超负荷作业,运输速度应符合设备技术要求。

③工作竖井上下应设置联络信号。

21.4.2　材料质量要求

各种材料均应符合设计与规范的要求。

21.4.3　职业健康安全要求

(1)作业现场条件必须符合国家劳动卫生部门相关规定。

(2)特种盾构为大型机械化盾构,在施工中必须严格遵守机械化施工的安全规定。

(3)盾构注浆施工时,大多数浆液均不同程度地具有一定毒性和腐蚀性,施工时必须按规定采取防范措施。

(4)管片组装时,在举重臂钳牢管片操作过程中,施工人员应退出管片拼装范围,以策安全。

21.4.4　环境要求

(1)盾构施工不得影响地面日常活动。

（2）施工过程中产生的废水、废料应及时处理，不得污染当地环境。

21.5 施工工艺

21.5.1 工艺流程

盾构施工基本工艺流程见图21－1。

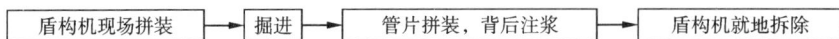

图 21－1 盾构施工基本工艺流程图

21.5.2 操作工艺

1. 双圆盾构

（1）基本原理。

双圆盾构主要用于交通隧道区间的修建，可一次性将上下行线建成。比之分离式隧道，其显然具有土方量少、占有总空间小、施工总周期短、成本下降等优势。

双圆盾构采用两个处于同一平面上的刀盘，每台刀盘设有一台螺旋输送机，并共用一个土压平衡舱。刀盘多为幅条型，在直径较大或掘进砂砾层的情形下也可使用扇叶状刀盘。刀盘分别由不同的电机驱动，为避免相互碰撞，采用同步控制下的相互逆转，刀盘辐条呈咬合态旋转掘进。

（2）管片组装。

衬砌由左右两侧的圆弧形管片（A 型）、中间的"V"字形管片（K 型）和中间支承钢柱组成。管片的拼装方式见图21－2。

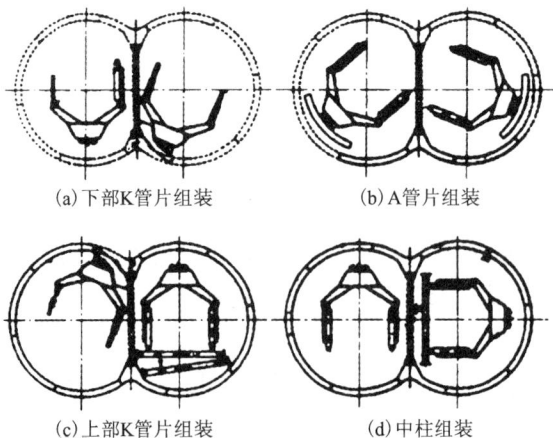

(a)下部K管片组装   (b)A管片组装

(c)上部K管片组装   (d)中柱组装

图 21－2 管片拼装示意图

双圆盾构的管片组装具有接头多、形状复杂、断面大等特点，故组装精度要求极高。特别是"V"字形管片与中间立柱的组装难度更大。在组装时应注意的事项有：

①组装前应清除盾尾组装部位的垃圾，检查管片的型号、外观及密封材的粘贴状况，如有损坏须及时修复。

②下部"V"字形管片是衬砌组装中的第 1 块管片，故也是定位管片，其组装质量会直接影响整环管片的组装质量及其与盾构机的相对位置，故须确保其位置准确。

③在上部"V"字形管片组装完而立柱还未组装之前，邻近上部"V"字形管片两侧的 A 型管片螺栓不宜拧紧，以便在立柱组装时能容许上部"V"字形管片有一定的上下调整余地。启用设置在盾构内的管片径向调整千斤顶(左右各 1 台)，将其伸至上部"V"字形管片两侧的管片下方，然后向上顶伸托住管片进行微调，与此同时，用立柱千斤顶调节立柱的位置。

(3)盾构姿态控制。

双圆盾构的姿态控制可分为水平控制、高程控制和横偏控制。

①水平控制。水平控制靠调整左右侧的盾构千斤顶推力进行。因双圆盾构的宽度较大，即纠偏力臂大。故纠偏效果好。

②高程控制。高程控制靠调整上下端盾构千斤顶的推力进行。

③横偏控制。在双圆盾构的两侧腰部设置横偏修正千斤顶，利用千斤顶推力圆周方向的分力来修正盾构机的横偏；亦可在双圆盾构一侧的盾构中加重物，通过改变扭矩纠正横偏。

2.三圆盾构

(1)施工工艺流程。

三圆盾构施工工艺流程见图 21 - 3。因为这种工法能有效地利用区间盾构机来施做车站隧道，从而使得区间—车站—区间的连续盾构掘进成为可能，所以无论是经济性、安全性以及环境影响控制等方面都具有一定的优势。

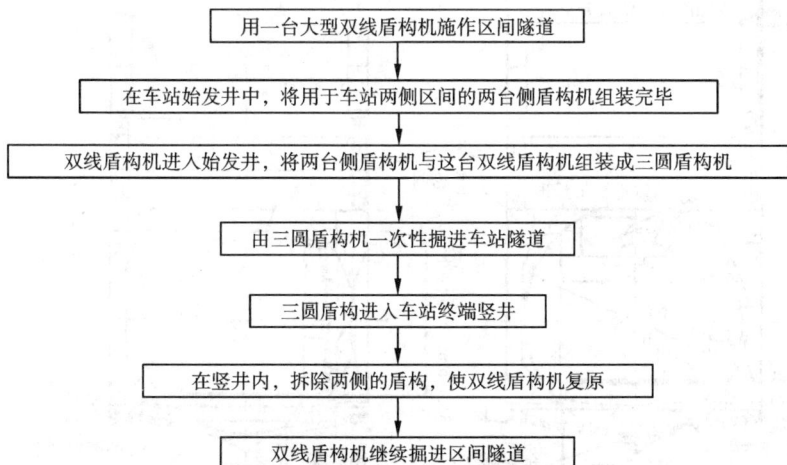

```
┌─────────────────────────────────┐
│   用一台大型双线盾构机施作区间隧道   │
└─────────────────────────────────┘
              ↓
┌──────────────────────────────────────────┐
│ 在车站始发井中，将用于车站两侧区间的两台侧盾构机组装完毕 │
└──────────────────────────────────────────┘
              ↓
┌──────────────────────────────────────────┐
│ 双线盾构机进入始发井，将两台侧盾构机与这台双线盾构机组装成三圆盾构机 │
└──────────────────────────────────────────┘
              ↓
┌─────────────────────────────────┐
│     由三圆盾构机一次性掘进车站隧道     │
└─────────────────────────────────┘
              ↓
┌─────────────────────────────────┐
│       三圆盾构进入车站终端竖井       │
└─────────────────────────────────┘
              ↓
┌─────────────────────────────────┐
│  在竖井内，拆除两侧的盾构，使双线盾构机复原 │
└─────────────────────────────────┘
              ↓
┌─────────────────────────────────┐
│     双线盾构机继续掘进区间隧道       │
└─────────────────────────────────┘
```

图 21 - 3 三圆盾构施工工艺流程

（2）管片组装。

三圆盾构管片组装次序见图21-4。

管片拼装次序为：

先下部：D1→D2→A1→A1；

然后上部：D1→D2；

左边：A2→A2→A3；

右边：A2→A2→A3；

中央拱部：B1→B2→K；

最后：左右立柱H。

这里，D块是定位块，故应最先就位；K块是封顶块，为周边衬砌最后封闭块。

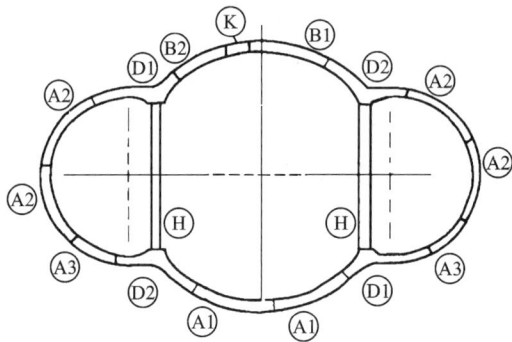

图21-4　三圆盾构管片组装图

3. 球体盾构

（1）基本原理。

先从地表垂直向地下（纵向）掘进，待到达预定深度后，转一个直角做水平向（横向）掘进的盾构。也就是说，这是一种可用一台盾构机连续掘进竖井和主隧道的工法。但应指出，受目前技术的限制，转弯后掘进的隧道直径比转弯前的隧道直径要小，两者为管、心结合。

球体盾构的构造，如图21-5所示。其由纵盾构、球壳、横盾构等部件构成。纵盾构（也称大盾构、外盾构、主盾构、母盾构）内藏有一个可以旋转的球体，球内藏有一个可以伸缩的横盾构（也称小盾构、内盾构、副盾构、子盾构）。纵盾构的作用是完成纵向掘进，球体的作用是转向，横盾构的作用是作横向掘进。

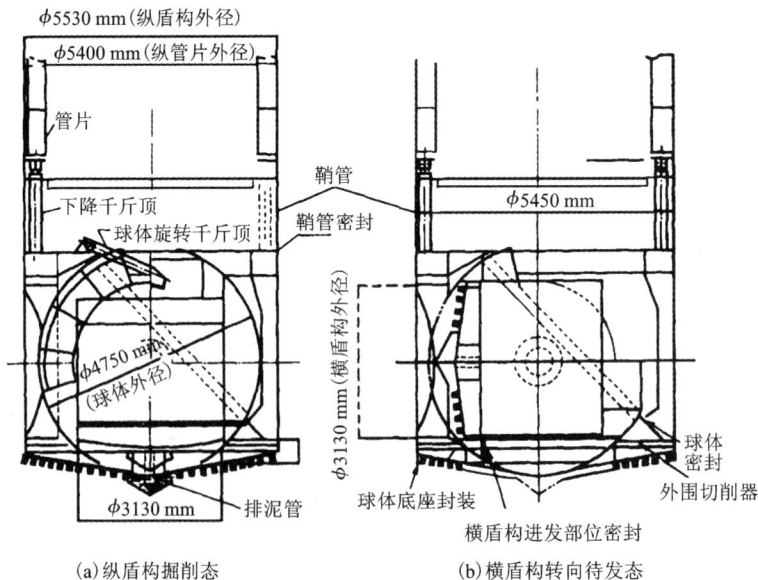

(a)纵盾构掘削态　　　　(b)横盾构转向待发态

图21-5　球体盾构示意图

　　球体盾构的掘进只能是先纵盾构掘进，然后转向，再横盾构掘进。横盾构准备掘进时，纵盾构的机壳和部分部件以及球体留在原位，起着横盾构掘进时的支撑作用。由于用纵盾构构筑竖井，所以竖井衬砌使用管片。

　　目前，纵盾构的外径可达 $\phi 6.5\ m$，横盾构的外径约 $3\ m$。纵横两盾构共用一套掘进及驱动装置。

　　（2）施工工艺流程。

　　球体盾构从纵向掘进到横向掘进的施工顺序，见图 21 - 6，其工艺流程见图 21 - 7。

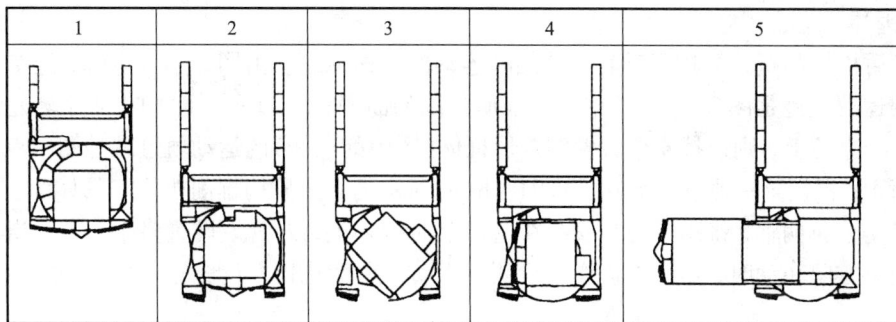

图 21 - 6　球体盾构施工顺序示意图

　　（3）工作特点。

　　依据主、次盾构的掘进配合方式，有如下工法：

　　①纵横盾构工法。先垂直往下掘进，再横向做水平掘进。该工法构筑的竖井大小仅为普通盾构常规工作竖井的一半，且竖井工期短，施工安全，在大深度状况下极为有利。

　　②横横盾构。横横盾构主要是做水平掘进，但无须转向竖井即可实现转直角弯，在设置竖井困难的地点，具有明显的优势。这种工法在下水道、电缆隧道、燃气管道等方面会有较多的应用。

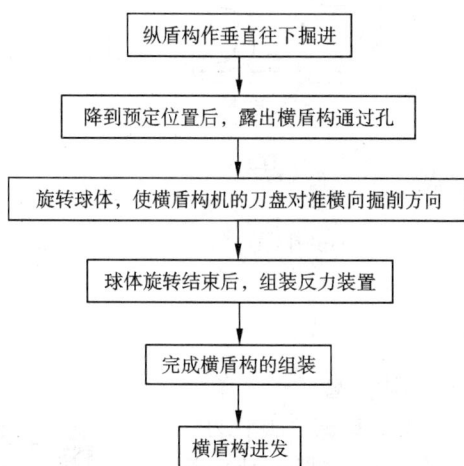

图 21 - 7　球体盾构施工工艺流程图

　　③倾斜盾构。球体盾构工法不仅能转直角弯，确切地说，它是一种可以转任意角度的工法，如先从地表斜向掘削大深度隧道入口，然后连续地掘削水平隧道。倾斜盾构与横横盾构一样，还可以实现弯曲任意角度的水平洞道的掘削，也可以从主干线洞道斜向分出狭窄支线洞道。

　　④竖井盾构。这是专用于掘进竖井的盾构，主盾构中没有子盾构。掘削工作结束后用球体塞底阻止隆起，故无须地层基底加固。且球体旋转后可以回收掘削装置以备再用，一个掘削装置可以筑造几个同样规模的竖井，故十分经济。

　　⑤异径盾构。横横盾构在转直角弯时有子盾构藏于球体内，但是如不转直角弯而只是作

改变断面的直接掘进,无须球体,即为异径掘进。异径盾构能满足同一隧道中不同断面的需要,如地下铁道车站隧道与区间隧道的变化断面、水工隧道依不同区段不同流量而采用不同的断面等。

⑥长距离盾构。通过旋转球体将刀盘面向洞内,可直接观察刀头磨耗状况,方便更换刀头,这比普通盾构需要在加固的地层中由人出入检查更换的作业方法进了一大步,为盾构长距离掘进创造了条件。海底隧道、大深度地下隧道均有越来越长的倾向,显然这是球体盾构的一种极有前途的应用领域。

4.矩形断面盾构

(1)基本原理。

矩形盾构掘削机构采用了动轮与连结杆连动的工作原理。由图21-8可知,连结两转轮的连杆的运动轨迹是图21-8(a)中点划线所包围的面积;图21-8(b)中将4个转轮设置在矩形的4个直角上,则连接4个转轮的矩形框体(图中的实线)的运动轨迹就是图中点划线所包围的面积;根据这一原理,制成了图21-8(c)所示的矩形盾构掘削机构。具体为:将4个转轮换成4个曲柄轴,将矩形刀盘安装在这4个曲柄轴上,刀盘上设置多个刀头,当4个曲柄轴按同一方向转动时,矩形刀盘作平行环形摆动,就切削出了矩形面积。

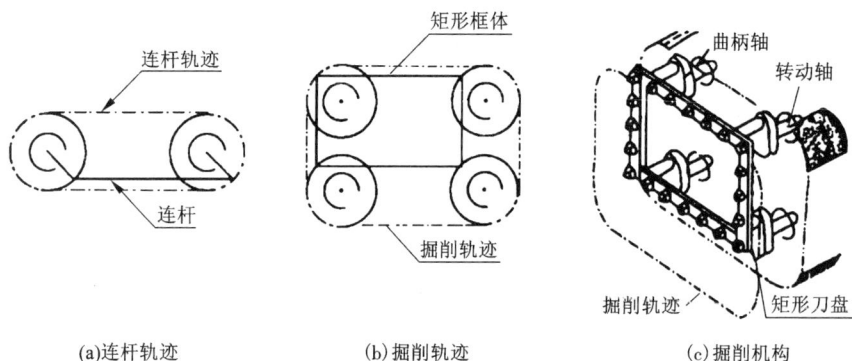

(a)连杆轨迹　　　　(b)掘削轨迹　　　　(c)掘削机构

图21-8　矩形盾构示意图

(2)工作特点。

①掘削机构的平衡性好。由于掘削器的形状和驱动构造简单,故重量平衡性能好。

②减少工程费用。对于交通等隧道,矩形断面比圆形断面的断面有效利用率要高,因而减少了无效面积,降低了工程造价。

③可以掘削出任意形状的断面。若将矩形刀盘的长边改成弧

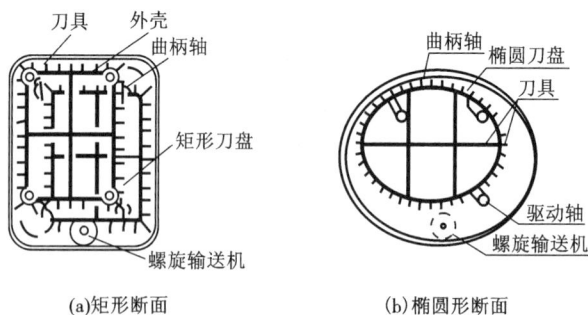

(a)矩形断面　　　　(b)椭圆形断面

图21-9　不同断面形状的盾构

状线,构成弧形刀盘,就可掘削出椭圆形断面。即只要适当的改变刀盘的形状,就可以掘削出多种不同形状的断面,见图21-9。

21.6　质量标准

21.6.1　盾构组装

盾构组装时的各项技术指标应达到总装时的精度标准，配套系统应符合规定，组装完毕经检查合格后方可使用。

21.6.2　掘进

(1)盾构掘进中应严格控制中线平面位置和高程，其允许偏差均为 ±50 mm。发现偏离时应逐步纠正，不得猛纠硬调。

(2)土压平衡式盾构掘进时，工作面压力应通过试推进 50～100 m 后确定，在推进中应及时调整并保持稳定。掘进中开挖出的土砂应填满土压平衡舱，并保持盾构掘进速度和出土量的平衡。

(3)泥水平衡式盾构掘进时，应将刀盘切割下的土体输入泥水室，经搅拌器充分搅拌后，采用流体输送并进行水土分离；符合再使用标准的分离后的泥水应返回泥水室，其余的与土渣作为弃渣运走。

21.6.3　管片

(1)管片应验收合格后方可运至工地。拼装前应编号并进行防水处理，备齐连接件并将盾尾杂物清理干净，举重臂等设备经检查符合要求后方可进行管片拼装。

(2)管片拼装过程中，应保持盾构稳定状态，并防止盾构后退和已砌管片受损。

(3)管片拼装时应先就位底部管片，然后自下而上左右交叉安装，每环相邻管片应均布摆匀并控制环面平整度和封口尺寸，最后插入封顶管片成环。

(4)管片拼装后，其质量应满足设计要求，当设计未做具体要求时，应符合下列规定：

①管片在盾尾内拼装完成时，偏差宜控制为：高程和平面 ±50 mm；每环相邻管片高差 5 mm，纵向相邻环管片高差 6 mm。

②隧道建成后，中线允许偏差为：高程和平面 ±100 mm，且衬砌结构不得侵入建筑限界；每环相邻管片允许高差 10 mm，纵向相邻环管片允许高差 15 mm；衬砌环直径椭圆度小于 5‰D。

③环向及纵向螺栓应全部安装，螺栓应拧紧。

21.6.4　注浆

(1)管片脱出盾尾后，应配合地面量测及时进行背后注浆。注浆前应对注浆孔、注浆管路和设备进行检查并将盾尾封堵严密。注浆过程中应严格控制注浆压力。

(2)注浆时，壁后空隙应全部充填密实，注浆量应控制在 130%～180%，注浆后应将壁孔封闭。

21.7 成品保护

21.7.1 管片

(1)管环组装好后应及时靠拢千斤顶,防止盾构后退。

(2)检查管环面的前倾量,确保管环面与隧道轴线垂直。

(3)管片拼装成环时,其连接螺栓应先逐片初步拧紧,脱出盾尾后再次拧紧。当后续盾构掘进至每环管片拼装之前,应对相邻已成环的 3 环范围内管片螺栓进行全面检查并复紧。

21.7.2 防水

对于多圆盾构,因两圆之间的顶部存在凹槽,所以仅靠橡胶衬垫止水的效果较差。为了提高止水性能,通常增加气囊,通过对气囊充气加压使凹槽部位的橡胶衬垫紧贴盾构的壳板,从而提高止水性能。

21.7.3 监控量测

(1)盾构掘进施工,应根据工程及水文地质条件、地面环境条件以及隧道埋深等按表 21-1列出的量测项目对地层和结构进行动态监控量测。

表 21-1 盾构掘进施工监控量测项目

类别	量测项目
必测项目	地表隆陷
	地表建(构)筑物变形
	隧道沉浮和水平位移
选测项目	地中位移
	衬砌环内力和变形
	地层与管片的接触应力

(2)监控量测项目应在盾构掘进前测得初始读数。测得的数据,应采用随时间变化曲线表示,用回归分析法进行处理,并及时反馈,指导施工,确保工程质量。

21.8 安全环保措施

多圆盾构机的两圆之间的顶部存在凹槽,形成土体黏附堆积,当盾构向前推进时,该固结土体会形成对地层的阻力,是导致地层先隆后沉,影响地面环境的原因之一。解决的办法是从盾构机顶部的注浆孔及时往凹槽处注入润滑材,防止土体黏附堆积。

21.9　质量记录

盾构施工应做好如下记录：

(1)各种试验报告和质量评定记录。

(2)隐蔽工程验收记录。

(3)工程测量定位记录。

(4)衬砌环轴线高程、平面偏移值记录。

(5)衬砌渗漏水量检测值记录。

(6)图纸会审记录、变更设计或洽商记录。

(7)监控量测记录。

(8)盾构掘进施工记录(图21-10)。

(9)管片拼装记录(图21-11)。

工程名称＿＿＿＿＿＿＿＿＿＿＿＿　　盾构机械类型＿＿＿＿＿＿＿＿＿＿＿＿＿

设计每环长度＿＿＿＿＿＿＿＿＿m　　管片设计每环＿＿＿＿＿＿＿＿＿片

循环节序号	循环节起止里程	施工班组别	施工日期年月日时至年月日时	盾构掘进					管片拼装		压浆				记事	记录者
				掘进速度	地质描述	千斤顶编组	千斤顶顶力/t	出土量/m³	拼装时间年月日时至年月日时	拼装质量	时间年月日时至年月日时	材料及配比	压浆压力/Pa	压浆数量/m³	压浆质量		

施工单位：＿＿＿＿＿＿　　工班长：＿＿＿＿＿＿　　技术负责人：＿＿＿＿＿＿

图21-10　盾构掘进施工记录表

工程名称_____　　　盾构机类型_____

管片设计每环_____m　　　　　管片设计每环_____片

施工单位_____　　　班组别_____

循环节序号	循环节起止里程	盾构掘进时间年月日时至年月日时	循环节处地质描述	管片拼装拼装时间年月日时至年月日时	管片拼装								记事	记录者
					螺栓连接数量				高程/m		平面	相邻管片		
					设计		实际		设计	实际	位置偏差/mm	平整度最大偏差/mm		
					纵	环	纵	环						

工程负责人：_____

注：记事内容包括管片拼装过程中出现的问题及精度偏差等。

图 21-11　管片拼装记录表

22　竖井施工工艺标准

22.1　总则

22.1.1　适用范围

本标准适用于采用盾构法施工的城市交通隧道。

22.1.2　编制参考标准及规范

（1）地下铁道工程施工质量验收标准（GB/T 50299—2018）。
（2）地铁设计规范（GB 50157—2013）。
（3）铁路隧道设计规范（TB 10003—2016）。
（4）盾构法隧道施工及验收规范（GB 50446—2017）。

22.2　术语

1. 竖井的分类

竖井的竖向断面形状分类如图 22 - 1 所示。

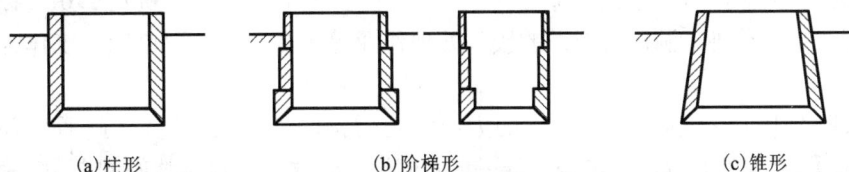

(a)柱形　　　　　　　(b)阶梯形　　　　　　　(c)锥形

图 22 - 1　竖井竖向断面形状分类

始发竖井：为盾构机出发提供场所，用于盾构机的固定、组装及设置附属设施，如反力座、引入线等。同时也作为盾构机掘进中出渣、掘进物资器材的供应基地的垂直井筒结构。

到达竖井：为盾构机到达后的拆卸、运出提供场所。同时还可作为隧道与隧道、隧道与地表的联络通道的垂直井筒结构。

中间竖井：对路线中途改变掘进方向的竖井称为中间竖井。其功能是用来改变隧道的方向。

2. 沉井

不同断面的井筒，按边排土边下沉的方式使其沉入地中。沉井的基本构造如图 22 - 2 所示。它一般由井壁、刃脚、内隔墙、井孔凹槽、底板、顶盖等构成。

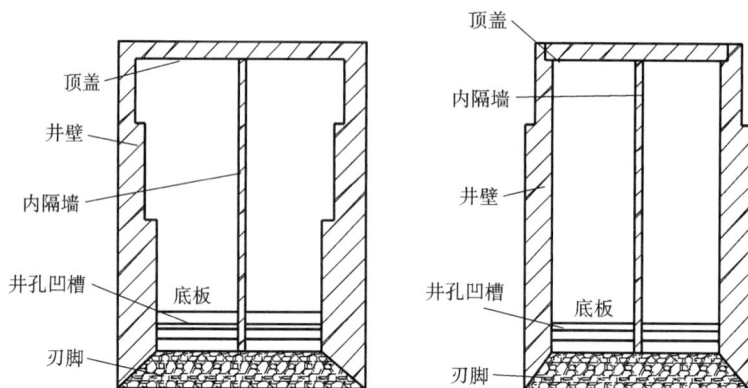

图 22-2 沉井构造图

3. 钢板桩竖井

用钢管板桩作挡土墙,框梁和底板为钢筋混凝土构造的竖井。

4. 地下连续墙竖井

利用地下连续墙工法构筑的竖井。

22.3 施工准备

22.3.1 技术准备

(1)盾构始发井是用于组装调试盾构,隧道施工期间作为管片、其他施工材料、设备、出渣的垂直运输及作业人员的出入通道。井的平面净尺寸必须满足上述各项的要求。一般情况下在盾构两侧各留1.5 m作为盾构安装作业的空间。盾构的前后应留出洞口封门拆除、初期推进时出渣、管片运输和其他作业所需的空间。井的长度应比盾构主机长3.0 m以上。

(2)接收井宽应比盾构直径大1.5 m以上,井的长度应比盾构主机长2.0 m以上。根据盾构的安装、拆除作业、洞口与隧道的接头处理作业等需要,确定洞口底至工作井底板顶面的最小高度。

(3)从理论上来说,井壁预留洞口的大小略比盾构的外径大一些即可(盾构外径含外壳突出部分),但考虑到井壁洞口的施工误差、隧道设计轴线与洞口轴线间的夹角、密封装置的需要,须留出足够的余量。

(4)由于盾构始发、接收时拆除竖井封门,且施工时间较长,临空面较大,这对土体的稳定极为不利,因此必须对盾构始发、接收前的土层进行加固。可合理选用降水、注浆及其他土体加固法予以改良,切实有效地控制洞口周围土体变形,从而保证盾构始发和接收的安全。

22.3.2 材料准备

(1)泥浆护壁材料:黏土、膨润土、添加剂、水等。

(2)注浆材料:砂浆、水泥浆、速凝剂。

(3)井筒结构材料:钢筋、水泥、砂、碎石、水。

22.3.3 主要机具

(1)竖井开挖施工机械、装卸、运输机械等。

(2)构筑井筒结构的混凝土施工机械。

(3)测量仪器与量测元件。

22.3.4 作业条件

(1)前期调查。为防止资料与实际工况条件不符,施工前应进行工程环境的调查和实地踏勘,为制定施工组织设计提供足够的依据,进行核实的主要项目有:

①土地使用情况——根据报告和附图,实地踏勘调查各种建筑物的使用功能、结构形式、基础类型及其与隧道的相对位置等。

②道路种类和路面交通情况。

③工程用地情况——主要对施工场地及材料堆放场地、弃土场地、运土路线等做必要的调查。

④施工用电和给排水设施条件。

⑤有关环境保护的法律和法规。

⑥地下障碍物及管线。

(2)根据工程特点、施工设备的技术性能及操作要领,对盾构司机及各类设备操作人员进行上岗前的技术培训并持证上岗。

(3)竖井施工之前,应建立完整的测量和监控量测系统,以控制竖井的垂直精度,对地层及结构进行监测,并及时反馈信息。

(4)盾构工作竖井与工程构筑物结合设置时,除按设计要求满足构筑物的功能外,还应满足盾构的相关施工作业的要求。

22.3.5 劳动力组织

根据竖井的实际施工方法需要安排劳动力,每工作班需要20人左右。

22.4 工艺设计和控制要求

22.4.1 技术要求

(1)按构筑工法分类。

(2)因地层状况、地下水的有无等因素的不同,通常按地下30 m处可以确定其止水性的要求来选用挡土墙。

(3)为了确保作业空间,挡土墙支撑的水平、竖直间隔都较大。其支承构造的配置必须同时满足施工性和安全性的要求。

(4)竖井的开挖与一般的开挖工程不同,它是在狭窄的筒形空间内的独立的深开挖。因此,周围的地下水会向井内集中,开挖前必须制定好防止涌水的措施。竖井构筑工法分类如图22-3所示。

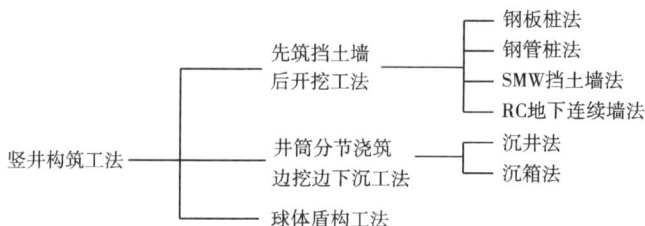

图 22 - 3　竖井构筑工法分类

（5）在把竖井作为盾构水平推进作业基地利用时，施工永久构造物所必须的隔板和承柱，应在盾构进发后构筑。构筑时也必须把作业空间控制到最小，其余构件应在盾构掘进的同时进行构筑。

（6）隧道与竖井的接合部位系两种构造条件不同的构造物接合部。因为竖井隧道两者的振动特性不同，所以地震时的变形和断面力容易在接合部位发生集中，产生破坏。

22.4.2　材料质量要求

（1）工程所使用的原材料、半成品或成品都必须符合国家现行有关标准和设计要求，特别是地下工程防水的特殊性，防水材料在使用前必须按规定抽查检测。

（2）钢筋混凝土质量要求。

①混凝土应根据实际采用的原材料进行配合比设计并按普通混凝土拌和物性能试验方法等标准进行试验、试配，以满足混凝土强度、耐久性和工作性的要求，不得采用经验配合比。同时，应符合经济、合理的原则。低坍落度有利于减少管片裂缝的出现，坍落度不宜大于70 mm。随着混凝土技术的发展，当有可靠的技术保证时也可采用大流动性混凝土。

②按《地下铁道工程施工及验收规范》GB/T 50299—2018 中关于防水混凝土的规定，防水混凝土的水泥用量不得少于 280 kg/m³。

③对混凝土中碱含量和氯离子含量加以限制和确保管片的抗渗等级是保证管片耐久性的有效措施。现行国家标准《混凝土结构设计规范》GB 50010—2010、《混凝土结构工程施工质量验收规范》GB 50204—2015 和《混凝土碱含量限值标准》CECS 53∶1993 对此都有明确的规定，应遵照执行。

22.4.3　职业健康安全要求

（1）竖井开挖时为确保施工人员的安全，应在井口周围安装安全防护栏，并用密目网封闭，并设安全看守人员。

（2）为保证竖井下的作业安全，在井口周围设置排水沟，防止污水、泥浆流入井内。

（3）作业人员应穿戴与工作环境相适应的防护用品。

（4）盾构机吊装下井安装时以及拆卸出井时，井下作业人员应躲避。

22.5 施工工艺

22.5.1 工艺流程

井筒制作工序见图22-4，施工工序见图22-5。

```
整平场地
放线
挖基坑
夯实基底
抄平放线验线
铺砂垫层
垫木或挖刃脚土槽
安设刃脚钢件
支刃脚、井筒模板
浇筑混凝土
养护、拆模
外槽填砂
抽取垫木或拆砖座
```

图 22-4 井筒制作工序图

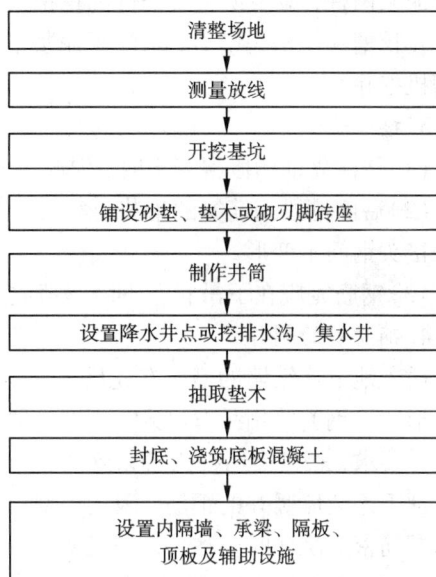

```
清整场地
测量放线
开挖基坑
铺设砂垫、垫木或砌刃脚砖座
制作井筒
设置降水井点或挖排水沟、集水井
抽取垫木
封底、浇筑底板混凝土
设置内隔墙、承梁、隔板、顶板及辅助设施
```

图 22-5 施工工序

22.5.2 操作工艺

1. 竖井的地层加固

(1)井底地层加固。当开挖深度较深、地下水位较高时，竖井底面地层可能出现隆起(对砂地层来说会出现涌水、涌砂；对黏土地层来说会出现隆起)，给施工带来麻烦或者根本无法进行施工。因此须对井底地层进行加固。

(2)盾构进发口、到达口井壁外侧地层加固。由于构筑竖井时井壁外侧土体已经受损松动，且竖井对应盾构进发口、到达口部位的壁材为盾构刀具不可直接掘削的壁材时，会引起井壁外侧土层松动加重。为了防止井壁外侧的水平作用水压、土压大于土体自身的抗剪强度出现的塌方和涌水，导致周围地层变形、地表沉降、地中构造物与埋设物受损，对盾构进发口、到达口、井壁应进行加固。

（3）加固方法。

①降低地下水位法。

②固结工法。

③防渗墙法。

④冻结法。

2.地下连续墙竖井

（1）施工步骤：构筑导墙→挖掘槽→钢筋笼的放入→混凝土的浇注。

（2）挖掘和壁槽的稳定。

①在挖槽和挖槽结束后要确认竖直精度。

②挖掘中和钢筋笼插入时要防止槽壁坍塌。

③为了防止坍塌，护壁泥浆不能太浓，黏度也不能太高。护壁泥浆有膨润土类泥浆和聚合物泥浆两种，应根据土质条件和挖槽机的种类决定泥浆的种类及配比。

④挖槽和挖槽完结后，悬浮于泥浆中的土颗粒会缓慢下沉形成沉渣。沉渣的处理工作由挖槽机挖除。

3.接头施工

（1）浇注先期槽段混凝土时，混凝土不得注入接头内。

（2）后面槽段钢筋笼的吊装要牢实，在吊放钢筋笼和浇注混凝土时，均应使用辅助钢材确保接头钢筋不变形。

（3）钢筋笼应在下吊状态下缓慢地放入沟槽，并注意确保竖直精度。

4.钢筋笼的制作

插入地下连续墙的槽段有先后之分。先期槽段的钢筋笼端部装有接头用的钢材，一般呈直线形状。钢筋笼用吊车吊入，高度一般配 8~15 m。钢筋笼在组装台上的组装精度必须符合设计要求，否则会给插入带来麻烦，严重时甚至无法插入。

地下连续墙竖井的钢筋，因接头部位为双层，拐角部位配置斜钢筋，故配筋要比一般部位的配筋密。浇注时要注意以下几点：

（1）导管应设置在拐角和接头部位，包括拐角和接头在内应每 3 m 设置 1 条。

（2）选用流动性好、水石不分离的混凝土，使用 AE 减水剂保证混凝土的密实性。

（3）按多条导管浇注高度相同的形式进行浇注管理。

（4）在保证先期槽段接头钢材不变形的前提下，浇注先期槽段。

（5）在确认混凝土没有从接头内流出的条件下，浇注先期槽段。

5.防止墙体产生裂纹、渗水的措施

（1）为防止先期槽段的约束导致的后续槽段出现的裂纹，后续槽段应选用低热水泥。

（2）接头部位的清洗要干净，做好堵缝注浆。

（3）排除穿通连续墙的各种因素。

（4）沉井的构造：一般由井壁、刃脚、内隔墙、井孔凹槽、底板、顶盖等构成。

6.井筒制作

（1）井筒的制作方式有：

①在基坑中制作。这种方式适用于地下水位低的情况下使用。

②在构筑物的地面上制作。这种方式适用于地下水位高的情况下使用。

③人工岛上制作。这种方式适于在水中制作。

（2）通常井筒的一次沉没高度不大于12 m，故井筒沉没一般是分节进行的。当在松软的土层和人工岛上施工时，井筒第一节的长度小于0.5B（B为沉井的等效宽度）。井筒模板多采用钢组合式定型模板。井筒前一节下沉结束时应高出基坑砂垫层面1~2 m，以防外模埋入砂垫层受损。内模支架不宜支承在地基土上，以防沉降过大时，内模和支架受损。通常内模支架支承选定在井格内钢梁上。

（3）当工程要求在井筒的壁上预留与其他地下洞道连接的接合孔口时，为了便于打通孔口，孔口的用料会与井筒主体的用料不同，为此两者的强度和抗渗性能也不同。故井筒下沉时应特别注意，严防地下水的涌入。用料不同时，井筒重心会有所偏移，应防止井筒发生倾斜。

22.5.3　地下水位排水工法

1. 集水井排水法

（1）方法：在开口沉箱底面上设置集水井，使渗向底面的地下水集中在集水井中，然后用泵压送到井外。

（2）注意事项：如果水位下降量大，则开挖底面时的动水坡度增大，有可能产生流砂现象。另外，由于排水致使周围土体充填压实，会给箱体下沉带来困难。

2. 外围排水法

（1）方法：在开口沉箱的外侧设置几条深井，在各深井中插入水泵一齐向外抽取地下水。

（2）注意事项：地下水位下降后的水位分布形状，因地层渗透系数的不同而异，渗透系数越小，水位的下降量和范围越小；渗透系数越大，层厚越厚，排水效果越好。

3. 防渗工法

作为防渗工法有注浆工法、冻结工法、防渗墙工法、压气工法等。在开口沉箱工程中防渗墙工法使用较多，这是由于注浆工法和冻结工法提高了地层的强度，这对开口沉箱的开挖不利，故这两种工法使用不多。

22.6　质量标准

22.6.1　沉井要求

（1）设计计算的结果必须满足力学稳定性的要求。即沉箱底面作用于地层上的竖向荷载应小于地层的允许承载力；沉箱作用给底面地层的水平荷载必须小于地层的水平允许抗剪力；箱体的变位必须小于允许变位值。

（2）箱体的构件应力均应小于允许值。

（3）由稳定计算、构件设计分别确定的箱体的平面尺寸和构件尺寸，可通过探讨下沉状况，确认下沉关系的合理性、可靠性。

（4）箱体的水平最大承载力必须大于地震的水平破坏力，即满足抗震设计条件。

22.7　成品保护

（1）竖井结构施工时，应进行有关项目的监测和检测，防止结构产生超标准的变形和空洞。

（2）盾构机吊装下井安装时以及拆卸出井时，吊车操作人员应控制好吊车方向和速度，避免盾构机与井筒结构发生碰撞，从而造成结构与盾构机的损伤。

22.8　安全环保措施

（1）由机械设备与工艺操作所产生的噪声，不得超过当地政府规定的标准，否则应采取消声措施或避开夜间施工作业。

（2）清洗施工机械、设备及工具的废水、废油等有害物资以及生活污水，应经过沉砂池、沉淀池处理后才能排放至公共下水道。

（3）水泥和其他易飞扬的细颗粒散体材料，应安排在库内存放或严密遮盖。

22.9　质量记录

（1）竖井基坑开挖垂直精度质量记录。

（2）竖井结构原材料抽样检查质量记录。

（3）竖井结构混凝土配合比抽样检查记录。

（4）竖井结构尺寸抽样检查记录。

（5）竖井结构混凝土强度抽样检查记录。

（6）竖井周围地层或建筑物沉降观测记录。

23　水下公路隧道沉管干坞施工工艺标准

23.1　总则

23.1.1　适用范围

本标准适用于采用沉管法施工的水下公路隧道工程。

23.1.2　编制参考标准、规范

(1)地下铁道工程施工及验收标准(GB/T 50299—2018)。
(2)公路隧道施工技术规范(JTG F60—2009)。
(3)公路工程质量检验评定标准(第一册 土建工程)(JTG F80/1—2017)。

23.2　术语

23.2.1　干坞

干坞是预制矩形钢筋混凝土沉管隧道管段的临时场地,一般由坞墙、坞底、坞首及坞门、车道和排水系统组成。

23.2.2　坞首与坞门

坞首与坞门是设在干坞出口处的堤坝与闸门,用于管节拖运出坞。

23.3　施工准备

23.3.1　技术准备

(1)根据技术要求选定干坞位置。
(2)进行坞址区域内的工程地质与水文地质详察。
(3)制定干坞施工方案与实施计划,并报请业主和监理部门审批。
(4)准备干坞施工的各种机具与设备。

（5）准备施工所需的各种原材料。

（6）修建临时运输便道、敷设供料管道。

23.3.2 材料准备

混凝土原材料：水泥、砂、碎石。

23.3.3 主要机具与设备

（1）主要机具：卡车、翻斗车、铲车、压路机、起重机、电瓶车、轨道车、混凝土运输车、卷扬机、绞车、电焊机、空气压缩机等。

（2）主要设备：混凝土拌和站、输送管道、抽水设备、脚手架、千斤顶等。

23.3.4 作业条件

（1）干坞位置与规模已经确定。

（2）干坞施工方案与实施计划，已经由业主和监理部门批准。

（3）各种机具与设备已经到位。

（4）施工原材料准备妥当，供应方式有保障。

（5）施工临时运输便道修建完毕。

23.3.5 劳动力组织

劳动力组织包括：施工作业队长 1 人，技术负责人 2～3 人，防渗墙施做 16～20 人，坞坑开挖 10～12 人，施做排水系统 6～8 人，基础处理 10～18 人，铺垫层、整平压实 10～12 人，边坡防护 6～8 人，修坞首与坞门 18～20 人，修运输车道 10～12 人。

23.4 工艺设计和控制要求

23.4.1 技术要求

1. 干坞位置应根据以下原则选择

（1）应距隧址较近，且干坞附近的航道具备浮运条件，以便管节浮运和缩短运距。

（2）干坞附近应具备浮存系泊若干节预制好的管节的水域。

（3）干坞场地土的承载力应满足设计要求。

（4）交通运输方便，具有良好的外部施工条件。

（5）征地拆迁费用较低，具有可重复利用的开发价值。

2. 干坞的规模

应根据施工组织、经济型、管节长度及管节数量等情况确定（图 23 - 1）。

（1）决定干坞规模的主要因素。

①管节的长度与宽度。

②一次性预制管节的数量。

③管节端部的间距。

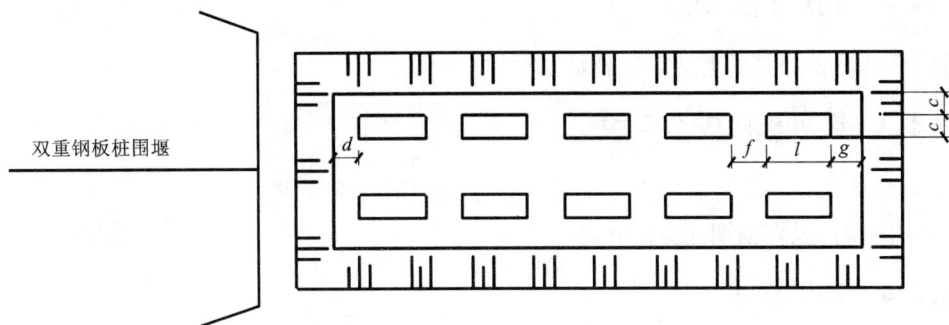

图 23-1 管节在干坞预制时布置图

④管节侧面的间距。

⑤管节端部至干坞两端边坡底的距离。

⑥干坞边坡顶面至坞底的车辆运输路线，坞底内车辆运输路线。

⑦坞内管节预制设备的占地规模(包括模板台车、模板、模板外支撑系统等)。

(2)其他因素(主要指干坞边坡顶面的附属设施)。

①粗、细骨料堆放场地、水泥仓库。

②混凝土搅拌站、混凝土输送设备。

③码头。

④钢筋加工场。

⑤起吊设备。

⑥施工用电设备。

⑦管节在干坞内起浮后的系泊设施。

3.对坞址进行的工程地质和水文地质勘查，应包括以下内容

(1)布置适当数量的钻孔，进行土(岩)层分层取样、分层标灌、分层抽水，以便掌握层承载力、渗透系数、地下水的标高等。

(2)对所取土样进行土工试验，包括天然重度、天然含水率、比重、孔隙比、饱和度、液限、塑限、塑性指数、液性指数、天然稠度、内摩擦角、内聚力、压缩系数、压缩模量、颗粒分析等。

(3)在靠近水域进行抽水试验。

(4)在勘探和试验的基础上，需要对下列问题做出评价：

①坞底标高以下持力层的厚度及承载力。

②各层土壤的物理、力学指标。

③地下水与河中水的联系情况、地下水的降水范围及降水曲线。

④坞底及坞边坡(或坞壁)的渗水量(单位面积)。

⑤边坡坡度、挡土结构物及防渗措施的建议。

⑥不良地质现象对工程的影响等。

干坞内应设有混凝土搅拌站，骨料、水泥、钢材等各种原材料的堆放和储藏的仓库、各种机械加工车间，以及完善的交通、供电、防火防洪等设施。

23.4.2 材料质量要求

铺砌干坞坞底的混凝土材料应满足工程质量要求。

23.4.3 职业健康安全要求

(1)现场施工作业条件应符合相关劳动卫生部门的安全要求。
(2)大雨和台风降临期间应停止施工作业。

23.4.4 环境要求

(1)在地下水位高的区域进行坞底基础处理等施工时,作业人员应穿戴防水用具,并随时进行降、排水,以减轻劳动强度。
(2)工作场地噪音不大于90 dB。

23.5 施工工艺

23.5.1 工艺流程

水下公路隧道沉管干坞施工工艺流程如图23-2所示。

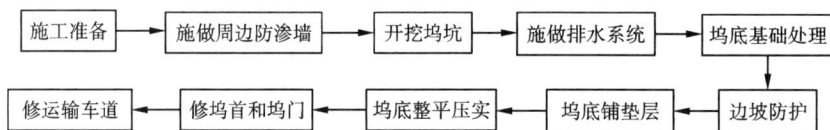

图23-2 水下公路隧道沉管干坞施工工艺流程图

23.5.2 操作工艺

1.干坞的深度
确定坞底的开挖深度。坞底深度取决于以下因素:
(1)管节的高度 H。
(2)管节浮起时的干舷高度 h_1。
(3)管节浮起时底部至坞底要求保持的最小距离 h_2。
(5)同时还要求管节出坞所需的时间与每一高潮位持续时间的配合,保证在管节出坞作业时间内有足够水深,使管节能安全顺利出坞,不至于搁浅。
(6)一般可按下式确定:

$$h = 坞址常水位标高 - H + h_1 - h_2 \qquad (23-1)$$

2.干坞的坞底
可以采取以下几种处理措施:
(1)先铺设一层250~300 mm厚的无筋混凝土或钢筋混凝土,以防止管节起浮时被"吸附"。在混凝土面层上再铺一层砂砾或碎石。

（2）先铺一层10～250 mm厚的黄砂，以防止黄砂流失，并保证坞室灌水时管节能顺利地浮起。可在黄砂层的上面再铺0.2～0.3 m厚的砂砾或碎石，以防管节起浮时被"吸住"。

（3）当遇到很松软的黏土或淤泥层时，坞底则须进行加固处理，如采用土石换填，一般换填1 m厚的碎石，则可满足预制管节对地基承载力的要求，也可结合换填用桩基加固坞底。

3．干坞的坞墙（即边坡）

（1）干坞的四周，大多可采用简单的自然土坡为坞墙。

（2）在确定干坞边坡坡度时，要进行抗滑稳定性的验算。

（3）为保证稳定安全，一般多用防渗墙及设井点系统。

（4）防渗墙多用钢板桩、塑料板或1 mm厚的黑铁皮构成，或在上堤中加设厚度不小于250 mm的喷射混凝土，以防地下水渗漏。

（5）在多雨地区，边坡坡面可采用覆设一层塑料薄膜，加砂袋固定的保护措施，以防止雨水冲刷边坡引起坍滑。

4．干坞的坞首与坞门

在干坞的出口处要设坞首及坞门。其构造和做法如下：

（1）在一次性预制管段的大型干坞中，可用土围堰或钢板桩围堰做坞首，不用设坞门。管段出坞时，局部拆除坞首围堰，便可将管段逐一拖拉浮运出坞。

（2）在分批预制管段的中、小型干坞中，要设坞首和坞门，以便重复使用干坞。常用双排钢板桩作坞首，也可用一段单排

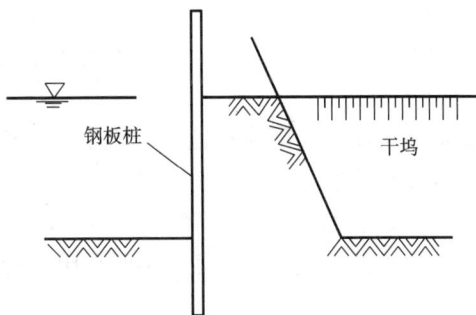

图23-3　单排钢桩坞门

钢板桩作坞门（图23-3）。坞门两侧土坞应采取加固措施，防止坡堤开坞时土体产生严重坍塌事故。每次拖运管段出坞时，将此段单排钢板桩临时拔除，把管段拖运出坞后再恢复坞门。

5．临时干坞的车道与排水系统

（1）从坞外到坞底要修筑车道，以便运输施工机具、设备和混凝土原材料等。

（2）干坞的排水系统通常采用井点法降水或在坞底设明沟、盲沟和集水井，用泵将水排到坞外。

（3）坞外设截水沟和排水系统。

6．干坞施工步骤

（1）先沿干坞四周作混凝土防渗墙，隔断地下水。

（2）用推土机、铲运机从里面向坞口开挖土坑，挖出的土方大部分运至弃土场，小部分土用来回填作堤。

（3）在坞底和坞外设排水系统：截水沟、排水沟、盲沟、集水井点降水、抽水泵站等。

（4）在土边坡坡面，用塑料薄膜满铺并压砂袋，以防雨水冲刷。

（5）在整面的坞底铺砂、碎石，再用压路机压实、压平整，并在坞门至坞内修筑车道等。

7. 干坞主要机械与设备的功能要求

（1）混凝土搅拌站。

①干坞中的混凝土搅拌站的生产能力或设备规模，应按施工组织设计要求而定。

②通常要求能连续供应灌筑一个节段（一般将管段全长分成 5~6 个节段，每个节段长 15~20 m）所需混凝土。

（2）起重设备。

①干坞中的起重设备，常为轨行门式起重机或塔式起重机。

②轨行门式起重机效率高，利用率亦高，所需基础较轻，故在临时干坞中用得比较普遍。灌筑一节 100 m 左右长的管段采用二台就够。

③在施工过程中，起重对象主要是模板、钢筋、混凝土料和橡胶垫环等，所以对起重能力的要求不高，通常是 5~8.5 t。

④门式起重机可分为单伸臂式或双伸臂式。跨度应比管段宽度大 7~8 m。净空应比管段高度高出 4 m 左右。

（3）运输设备。

①干坞中的水平运输设备，常用电瓶车或卡车、翻斗车、轨道车、混凝土运输车及输送管道等。

②电瓶车轨道一般直接铺在坞底上，卡车、翻斗车、汽车运输道路，由干坞边坡顶面沿边坡面延伸到坞底。

（4）拖运管段设备。

①干坞中的拖运管段设备，主要是用于管段浮起后，将管段拖送出坞。一般采用普通的绞车。

②在坞室中充水，管段浮起、闸门打开之后，就用这些安装在干坞周边坡顶上的绞车把管段慢慢地拖送出坞。

③候在坞外的拖轮将已出坞门的管段接送到临时储存管段的系泊区（多为小河湾），或驳装码头去。

23.6　质量标准

（1）干坞坞底应有足够的承载力，一般应大于 100 kPa。

（2）干坞的深度，宜保证管段浮起时其底部与坞底有 1 m 的富余深度。

（3）干坞边坡的坡度的稳定性标准见表 23-1。

表 23-1　干坞边坡的坡度的稳定性标准

地质条件	边坡坡度	边坡台阶数	最小安全系数
$C = 0.6 \ t/m^3$ $\varphi = 0°$	1:3	无	$F = 0.73$
		6.0 m 两段	$F = 0.89$
	1:4.5	4.5 m 两段	$F = 0.86$
	1:6.3	3.0 m 两段	$F = 1.09$

续表 23 - 1

地质条件	边坡坡度	边坡台阶数	最小安全系数
$C = 0.8$ t/m³			$F = 1.0$
$C = 1.0$ t/m³	1:4 $\varphi = 3°$（假定）	4.5 m 一段 6.0 m 一段	$F = 1.12$
$C = 1.2$ t/m³			$F = 1.24$

23.7　成品保护

（1）干坞坞底应保持干燥无积水，以保证干坞地基底承载力与基底的稳定。

（2）干坞边坡坡面应根据实际情况和使用年限采取安全可靠和经济的保护措施，如植草皮、格栅或砌石片等，以防雨水冲刷。

23.8　安全环保措施

23.8.1　安全措施

（1）干坞施工期间，坞址周边应设安全防护栏，并树立安全警示标志。

（2）坞门两侧的土坞应采取加固措施，防止破堤开坞时土体产生严重坍塌事故。

23.8.2　环保措施

（1）干坞基坑内开挖出的弃土（石）堆放地点，应经环保部门批准。

（2）由干坞内排出的施工用水，应经过过滤、沉淀处理，并经化验符合排放标准后才能排入附近水域。

23.9　质量记录

（1）干坞坞底基础处理质量检查记录。

（2）干坞坞底深度与平整度质量检查记录。

（3）干坞边坡施工质量检查记录。

（4）干坞排水系统施工质量检查记录。

（5）干坞坞首与坞门施工质量检查记录。

24 沉管隧道管段制作工艺标准

24.1 总则

24.1.1 适用范围

本标准适用于采用钢筋混凝土管节的沉管隧道。

24.1.2 编制参考标准及规范

(1)公路工程技术标准(JTG B01—2014)。

(2)公路勘测规程(JTG C10—2007)。

(3)公路工程质量检验评定标准(第一册 土建工程)(JTG F80/1—2017)。

24.2 术语

24.2.1 端封门

端封门属于施工过程的临时设施,其功能是使管节成为密封的箱体,从而能浮在水中,或灌水后沉放至基槽内。

24.2.2 压载水箱

压载水箱是安装在管节内的施工用临时设施。管节预制好后,根据计算往压载水箱内注入适度水量,使管节起浮时保持纵向、横向平衡,并调节干舷高度。管节浮运至沉放位置,注入足够水量,使管节顺利沉放、定位、对接。对接完成后,再注入适度水量,使管节保持一定的抗浮力,以确保施工过程的安全。

24.3 施工准备

24.3.1 技术准备

1. 混凝土生产线布置

混凝土生产线包括：水泥和粉煤灰储罐、粗细骨料堆栈和水洗筛分楼、混凝土拌和楼以及混凝土输送泵等。根据施工组织要求确定混凝土生产线的生产能力和主要材料的储备量，包括砂、石、水泥、粉煤灰等。

2. 钢筋制作生产线布置

钢筋加工能力应满足管节制作的需要。钢筋原材料、制作区、半成品及成品堆放区的相互关系要合理，形成流水线，避免重复搬运。

3. 模板制作生产线的布置

管节预制的模板系统应以钢模台车为主，钢模台车在场外制作、现场安装。如需要模板，则要设置木工车间。木工车间应包含原材料仓库及半成品堆放场的用地面积。

4. 金工车间布置

管节预制时所要的金属结构较多，可能包括端钢壳、钢底板、压载水箱、端封门、拉合装置、定位装置、系泊设施及各类预埋件等。应根据生产要求，确定金工车间的加工能力。金工车间应包括原材料、半成品及边角料堆放场的用地面积。

5. 水电管线布置

根据施工动力设备的用电要求及供电范围确定用电负荷，并进行施工水电管线布置。施工用电供水干线划分如下：

（1）木工车间、钢筋加工车间、金工车间及管理生活设施为一用电干线。

（2）拌和楼及砂石料用的皮带机、混凝土输送系统等为一用电干线。

（3）干坞内一切施工动力为一用电干线，设置于干坞一侧中线上。

（4）供水系统包括供水总管、支管和阀门等，供水量根据施工组织设计拟定的施工人数、生产强度（m³/台班）、混凝土需要的用水量及消防用水等确定。供水总管与市供水管（或自备水源）接通。

（5）供水干线的管径应根据拌和楼、各车间生产和消防用水量以及饭堂饮食和生活用水量确定。另一供水干线输送到干坞底部，供给混凝土养护用水。

24.3.2 材料准备

按照施工组织计划，做好材料准备。各种材料必须备料充足，不得因材料不足而影响施工进度。

24.3.3 主要机具

主要机具包括：门式起重机、汽车起重机、模板台车、混凝土吊桶、电动卷扬机、移动式空压机、自动焊接机、水泵、压浆机、皮带输送机、筒式提升器、混凝土输送泵、混凝土自拌卡车、钢筋切断机、混凝土养护水泵等。

24.3.4　作业条件

干坞按设计要求准备，为管节的制作提供所需的作业条件。

24.3.5　劳动力组织

根据施工进度安排和管节数量，按劳动定额和工班组织安排劳动组织计划。

24.4　工艺设计和控制要求

24.4.1　技术要求

1. 混凝土要求

（1）配合比：为满足管节预制的特殊要求，应由试验室专门设计混凝土配合比并经试验论证，其中除常规试验项目外，还要专门进行水泥水化热、水泥干缩、混凝土收缩、混凝土温升等一系列项目的试验论证，从而得到符合强度、抗渗、耐久性要求的最优配合比。

（2）混凝土等级：C28。

（3）混凝土抗渗标号：S8。

（4）抗裂：不允许出现贯穿裂缝，并尽量避免表面裂缝，如有表面裂缝，其宽度应不大于 0.2 mm。

（5）重度：混凝土的重度对管节浮运、沉放关系重大，在管节预制时应根据设计的混凝土重度标准值进行控制。

2. 几何尺寸要求

（1）内空净宽容许偏差 $\Delta = 0 \sim 10$ mm。

（2）内空净高容许偏差 $\Delta = 0 \sim 10$ mm。

（3）管节宽度容许偏差 $\Delta = -20 \sim 5$ mm。

（4）管节高度容许偏差 $\Delta = -20 \sim 5$ mm。

（5）管节长度容许偏差 $\Delta = -30 \sim +30$ mm。

（6）壁厚容许偏差 $\Delta = -10 \sim 0$ mm。

3. 管节端头要求

（1）平整度：面不平整度小于 3 mm。

（2）横向垂直度（左右两点之差）：3 mm。

（3）竖向倾斜度（上下两点之差）：3 mm。

4. 管节防水技术要求

（1）结构自身防水：钢筋混凝土管节以自身混凝土防水为主，必须达到抗渗设计要求。

（2）止水带防水：管节的所有施工缝均应设置止水带，止水带应能满足抗渗指标。

5. 模板控制要求

模板必须有足够的刚度才能保证管节尺寸的精度，一般要求钢模台车在实际应用中的变形量小于 6 mm。

24.4.2 材料质量要求

钢筋、砂、石、水泥以及止水带等材料均应符合设计要求。

24.4.3 职业健康安全要求

现场施工作业条件应符合相关劳动卫生部门的安全要求。

24.4.4 环境要求

管节制作场地面积较大，对周围环境会有一定的影响，应采取措施将影响降低到最低限度，并在作业完成之后，尽量恢复当地环境。

24.5 施工工艺

24.5.1 工艺流程

1. 管节制作工艺流程

沉管隧道的管节长度从几十米到上百米不等，制作时须按照管节的长度分成数次浇注混凝土。

图 24 -1 所示为管节不同作业段数的浇注混凝土顺序。

4	2	5	1	3

(a)5个作业段

6	2	4	1	5	3

(b)6个作业段

6	3	5	2	4	1	7

(c)7个作业段

图 24 -1 管节不同作业段数的混凝土浇注顺序

在管节的同一作业段内，按底板、墙身、顶板三个施工作业块，进行混凝土流水浇注作业。模板根据施工需要而定，如 5 个作业段时采用二套模板，6、7 个作业段时采用三套模板等。单个管节同一作业段的制作工艺流程见图 24 -2。

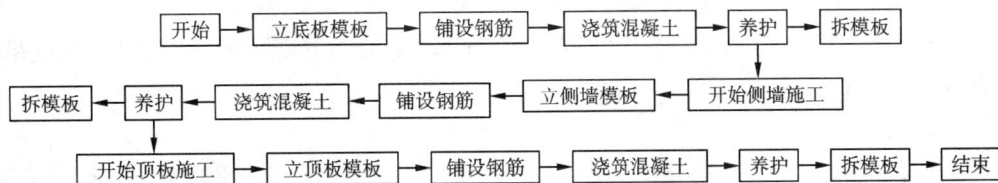

开始 → 立底板模板 → 铺设钢筋 → 浇筑混凝土 → 养护 → 拆模板

拆模板 ← 养护 ← 浇筑混凝土 ← 铺设钢筋 ← 立侧墙模板 ← 开始侧墙施工

开始顶板施工 → 立顶板模板 → 铺设钢筋 → 浇筑混凝土 → 养护 → 拆模板 → 结束

图 24 -2 管节作业段工艺流程图

2. 混凝土生产工艺流程

管节制作对混凝土的质量要求很高，其生产工艺流程，见图 24 -3。

减水剂：人工稀释减水剂 → 小水泵压送 → 拌和楼小贮桶 → 电控气阀 → 电子称过磅 → 电控气阀

水：交流电磁阀水表自动称量 → 电控

砂石料：驳船载运砂石料 → 船用皮带机 → 1号皮带机提升高 → 固定溜槽 → 2号皮带分类贮存 → 电控气阀 → 坑道内电子称自动称料 → 电控气阀 → 3号皮带 → 固定溜槽

水泥：拆包或散装水泥 →（散装）风送/（包装）链斗提升 → 贮水泥罐 → 螺旋输送机 → 拌和楼自动电子称过磅 → 电控气阀

冰：汽车运冰入冰库 → 电动葫芦 → 冰库贮存 → 人工搬运 → 碎冰机破碎 → 电控气阀 → 电子称过磅 → 电控气阀

或：冷水机组 → 冰水 → 冰水贮罐 → 电控气阀

粉煤灰（干）：汽车运粉煤灰（干） →（散装）风送/（包装）链斗提升 → 拌和楼贮罐 → 螺旋输送机 → 电子称过磅 → 电控

→ 拌和楼集中斗 → 拌和楼拌筒 → 电控气阀 → 混凝土输送泵 → 施工仓面

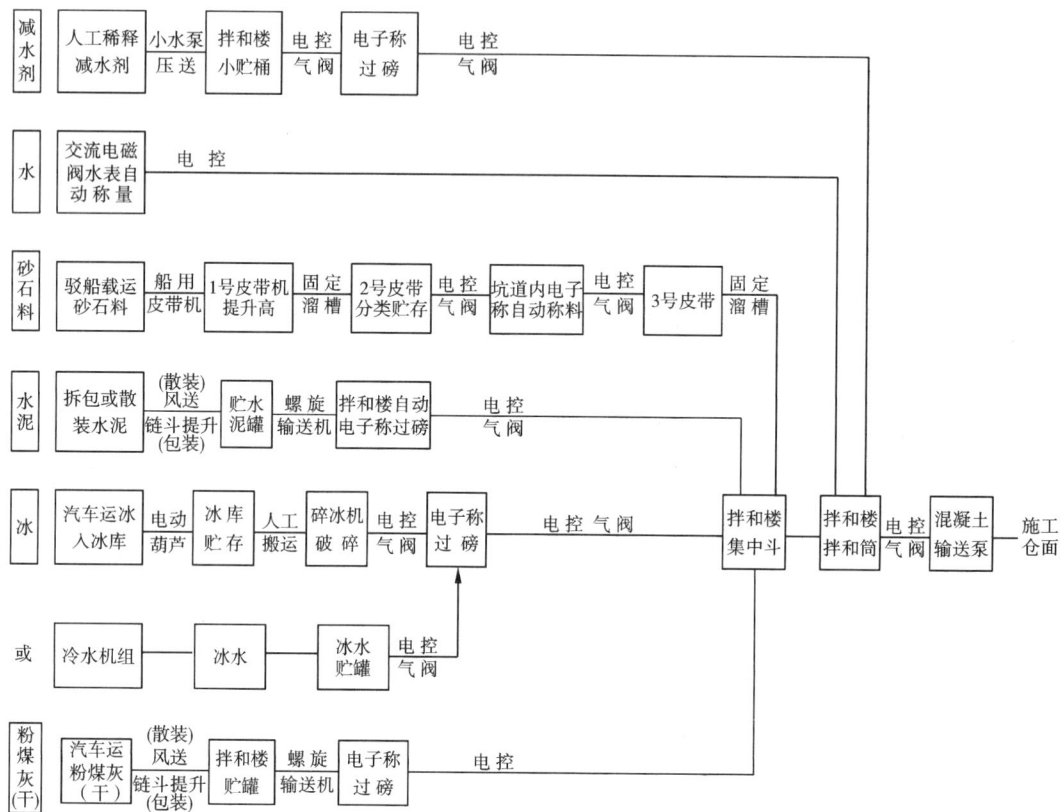

图 24-3　混凝土生产工艺流程图

24.5.2　操作工艺

1.混凝土的运输

（1）在小型干坞中预制时，可采用座式混凝土泵输送混凝土。座式混凝土泵直接安在拌和楼出料层底部，混凝土从拌和楼倒入混凝土存放斗，通过控制阀均匀而适量地流入混凝土泵，再由输送管送至浇注仓面。

（2）在大型干坞中预制时，可采用混凝土搅拌车，直接将混凝土运至各工点，输入吊罐，由吊罐送至浇注仓面。

2.混凝土的浇注

（1）底板、顶板：混凝土由泵送至浇注仓面，由人工平仓。为保证混凝土在初凝前浇注完毕，可采用三台阶方式浇注。分层高度小于 500 mm，则浇注方向从一端往另一端，每层方向相同，不允许逆向。

（2）墙体：墙体须分层浇注，每层厚 500 mm 以内。由于墙体高，而每层混凝土用量又不大，若不控制上升速度，可能会使混凝土对模板的侧压力过大。除放慢浇注速度外，在侧墙混凝土浇注时应尽量拉开上下层铺设的时间距离，但必须在下层混凝土初凝前铺设上层混凝土。建议施工中控制的上升速度为 $v = 500$ mm/h。

（3）混凝土振捣：混凝土输送进仓后由人工平仓，用插入式振动器振捣，振动时间约40 s，振动点按梅花形布设，间距为300 mm。

（4）混凝土表面处理及养护：混凝土振捣密实后，上表面均应进行刮平抹压处理。如须继续浇注混凝土的表面，则在48 h后进行人工凿毛处理。混凝土经过刮平抹压后即覆盖尼龙薄膜及麻袋，12 h后洒水养护。若采用高性能混凝土，则须即时洒水养护，养护时间不得少于28 d。

3. 止水带及施工缝处理

管节施工缝的止水带设置，一般纵向水平缝设置一道止水带，横向缝设置二道止水带，并应根据设计选用的止水带形式、材料性质、技术要求来确定设置安装方法。采用橡胶止水带时要采用合适的措施以防止浇注混凝土时产生卷边现象。施工缝的端面应作凿毛处理，混凝土浇注前要进行冲洗。

4. 混凝土重度控制

具体措施为：一是计量衡器器械的检验认可，各种材料均须过秤，称量的衡器有电子秤、杠杆秤、电子流量计、量桶等，这些衡器均应由计量部门在现场抽样核定、检验认可；二是在施工计量实施中由试验人员每天不定时地进行核对修正，使配合比中的各种材料的误差控制在规范允许以内，从而保证实际的重度控制在标准值允许误差范围之内。

5. 管节体型尺寸控制

管节体型的控制靠精心施工及有足够刚度的模板系统来实现，对所有几何尺寸随着施工的进展均必须进行放样、校对、检查、复查、验收等的多次反复，从而保证设模位置准确。

6. 裂缝控制

（1）混凝土级配。

①水泥。首先必须选择合适的水泥品种。水泥的化学成分对水化热有较大的影响，应尽量减小水化热。含潜伏水硬性胶结剂的水泥，如含火山灰、粉煤灰、磨细的火山石粉或矿渣粉的水泥可产生较小的水化热。其次是通过控制水泥用量来减少水化热。但须考虑满足混凝土强度和抗渗性要求来确定最小极限的水泥用量。大多数情况下，每立方米混凝土的水泥用量为250~300 kg。

②粗骨料。使用颗粒级配合适的粗骨料，可以减少水泥用量。为了使钢筋周围混凝土的密实度符合要求，需要限制骨料的大小。

③水灰比。减少水灰比可降低单位时间产生的水化热量，但也会降低混凝土的工作性能，可采用添加剂如磨细粉煤灰或高效减水剂等来改善工作性能。

（2）控制混凝土的浇注温度。

措施有：

①骨料实行高堆内取，骨料的堆放高度不低于6 m，可通过料堆底部地陇取料。骨料入料仓，停放48 h后才能使用，使骨料趋向于月平均温度。在料堆仓及皮带运输机上方设置防雨遮阳棚，防止太阳辐射和雨淋，有利于控制混凝土的浇注温度。

②选择浇注混凝土的时间。避开当天高温时段，选择在温度较低的夜间作业。

③可掺冰水拌和混凝土。

④缩短施工作业段内的侧墙与顶板混凝土的浇注间隔时间，以减少相邻混凝土块的温差。

⑤调整施工作业段长度。设置后浇带，在每一施工作业段间设置1.4 m宽的后浇带，待

混凝土浇注 30～42 d 后才浇注后浇带的混凝土。

⑥调整管节矩形箱体结构的纵向配筋率(即按横向受力配筋量的百分数计,一般可提高纵向配筋率 5%),以增强混凝土的抗裂能力。

⑦可在管节个别部位(如侧墙)预埋循环冷却水管进行降温,以控制裂缝产生。

(3)提高混凝土的抗拉和抗裂能力。可对管节施加纵向预应力以提高其纵向的抗拉能力;还可往混凝土中添加钢纤维或化学纤维。

7. 裂缝处理

(1)未贯穿的裂缝:进行表面封堵处理。

处理工艺如图 24 - 2 所示。

清除表面浮渣 → 清洗表面 → 吹干表面 → 涂抹封堵材料养护

图 24 - 4 表面封堵处理工艺

(2)贯穿裂缝:采用缝内灌浆处理。

处理工艺如图 24 - 3 所示。

凿槽(宽20～30 mm、深20 mm) → 冲洗埋设灌浆管 → 清除槽内粉尘杂物 → 封槽压力灌注改性环氧树脂

图 24 - 5 缝内灌浆处理工艺

裂缝经过处理后,还要经过浮运、沉放、运行及气候冷热周期性变化的考验。隧道投入运营后,还要继续观察。若再发生裂缝,则在运营期间利用维护保养时间,进行裂缝处理。

8. 防水底钢板的制作及安装

管节设置防水底钢板,要考虑防水底钢板的制作及安装。防水底钢板一般为 6 mm 厚的 A3 钢板。管节设置防水底钢板一般都相应设置了两端的端钢壳。

(1)配料。应充分利用钢板规格,减少钢板切割,提高钢板利用率。

(2)焊缝。端钢壳与防水底钢板连接处按钢板规格整块布置且以长边连接,并在拼装时先焊此缝。防水底钢板采用工形对接焊缝。如在防水底钢板下铺设了碎石垫层及钢轨,则须在焊缝底部设置垫块,防止钢板与钢轨在焊接时粘连。

(3)焊接步骤。先在焊接处以每隔 200 mm 焊 20 mm,然后跳格施焊,焊缝分二次填满,即焊完一次后打渣,然后填满,焊接从中间开始向四周施焊。为防止防水底钢板焊接时变形,可在其外侧贴焊角钢以增加刚度,(内侧)每隔一定距离设角钢斜撑以保证其垂直度。底板焊接时,应每隔一定距离设自制夹钳用以固定钢板,施焊前用工字钢在焊缝两侧压紧,并采用跳焊、间断焊等方法予以配合。

(4)钢板焊接产生变形的矫正方法

手工矫正:主要是采用锤击法,从凸起中点开始锤击,然后向四周扩展。

火焰矫正:根据凸起的大小采用不同的加热位置和加热形状(点或条形等)及加热量,一般采用点状加热,点间距为 150 mm,呈梅花形布设;少数采用条形加热,加热温度为 600～800℃。

9.钢壳的制作和安装

(1)配料。配料时应考虑加工误差、装配需要的公差及间隙，同时还要考虑焊接、火焰矫正等的收缩量，并经过具体计算得出下料尺寸后进行放样。放样后须进行校对，确认无误后，用手工乙炔、氧气进行切割，亦可用数控自动切割机切割。

(2)坡口加工。这是金属结构制造中的重要工序，它直接关系到焊接的质量和强度，端钢壳制作中的坡口加工主要靠手工气割和半自动气割机来完成，须正确掌握好坡口的大小和合适的角度。

(3)组装焊接。端钢壳体积大，但本身刚度不大。若在工厂组装焊接好后再运到工地，则极易出现变形，且安装就位困难。故一般不在工厂组装焊接为成品，而是将端钢壳分段焊接，制成半成品后再到现场进行组装焊接。

(4)安装。在安装端钢壳前，须先设立安装支架，用以支承端钢壳并作为操作平台。支架还能夹紧端钢壳的半成品部件，将其固定在正确位置及抵抗浇注混凝土的侧向推力。先在半成品中标出基线、中线及其他控制线，以安装支架上标出相应的控制线，安装时以这些控制线找准各半成品的空间位置。当半成品工件按各自位置对号入座后须设置必要的临时支承，并固定在支架上。同时在支架上设置楔块及调整螺栓来进行安装前的微调。然后复查中心线、对角线及端斜面等各个控制参数。当其误差符合有关规范或设计要求时，用设置在安装支架上的对顶螺栓夹紧。最后施焊连接，焊接以间断焊为主。拆除安装支架前，还应对端钢壳再做一次全面的测量，测定各向尺寸及控制线的所有数据，以供管节安装时参考。

10.端封门的制作与安装

端封门有钢端封门和钢筋混凝土端封门两种形式。

(1)钢端封门。为确保管节的水密性要求，钢端封门与管节端部焊接为一体。钢端封门面积大，整块制作安装有许多困难，因此先制成片块然后现场组装。片块划分原则：片块相接处不太复杂，便于安装时操作，便于各项尺寸的校对，不改变或不削弱结构的强度、刚度及受力状态，安装后所有技术参数能满足设计要求。

(2)钢筋混凝土端封门。在管节端部立模现浇制作即可。

11.压载水箱的设置

压载水箱面积大，整块制作安装有困难，因此先制成片块然后再现场组装。但管节内空间狭窄，要注意现场焊接组装时的施工质量和安全。安装完毕后要进行试漏，试漏应包括压载水箱本体、阀门及管道系统。压载水箱的纵向布置，见图24-6。压载水箱的进、排水系统一般均和管节间隔舱的排水泵结合。

河水或海水的密度是确定压载水箱容量的主要因素。压载水箱容量应包括：①保持100 mm干舷高度所需水量；②保持足够下沉力时的所需水量；③施工期间保证抗浮力达到安全系数为1.05时所需的水量。

沉管隧道主体工程完工后，逐步拆除压载水箱，并用底部混凝土压重层代替，最后在混凝土压重层上进行路面工程作业。

12.预埋件的设置

(1)预埋件的种类。

①灌砂管或灌砂底阀(在底板预埋)，用于基础处理方法之一。

②灌浆管及灌浆底阀(在底板预埋)，用于基础处理方法之二。

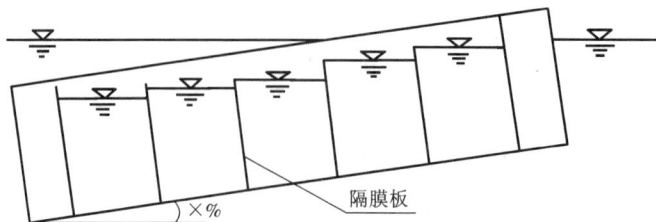

图 24 - 6 压载水箱的纵向布置

③支承千斤顶导套及支承杆(在底板预埋),支承千斤顶的支承座(在侧墙内预埋)。

④人孔圆筒安装座(在顶板面预埋)。

⑤测量定位塔固定预埋螺栓(在顶板面预埋)。

⑥钢端封门(或钢筋混凝土端封门)的焊接预埋件(或预留连接钢筋,在管节两端面止口上)。

⑦管节沉放吊点(在顶板面预埋)。

⑧鼻式托座安装预埋件(在管节两端中隔墙端部预埋),管节沉放对接定位(垂直及水平)的方法之一。

⑨定位梁及定位梁座安装预埋件(在顶板面上预埋),管节沉放对接定位(垂直及水平)的方法之二。

⑩预应力拉索预埋件或 OMEGA 钢板(或 W 钢板)焊接预埋件(在管节两端面周边预埋)。

⑪垂直、水平剪切键焊接预埋件(在管节两端侧、中隔墙端及管节两端头水平止口上预埋)。

⑫拉合千斤顶的拉合座应安装预埋螺栓(在顶板面上预埋)。

⑬系缆柱安装预埋螺栓(在顶板面上预埋)。

⑭GINA、OMEGA 橡胶止水带安装固定预埋件(在管节两端面预埋)。

⑮压载水箱安装预埋件(在管节内腔底板及侧墙面上预埋)。

⑯水电管线、抽水用水泵、支承千斤顶液压工作站等设备安装预埋件(在管节内腔预埋)。

⑰拖航系统安装预埋件(在顶板面预埋)。

(2)预埋件的安装。

在解决预埋件与钢筋冲突时,应采取以预埋件为主,钢筋让位的原则。必要时可切断钢筋再进行补强;预埋件与施工缝及预留孔洞距离不足 500 mm 时,须进行相应的调整,以满足预埋件安装时的操作空间。以结构钢筋及模板为基点设置支撑,固定预埋件的空间位置。

13.止水带的设置

目前,沉管隧道普遍采用 GINA 橡胶止水带。使用时,须按管节周边的外形,在厂里制作成完整环状,然后运到管段制作场整环安装。其构造形式与安装方法,见图 24 - 7。图24 -7(b)的左侧是安装了 GINA 橡胶止水带的管节端部,右侧是接受 GINA 橡胶止水带压紧的管节端部。

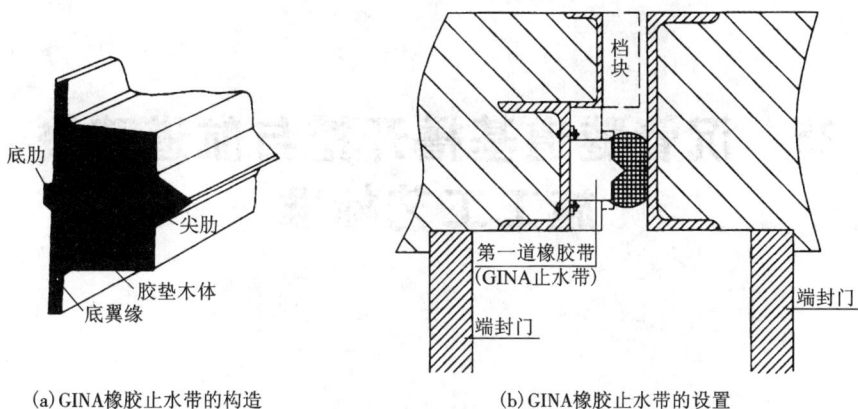

(a) GINA橡胶止水带的构造　　　　　(b) GINA橡胶止水带的设置

图 24－7　GINA 橡胶止水带

24.6　质量标准

管节的制成品必须外观平整、光洁,其各项技术指标都应达到设计要求。

24.7　成品保护

管节在浮运、沉放与对接过程中应严格按照操作规程进行,不使管节受到碰撞、冲击,确保管节的安全就位。

24.8　安全环保措施

沉管交通隧道的管节是大型的混凝土结构。其在干坞内制作的过程中,会形成一定程度的施工污染,应针对具体情况采取必要的措施。比如,对施工废水采取严格的排放措施,或净化措施,以避免对附近水域或地层的污染。

此外,临时干坞的使用周期较长,一般为 1 ~ 2 年,这对于周围的环境会产生不良的影响,工程完工后,应尽量恢复当地的自然原貌。

24.9　质量记录

(1)钢材出厂质量证明书。

(2)水泥等建筑材料质量证明书。

(3)隐避工程验收记录。

(4)各种预埋件记录。

(5)管节作业段混凝土浇注施工记录。

25 沉管隧道基槽开挖与航道疏浚施工工艺标准

25.1 总则

25.1.1 适用范围

本标准适用于沉管隧道。

25.1.2 编制参考标准及规范

(1)公路工程技术标准(JTG B01—2014)。
(2)公路勘测规程(JTG C10—2007)。
(3)公路工程质量检验评定标准(第一册 土建工程)(JTG F80/1—2017)。

25.2 术语

25.2.1 基槽

基槽是在水底沿隧道走向开挖的一道槽坑,用于沉放管节。

25.2.2 疏浚

疏浚是疏通淤积的临时航道或清理沉管基槽。

25.3 施工准备

25.3.1 技术准备

做好水文、地质、航运等各方面的资料调查,准备好各种应对方案,确保基槽开挖的顺利进行。

25.3.2 材料准备

按照基槽开挖方案，做好材料准备，如用于铺垫的块石等。

25.3.3 主要机具

1. 土质基槽开挖

（1）挖深在 10 m 以内（由水面计）时，可用吸泥船（绞吸）或链斗挖泥船。

（2）挖深在 16 m 以内（由水面计）时，可用 4 m³ 铲斗挖泥船或轻型抓斗挖泥船。

（3）挖深超过 16 m（由水面计）时，须用重型抓斗挖泥船（13 m³ 抓斗）。

（4）拖轮：400 Hp 拖轮、980 Hp 拖轮。

（5）运土船只：500 m³ 泥驳（最大可达 1200 m³）。

（6）输砂管。

（7）趸船、120 Hp 机艇、锚艇。

（8）相关仪器：声呐探深仪、激光测距仪、经纬仪等。

2. 石质基槽开挖

石质基槽须先经爆破，然后再清挖，故应配备水下钻孔机具。同时应配备 4 m³ 铲斗挖泥船和重型抓斗挖泥船（13 m³ 抓斗）。

25.3.4 作业条件

作业时应与航道等相关部门协商好，保证必要的作业水域。并加强水上交通管理，设置各种临时航标以指引船只通过。

25.4 工艺设计和控制要求

25.4.1 技术要求

1. 确定基槽开挖宽度

基槽横断面的一般形式见图 25 - 1。基槽底宽（一般为管节最大外侧宽度 B 加两侧预留量 $2b$），$b \approx 1.5$ m，如采用管节外喷砂基础处理方法时，b 可适当加大。

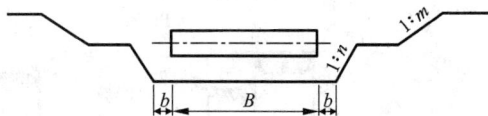

图 25 - 1 基槽横断面的一般形式

2. 确定基槽开挖深度

沉管段的基槽纵断面是有纵坡要求的，作为沉管道路隧道，其纵坡一般为 4% 左右，要求开挖精度一般为 ±30 mm。根据沉管段的纵断面可得出任一位置的沉管底面标高。原则上，基槽开挖的底部标高是等于沉管段的底面标高加上基础处理所需高度以及基槽（疏浚）的精度（一般为 ±300 mm）。如此，即可得出任一位置基槽开挖横断面的开挖深度。若遇岩层，则须确定爆破岩层厚度。

3. 确定基槽开挖长度

基槽开挖长度即为管节沉放与两岸上段水下对接端面之间的纵向长度。

4. 基槽开挖平面控制

（1）基槽开挖的平面轴线应与沉管段平面轴线相一致。

（2）基槽开挖的宽度应与沉管段平面轴线相对称。

5. 基槽边坡

（1）岩层基槽边坡可采用 1∶1 的坡率。

（2）土质基槽边坡度，见表 25－1。

6. 临时支座

表 25－1　基槽开挖坡度

土层种类	荐用坡度
硬土层	（1∶0.5）～（1∶1）
砂粒、紧密的砂夹黏土	（1∶1）～（1∶1.5）
砂、砂夹黏土、较硬黏土	（1∶1.5）～（1∶2）
紧密的细砂，软弱的砂夹黏土	（1∶2）～（1∶3）
软黏土、淤泥	（1∶3）～（1∶5）
极稠软的淤泥、粉砂	（1∶8）～（1∶10）

若基础处理采用后填法时，基槽开挖要考虑管节沉放时的临时支座设置，在放置临时支座的基槽每侧预留量 b 要适当加宽，以便顺利放置临时支座。采用鼻式托座对接定位时，每节管节需要配置两块临时支座。若不采用鼻式托座而是采用定位梁定位对接，则每节管节需要配置四块临时支座，见图 25－2。

临时支座一般为钢筋混凝土支承块，常用尺寸为 3 m×3 m×1 m（长×宽×高）。若基槽地基为软弱地层，可预先打桩，临时支座放在桩上，见图 25－3。

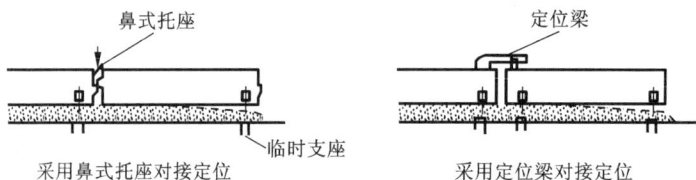

图 25－2　管节临时支座

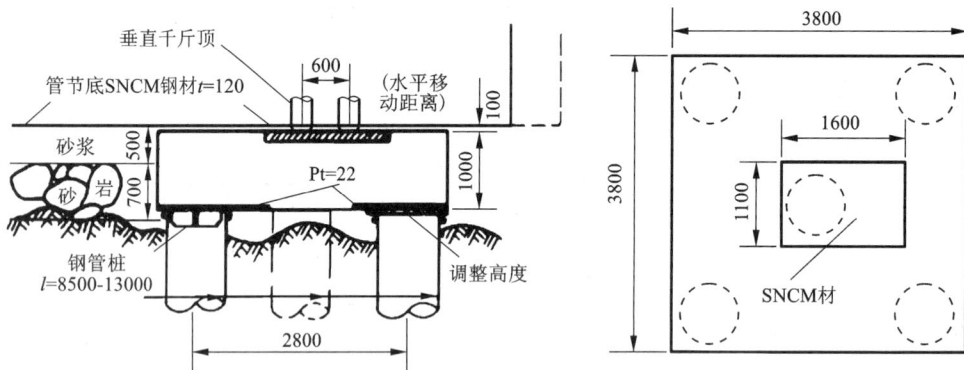

图 25－3　软弱地层上的临时支承

25.4.2　材料质量要求

所需材料应符合设计要求。

25.4.3　职业健康安全要求

现场施工安全条件应符合相关劳动卫生部门的安全要求，对于特殊工种，如潜水员，当需要动用时，其健康安全条件应满足相关要求。

25.4.4　环境要求

（1）水底基槽作业时，应注意施工船舶的工作噪音对两岸居民的影响，如噪音超标，应按有关规定加以控制或调整作业时间。同时，应尽量减小岸上施工场地对当地环境的影响。

（2）采用水下炸礁作业时，应注意爆破形成的水下冲击波不能危害到船只、游泳人员及潜水作业人员的安全。其最小安全距离，见表25－2。

表25－2　水下爆破的最小安全距离

炸药量/kg	安全距离/m			
	钻孔爆破法			
	木船	铁船	游泳	潜水
50	100	70	700	900
100	120	84	700	900
150	135	90	700	900
200	150	100	1100	1400
250	160	106	1100	1400
300	170	111	1100	1400
350	180	116	1100	1400
400	190	120	1100	1400
450	197	125	1100	1400
500	200	130	1100	1400

（3）炸礁船时形成的爆破地震波对建筑物安全距离，见表25－3。

表25－3　爆破地震波对建筑物的安全距离

炸药量/kg	安全距离/m	
	钻孔爆破法	
	一般砖瓦结构	钢筋混凝土框架结构
50	52	39
100	65	49
150	75	56
200	82	62
250	89	67
300	94	71
350	99	75
400	104	78
450	108	81

25.5　施工工艺

25.5.1　工艺流程

1. 炸礁作业工艺流程

当水底为岩层时，基槽的开挖需要炸礁，其作业流程见图 25 - 4。

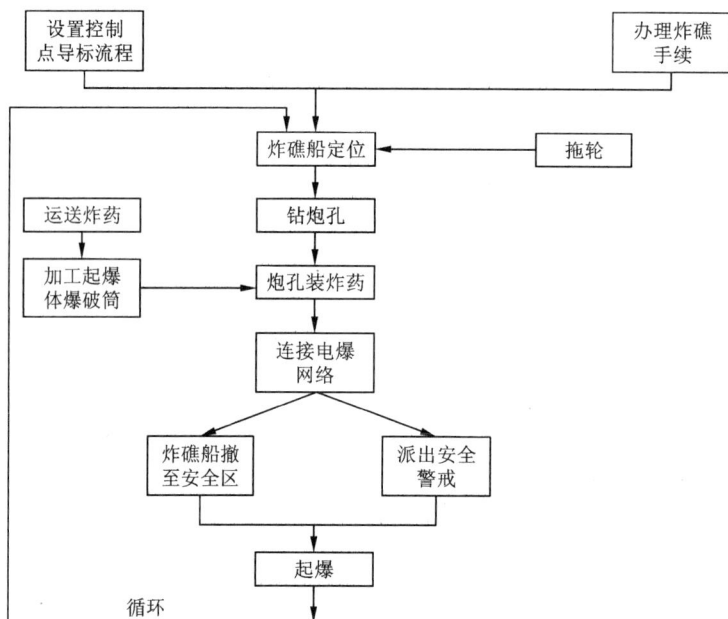

图 25 - 4　炸礁作业工艺流程图

2. 基槽开挖施工流程

基槽开挖施工流程见图 25 - 5。

25.5.2　操作工艺

1. 基槽开挖方法

（1）泥质基槽。

采用吸泥船疏浚，用航泥驳运泥。当土层较坚硬，水深超过 20 ~ 25 m 时，可用抓斗式挖泥船配合用小型吸泥船清槽及爆破。粗挖时亦可采用链斗式挖泥船，挖泥深度可达 19 m。对硬质土层可采用单斗挖泥船。

一般分两个阶段进行，即粗挖和精挖。粗挖时，挖到离管底标高的 1 m 处；精挖时，应在邻近管段沉放前开挖，以避免淤泥沉积。精挖层的长度只需超前 2 ~ 3 节管段长度。挖到基槽底设计标高后，应将槽底浮土和淤泥清掉。

（2）石质基槽。

首先清除岩面以上的覆盖层，然后采用水下爆破方法挖槽，最后清礁。采用水下钻孔爆

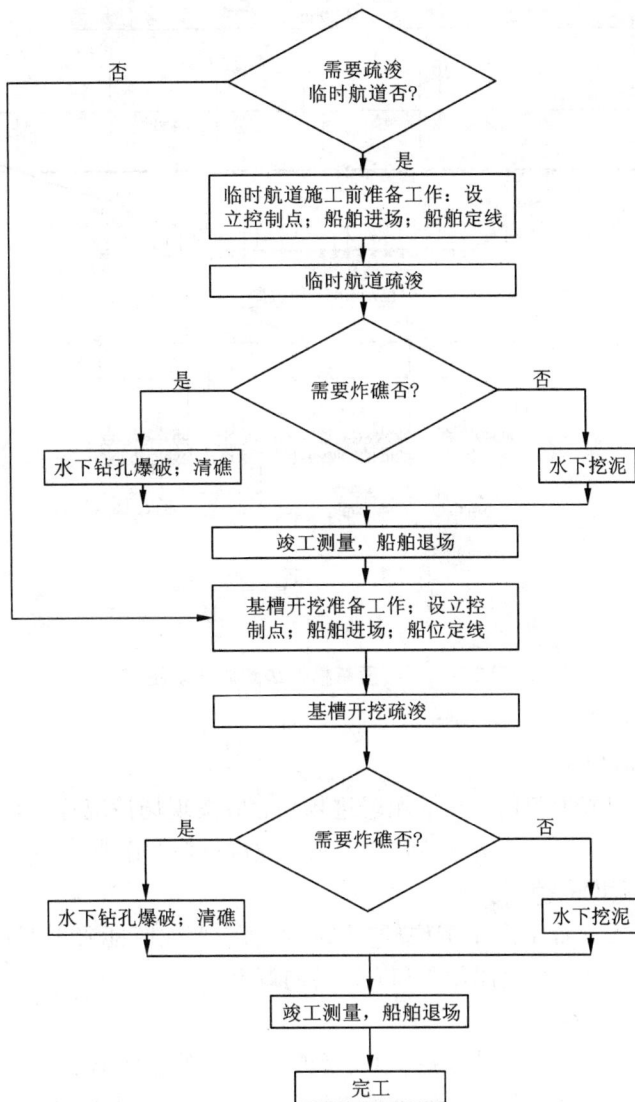

图 25 - 5　基槽开挖施工流程图

破法炸礁时，应采用多台钻机一排同时作业，相邻排孔错开布置，炮孔直径为 95 ~ 100 mm。采用分段装药，电网络起爆，炸礁船(炮孔)定位用导标和后方交会测点相结合的方法。由一端至另一端分段排炮，每段成排放置药包，见图 25 - 6(实例)。

2. 基槽开挖相关作业

(1)卸泥区的选择。

卸泥区选择的合理与否将直接影响开挖疏浚的工效和成本。卸泥区选择的原则如下：

①要有足够的卸存量。

②最好选在江河(海)区的深槽，以便于泥驳到位时，能打开底舱门自卸。

③运距宜在 50 km 以内。

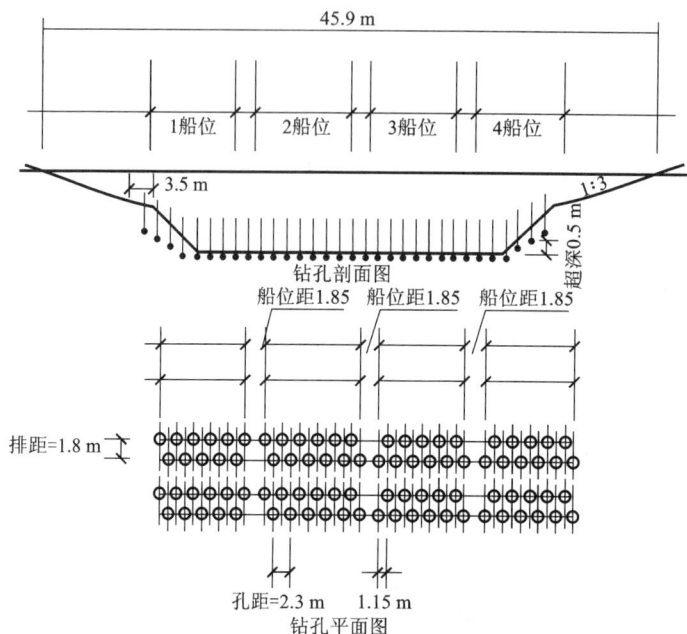

图 25 – 6 石质基槽爆破炮眼布置图

（2）输砂管和临时码头。

采用铰吸挖泥船开挖基槽时，在挖泥船进场后，应按现场情况连接所需长度的输砂管，采用趸船作为临时码头，用来固定输砂管和停靠泥驳进行装泥作业。

（3）开挖深度和宽度的控制。

一般铰吸挖泥船都配置了两条定位杆，以便当潮汐变化时能确保开挖深度达到设计要求，并且使其按开挖宽度进行挖泥作业和实现转向调节。

（4）基槽开挖监控测量。

基槽开挖通常都会产生超挖或欠挖，由于铰吸挖泥船的船体形心存在误差，潮汐预报的数据与实际情况亦不尽一致，从而会使开挖纵坡的误差更大。因此，加强开挖监控测量是必不可少的。开挖深度的监控测量一般采用声呐测距仪，但声呐不能进行开挖过程的动态测量，因此不能及时发现超、欠挖。为此可在吸泥船底部安装一台水下地形扫描仪，每挖掘 10 延米测量一次，作为声呐基准调校点；声呐在 140° ~ 180° 扇形区域做短时间测量，就可以测得开挖基槽的详细情况，见图 25 – 7。

3. 基槽临时支座的设置

（1）有钢管桩支承的临时支座施工流程。

①沉管段基槽开挖。

②对于采用抛石垫层以及后填法进行基础处理时，应事先设置测量平台，临时支座放置处不抛填块石。

③通过事先设置的测量平台，对钢管桩施工船舶进行定位锚定（在此之前，在预制场内进行钢管桩的制作，以及临时支座制作及养护）。

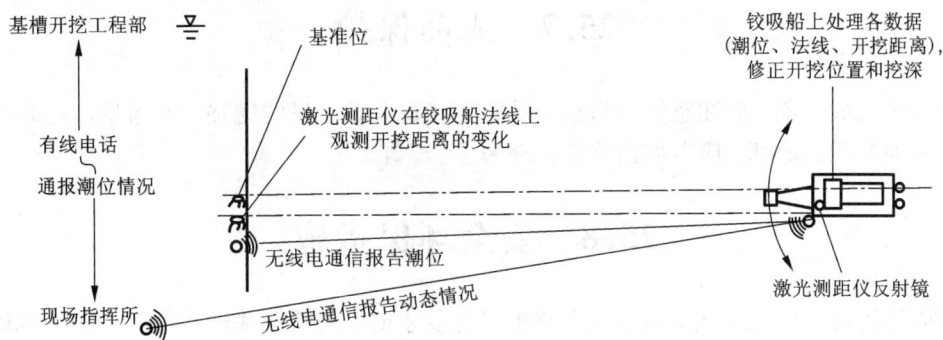

图 25 – 7　基槽开挖监控测量方式示意图

④钢管桩施工。

⑤钢管桩头的标高测量及标高调整。

⑥将临时支座放置在钢管桩上,并进行调整(一般用钢筋混凝土垫块)。

(2)无钢管桩支承的临时支座施工流程。

①沉管段基槽开挖。

②施工前设置测量平台,对开挖临时支座基坑的开挖船舶进行定位、锚定。

③在已开挖好的沉管段基槽内进行临时支座基坑的开挖(一般用抓斗船来开挖)。

④在此同时,在预制场内进行临时支座的制作及养护。

⑤向已开挖好的临时支座基坑抛填块石。

⑥对抛填好块石的垫层进行水下整平(一般可由潜水员来进行)并进行标高测量。

⑦放置临时支座。

⑧临时支座放置完毕后,对后填法基础处理,按要求抛填一定厚度的块石垫层,然后进行水下粗整平和测量。

4.航道疏浚

(1)临时航道疏浚。

临时航道疏浚必须在沉管基槽开挖以前完成,以保证施工期间河道上正常的安全运输。

(2)浮运航道疏浚。

浮运航道是专门为管段从干坞到隧址浮运时设置的,因此在管段出坞拖运之前,浮运航道要疏浚好,且管段浮运路线的中线应沿着河道深水河槽航行,以减少疏浚挖泥工作量。浮运航道应考虑具有0.5 m左右的富裕水深,并使管段在低水位(平潮水位)时能安全拖运,以防管段搁浅。

25.6　质量标准

基槽开挖的标准是基槽的宽度、深度、纵坡均达到设计要求。

25.7　成品保护

在管节沉放之前，应注意保持基槽不受破坏，如水面船只的抛锚，普通挖沙船采砂等均可能造成对基槽的破坏，应以加强监督管理为主。

25.8　安全环保措施

沉管隧道隧址的江河或海域如有严格的环保要求时，则须对基槽开挖过程中的泥砂流失加以控制。一般的措施如下：

（1）将开挖工作控制在拦幕内（或可使用临时移动的拦幕）。

（2）采用铰吸挖泥船时，可根据地质情况将铰刀转速、分段长度及开挖深度降低到一定范围。

（3）进行水流速度和泥砂流失监测，发现超标时随时调整开挖参数。

25.9　质量记录

按施工需要进行基槽开挖施工记录。

26   沉管隧道水下连接与管节接头施工工艺标准

26.1   总则

26.1.1   适用范围

本标准适用于沉管隧道。

26.1.2   编制参考标准及规范

(1)公路工程技术标准(JTG B01—2014)。

(2)公路勘测规程(JTG C10—2007)。

(3)公路工程质量检验评定标准(第一册 土建工程)(JTG F80/1—2017)。

26.2   术语

26.2.1   拉合千斤顶

拉合千斤顶是用于将两段管节精确拉合的一种工具。

26.2.2   定位塔

定位塔是用于管节沉放与对接的测量作业的一种工具。

26.2.3   水力压接法

水力压接法是利用水底的巨大水压力使后一管节与前一管节紧密结合的方法。

26.3   施工准备

26.3.1   技术准备

沉管水下连接涉及到水的流速、潮汐等水文信息,应做好相应的准备。同时还要保证在工作水域内管节浮运船舶的正常工作,对航道交通做好管制准备。

26.3.2 材料准备

准备好管节对接所需的工作材料,如临时支承梁、支承端头、支承杆等。

26.3.3 主要机具

1. 定位塔

定位塔为钢结构,一般是每节管节配备一套,设在管节顶面上。如定位塔兼作管节对中微调铰车的安装平台时,则须每管节配置两套(每端一套)。

2. 管节微调对中系统

管节微调对中系统有两种形式:一种是将微调铰车安装在定位塔顶部平台上;另一种是将微调铰车及其缆绳系统安装在管节顶面上。

3. 千斤顶

(1)拉合千斤顶。对接时需要在管节端的顶部配置拉合千斤顶。

(2)支承千斤顶。为了管节的精确定位,在管节内设置大量供微调用的支承千斤顶。

4. 管内其他设备

(1)施工临时通风系统。风管通过人孔管井直通水面。

(2)动力照明配电系统。由工程船舶提供动力照明电源,供电电缆通过人孔井接入,管内设置配电屏对动力、照明进行配电。

26.3.4 作业条件

管节接头作业主要在水底进行,应保证有足够的水底作业空间。

26.4 工艺设计和控制要求

26.4.1 技术要求

1. 管节对接作业要求

(1)对接拉合的速度应不大于70 mm/min,当两端面相距210 mm时,须对管节进行精细微调,直至满足设计的安装精度要求。

(2)水压压接时的压接速度不小于20 mm/min。

(3)管节下方应留足基础处理所需的预留空隙量,由设在管节下部的支承千斤顶进行调节。

2. 管节对接精度要求

管节对接精度要求为:管节前端,水平方向±20 mm,垂直方向±10 mm;管节后端,水平方向±50 mm,垂直方向±10 mm。

3. 定位塔要求

定位塔应能抵御台风的吹袭;定位塔内应能根据需要设置人孔井,以供施工人员由水面进入管节内。

26.4.2 材料质量要求

所需材料应符合设计要求。

26.4.3 职业健康安全要求

现场施工安全条件应符合相关劳动卫生部门的安全要求。对于特殊工种，如潜水员，其健康安全条件应满足相关要求。

26.4.4 环境要求

虽然水底对接作业一般不会对环境造成不良影响，但也应注意作业规范，如避免千斤顶漏油等现象发生。

26.5 施工工艺

26.5.1 工艺流程

水力压接法工艺流程如图 26 - 1 所示。

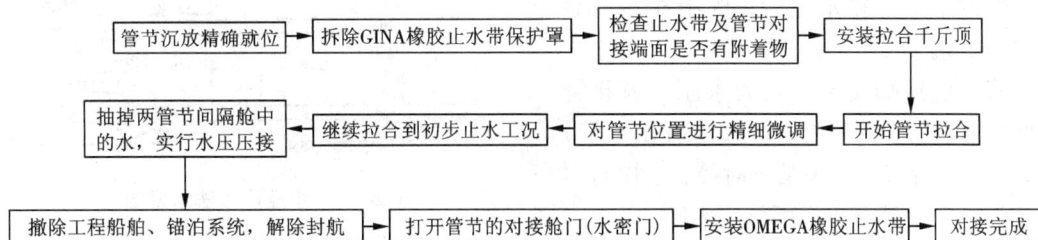

图 26 - 1 水力压接法工艺流程图

26.5.2 操作工艺

1. 水下连接工艺

（1）水下混凝土连接法。

先在接头两侧管节的端部与管节同时制作安设平堰板，待管节沉放完毕后，在前后两块平堰板左右两侧水中，安设一个圆形的钢围堰板；同时在衬砌的外边，用钢檐板把隧道内外隔开，再往围堰内灌筑水下混凝土，形成管节水下的连接。混凝土连接法一般只在管节的最终接头时采用。

（2）水力压接法。

这是目前沉管隧道普遍采用的管节对接工艺，如图26-2所示。步骤为：

①拉合。利用安装在管段竖壁上带有锤形拉钩的拉合千斤顶，将对好位的管段拉向前节既设管段，使胶垫的尖肋部产生初压变形和初步止水作用。拉合作业程序为：先推出拉杆，将锤形拉钩插入刚沉放管段中的临时支架的连接部分，再旋转90°即可固定，然后收缩拉杆，即完成拉合作业。拉合作业也可以用定位卷扬机完成。拉合作业完成后，应再次测量与调整。

②压接。拉合完成后，可立即打开已设管段后端封墙下部的排水阀，排出前后二节沉管封墙之间被包围封闭的水。排水阀用管道与既设管段水箱连接。排水开始后不久，须立即开启安设在既设管段后端顶部的进气阀，以防端封墙受到反向的真空压力，因为一般端封墙设计时，只考虑单向的水压力。当封端墙间水位降低到接近水箱水位时，应开动排水泵助排，否则水位不能继续下降。排水之后，作用在新设管节的前封端墙上的水压力消失，于是作用在该管节后封端墙上的巨大水压力就将管节推向前方，接头胶垫（GINA橡胶止水带）被挤压，前后管节实现紧密对接，这样对接的管节接头就具有非常可靠的水密性。

2.管节接头工艺

利用水力压接时所用的GINA橡胶止水带，吸收了变温伸缩位移与地基不均匀沉降所致角位移，以消除或减少管段所受变温或沉降应力。为加强防水效果，往往还在管节接头缝外以OMEGA橡胶止水带再形成一道防水带。这就是管节柔性接头，见图26-3。

3.千斤顶的设置

（1）安装在管节内的支承千斤顶。其活塞杆通过密封装置伸出管节底部，液压站设在管节内。

（2）安装在管节外壁的支承千斤顶。千斤顶在水中工作，液压站设置在水面的工程

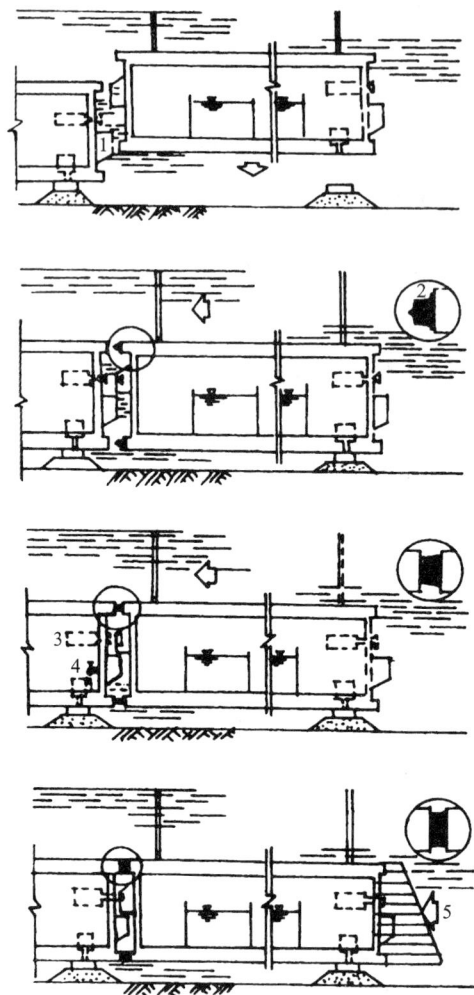

图26-2 水压压接法示意图

1—鼻式托座；2—接头胶垫；3—拉合千斤顶；
4—排水筏；5—水压力

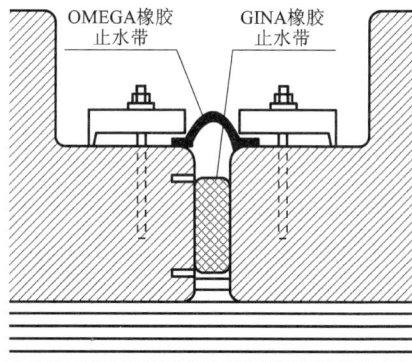

图26-3 管节柔性接头

船舶上,油管在水中与千斤顶连接。

(3)拉合千斤顶安装在管段前端左右的边墙上,拉力一般为 150 kN,顶程为 1 m。

26.6　质量标准

基槽开挖的标准是基槽的宽度、深度、纵坡均达到设计要求。

26.7　成品保护

在管节沉放之前,应注意保持基槽不受破坏,水面船只的抛锚、普通挖沙船采砂等均可能造成对基槽的破坏,应以加强监督管理为主。

26.8　安全环保措施

沉管隧道隧址的江河或海域如有严格的环保要求时,则须对基槽开挖过程中的泥砂流失加以控制。一般的措施如下:

(1)将开挖工作控制在拦幕内(或使用临时移动的拦幕)。

(2)采用铰吸挖泥船时,可根据地质情况将铰刀转速、分段长度及开挖深度降低到一定范围。

(3)进行水流速度和泥砂流失监测,发现超标时随时调整开挖参数。

26.9　质量记录

按施工需要进行基槽开挖施工记录。

27 水下公路隧道管段浮运与沉放施工工艺标准

27.1 总则

27.1.1 适用范围

本标准适用于采用沉管法施工的水下公路隧道工程。

27.1.2 编制参考标准、规范

（1）地下铁道工程施工及验收标准（GB/T 50299—2018）。
（2）公路隧道施工技术规范（JTG F60—2009）。
（3）公路工程质量检验评定标准（第一册 土建工程）（JTG F80/1—2017）。

27.2 术语

27.2.1 起重船吊沉法

起重船吊沉法是采用起重船提着管节顶板预埋的吊环沉放管节的方法。

27.2.2 浮箱吊沉法

浮箱吊沉法是在管节顶板上方安装浮箱和卷扬机，并直接将管节吊起和沉放的方法。

27.2.3 自升式平台吊沉法

自升式平台吊沉法，简称SEP法，指采用船体作业平台吊沉管节的方法。这种作业平台的4根柱脚可通过液压千斤顶自由升降。

27.2.4 船组杠吊法

船组杠吊法指采用两副"杠棒"担在两组船体上组成的船组，完成管节吊沉作业的方法。所谓"杠棒"即钢桁架梁或钢板梁。

27.3 施工准备

27.3.1 技术准备

(1)为保证管节浮运与沉放的顺利进行,施工前应收集气象、水文等基础资料,包括:

①管节沉放期间的天气预报。天气、风向、风力、温度、风速、相对湿度等。

②水文资料。历史最高与最低水位,百年一遇洪水推算水位,最高与最低潮位。

③流速。涨急与落急最大、最小断面流速,涨急与落急平均断面流速。

④涨急平均流向。

⑤江(河、海)水重度。

⑥绘制典型日水位过程线。

(2)制定管节浮运与沉放方法与实施计划。

(3)进行管节浮运与沉放过程的力学验算。

(4)进行管节沉放地段的沟槽开挖与清淤工作。

(5)准备浮运与沉放机具与设备。

(6)制定航道管制计划,与港务、港监等部门商定航道管理有关事项,并通知有关部门。

(7)设置水底临时支座和地锚。

(8)设置浮运与沉放过程的控制测量站(点)。

27.3.2 材料准备

材料准备中主要是准备牵引缆索。

27.3.3 主要机具与设备

(1)主要机具:管段吊沉大型机具设备(起重船、或自升式水上作业平台、方形浮箱或小型方驳)、卷扬机、拉合千斤顶。

(2)主要设备:定位塔、地锚、超声波测距仪、倾度仪、缆索测力计、压载水容量指示器、指挥通信器具。

27.3.4 作业条件

(1)管段浮运与沉放方案已经确定。

(2)管段沉放地段的沟槽开挖与清淤工作已经完成。

(3)浮运与沉放机具与设备已准备就绪。

(4)航道管制方案已制定妥当,并征得港务管理部门同意,各航运单位已收到正式通告。

(5)气象与水文条件符合浮运与沉放作业技术要求。

(6)河底临时支座与安设定位索的地锚已事先设置完毕。

27.3.5 劳动力组织

劳动力组织包括:总指挥1人,管节浮运副指挥1人,驳船驾驶与管节浮运操纵8~10

人,管节下沉副指挥 1 人,下沉施工操作 10 ~ 20 人(根据下沉方法而定),监测人员 8 ~ 10 人,安全员 3 ~ 5 人,潜水员 5 ~ 8 人。

27.4 工艺设计和控制要求

27.4.1 技术要求

(1)施工时应根据当地的自然条件、航道条件、沉管本身的规模以及设备条件等,因地制宜地选用合适的沉埋方法。

(2)采用拖轮拖运时,当拖运距离较长,水面较宽时,拖轮的大小和数量宜根据管段的长、宽、高度、拖拉航速及航运条件(航道形状、水深、流速等),通过力学计算分析选定。

(3)采用绞车拖运与拖轮顶推管段浮运时,应在临时航道设置导航系统,要选择良好的气候条件,一般要晴天进行。

(4)沉放作业之前的 12 h,应对水流与气象条件的资料作认真分析,确定气象条件符合作业要求;在沉放作业之前 2 h,还应对这些条件进行复核。

(5)施工期间要加强水上交通管理以确保安全。

(6)潜水作业人员应掌握相关的水下作业技术要求和安全规程。

(7)在管节沉放前和沉放过程中,需要进行下列项目的测量工作:

①沉管段基槽开挖断面测量。

②临时支座的安装精度测量。

③锚块的平面位置及高程测量。

④浮运过程中管节的水平、倾斜调整测量。

⑤管节出坞、浮运的方向控制测量。

⑥浮运就位时管节位置的测量。

⑦管节沉放过程的测量。

⑧与浮运沉放有关的预埋件测量。

⑨沉管段范围水文潮汐监控。

27.4.2 材料质量要求

(1)管节浮运与沉放施工时所用缆索应满足相关的质量要求。

(2)固定管节与缆索的地锚材料质量应保证施工要求。

27.4.3 职业健康安全要求

潜水员进行管节沉放的水下作业时,应有相应的安全防护和救援措施。

27.4.4 环境要求

(1)管节浮运作业时,气象条件应符合:

①风力小于 5 级。

②能见度应大于 500 m。

(2)管节沉放作业时,气象条件应符合:

①风力小于 5~6 级。

②能见度大于 1000 m。

③气温大于 -3℃。

27.5　施工工艺

27.5.1　工艺流程

沉管法施工工艺流程如图 27-1 所示。

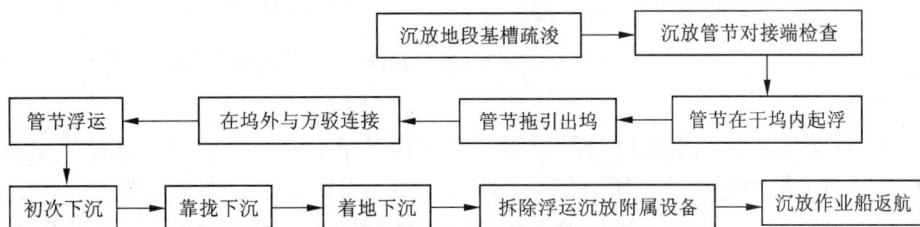

图 27-1　沉管法施工工艺流程图

27.5.2　操作工艺

1.管段浮运工艺

(1)管段拖运出坞(图 27-2)。

①向干坞内灌水,使预制管节逐渐浮起。

②利用在干坞四周预先为管段浮运布设的锚位,用地锚绳索固定在浮起的管段上。

③通过布置在干坞坞顶的绞车将管段逐节牵引出坞。

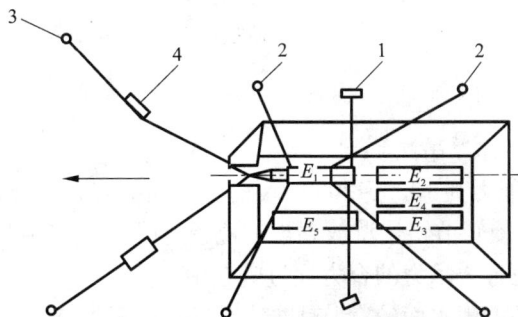

图 27-2　管段拖运出坞示意图

1—绞车;2—地锚;3—沉埋锚;4—工作驳;5—出坞牵引线

(2)管段向隧址浮运:可采用拖轮拖运,或用岸上的绞车拖运管段。

(3)拖轮布置形式。

①四船拖运。一种形式是将两艘拖轮并排在管段的前面领拖，另两艘拖轮并排在管段的后面反拖，并制动转向，如图27-3(a)所示。另一种形式是前一艘主拖轮作为领拖，管段两边各用一艘拖轮帮助轮，后面一艘拖轮进行反拖并制动管段转向。

②三船拖运管段。一种形式是用两艘拖轮在前拖，一艘拖轮在后反拖并制动转向，如图27-3(b)所示。另一种形式是用一艘主拖轮在前面拖拉，两艘动力较小的拖轮系靠在管段后面两侧控制导向。

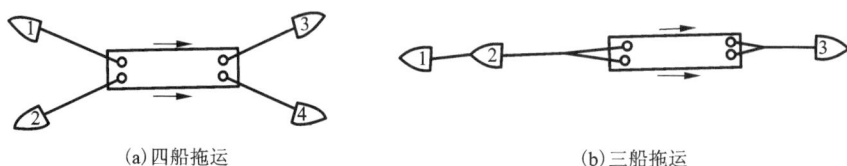

(a)四船拖运　　　　　　　　　　　　　　　(b)三船拖运

图 27-3　管段拖运

(4)岸上绞车拖运和拖轮顶推管段浮运。当水面较窄时，可采用岸上设置绞车拖运；或采用绞车拖运与拖轮顶推方式，如图27-4所示。即在沉放管段接头处位置的前方，抛锚布置一艘方驳，在方驳上安置一台液压绞车作为管段的制动力，浮运时，三艘拖轮顶潮协助浮运，一艘拖轮在上游作备用。

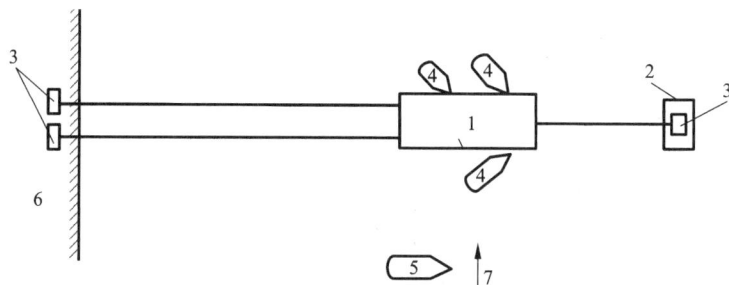

图 27-4　绞车拖运和拖轮顶推管段

1—管段；2—方驳；3—液压绞车；4—顶推拖轮；5—备用拖轮；6—河岸；7—水流

2. 管段沉放工艺

(1)起重船吊沉法(亦称浮吊法)。

①采用2~4艘起重能力为1000~2000 kN的起重船提着管节顶板预埋吊环。

②逐渐给管节压载，使管节慢慢沉放到规定位置上(图27-5)。

③吊环位置应能保证每个吊力的合力通过管节中心。

④这种方法的缺点是占用水面较宽，对航道交通互相干扰较大。

(2)浮箱吊沉法。

①浮箱吊沉法，如图27-6所示。

②在管节顶板上方采用4只浮力为1000~1500 kN的方形浮箱(体积10 m×10 m×4 m)，直接将管节吊起。

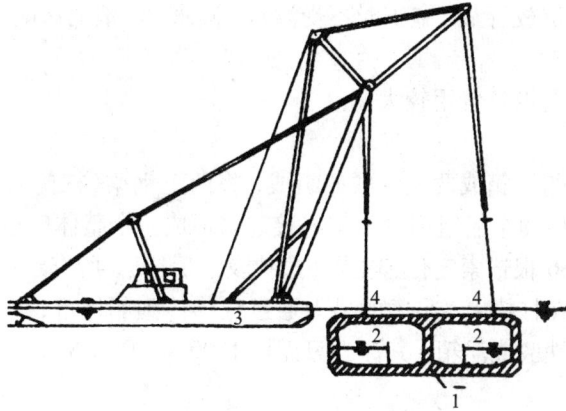

图 27-5　起重船吊沉法
1—沉管；2—压载水箱；3—起重船；4—吊点

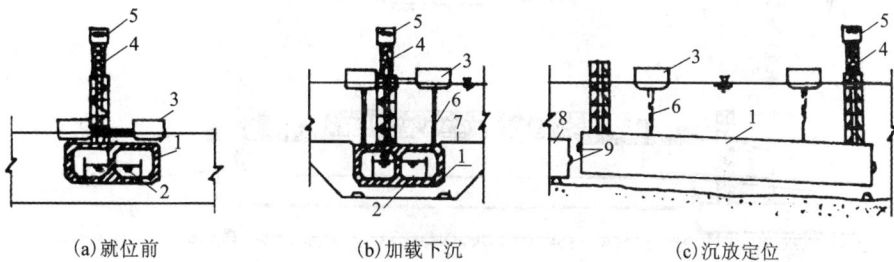

(a)就位前　　　(b)加载下沉　　　(c)沉放定位

图 27-6　浮箱吊沉法
1—就位前；2—加载下沉；3—沉放定位；4—定位塔；5—指挥塔；6—定位索；7—现设管节；8—鼻式托座

③吊索起吊力主要作用在各浮箱中心。

④四只浮箱分前后两组，每两只浮箱用钢桁架连接起来，并用 4 根锚索抛锚定位。

⑤起吊的卷扬机和浮箱定位卷扬机均安放在浮箱顶部。

⑥可以不采用浮箱组的定位锚索，只用管节本身身上的 6 根定位索进行控制，使水上沉放作业进一步简化。

（3）自升式平台吊沉法。

①自升式平台一般由 4 根柱脚与船体平台两部分组成。

②移位时靠船体浮移，就位后柱脚靠液压千斤顶下压至河床以下，平台沿柱脚升出水面，利用平台上的起吊设备吊起沉放管节，如图 27-7 所示。

③管节沉放施工完后落下平台到水面，利用平台船体的浮力拔出柱脚，浮运转移使用。

④自升式平台吊沉法，适用于水深或

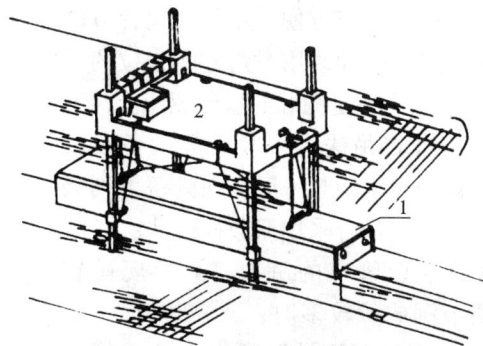

图 27-7　自升式平台吊沉法
1—沉管；2—自升式平台(SEP)

流速较大的河流或海湾沉放管节，施工时不受洪水、潮水、波浪的影响，不需要锚锭，对航道干扰小。

⑤这种方法的缺点是设备费用较大。

（4）船组杠吊法。

①每组船体可用两组浮箱或两只铁驳船组成，将两组钢梁（杠棒）两头担在两只船体上，构成一个船组，再将先后两个船组用钢桁架连接起来形成一个整体船组。

②船组和管节各用6根锚索定位（均为四边锚及前后锚），所有定位卷扬机均安设在船体上，起吊卷扬机则安设在杠棒上，吊索的吊力通过杠棒传到船体上，如图27－8所示。在船组杠吊法中，需要四只铁驳或浮箱，其浮力只需用1000～2000 kN 就足够了。

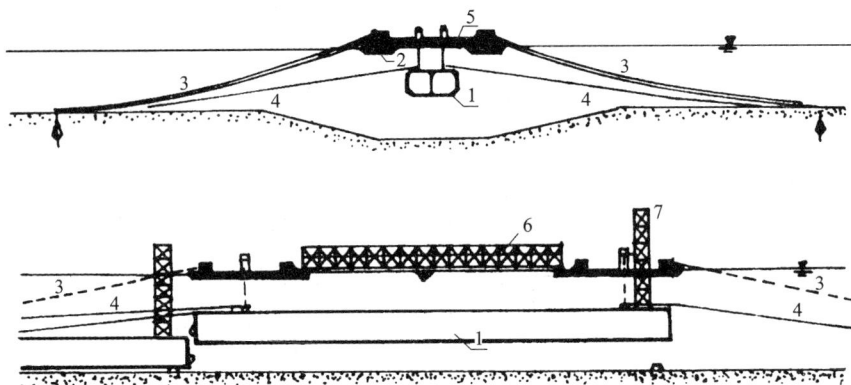

图27－8　船组杠吊法

1—沉管；2—铁驳；3—船组定位索；4—沉管定位索；5—杠棒；6—连接梁；7—定位塔

③亦可采用两只吨位较大的铁驳（驳体长60～85 m、宽6～8 m、型深2.5～3 m）代替四只小铁驳进行管节沉放作业，称为双驳杠吊法，如图27－9所示。

④这种方法的主要特点是：船组整体稳定性好，操作较方便，并且可把管节的定位锚索省去，而改用对角方向张拉的斜索系定于整体稳定性好的双驳船组上。

⑤双驳杠吊法大型驳船等设备费较贵，一般很少采用。一般只在具备下列条件之一时，才适合采用双驳杠沉法：

（a）小型管节的沉放，工程规模较大，管节沉放量较多时，沉放时较平稳，且浮运时还可利用铁驳船组挟持着管节

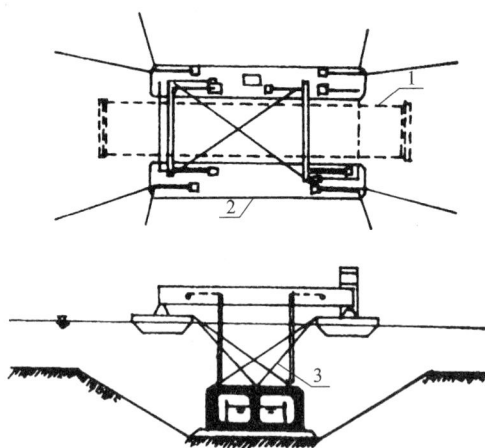

图27－9　双驳杠吊法

1—管节；2—大型铁驳；3—定位索

航行，使浸水面积对浮轴的惯性矩成倍增大，使浮运时抗倾覆稳定性及安全度大的提高；

（b）计划准备在附近连续修建多余沉管隧道。

（c）沉管工程完毕之后，大型方驳可移作他用（如改用作浮码头等）。

3.沉放作业工艺

（1）沉放前的准备。

（2）管节就位。

①在高潮平潮之前，将"背着"浮箱的管节或挟持着管节的作业船组拖运到指定位置上，并挂好地锚，校正好前后左右位置。

②此时管节所处位置，可距规定沉埋位置10～20 m，但中线要与隧道轴线基本重合，误差不应大于10 cm。管节的纵向坡度亦应调整到设计坡度。

③定位完毕后，可开始灌注压载水，至消除管节的全部浮力为止。

（3）管节下沉。

①管节下沉的全过程，一般需要2～4 h，因此应在潮位退到低潮平潮之前1～2 h开始下沉。开始下沉时的水流速度，宜小于0.15 m/s，如流速超过0.5 m/s，就要另行采取措施。

②下沉作业一般分为三个步骤，即初次下沉、靠拢下沉和着地下沉，见图27－10。

（a）初次下沉。先灌注压载水至下沉力达到规定值之50%。随即进行

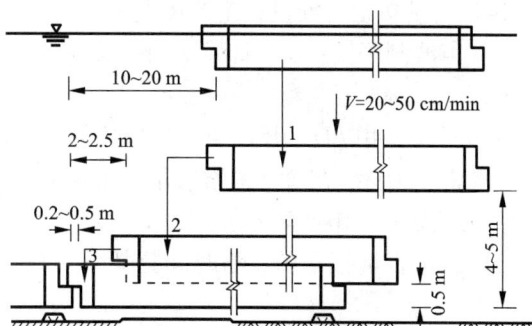

图27－10　管节下沉步骤
1—初次下沉；2—靠拢下沉；3—着地下沉

位置校正完毕后，再继续灌水至下沉力达到规定值之100%。并开始按40～50 cm/min速度将管节下沉，直到管底离设计高程4～5 m为止。下沉时要随时校正管节位置。

（b）靠拢下沉。将管节向前一节（即设管节）方向平移，至既设管节前2 m左右，然后再将管节下沉到管底离设计高程为0.5～1 m处，并较正好管节位置。

（c）着地下沉。先将管节继续前移至距前节既设管节约50 cm处。矫正管节位置后，即开始着地下沉。最后1 m的下沉速度要慢得多，并应同时进行矫正位置。着地时先将前端搁上鼻式托座或套上卡式定位托座，然后将后端轻轻地搁置到临时支座上。搁好后，各吊点同时卸荷。先卸去1/3吊力，校正位置后再卸至1/2吊力。待再次校正位置后，卸去全部吊力，使整个管节的下沉力全部都作用在临时支座上。

③前后二节管节的沉埋时间间隔，视各方配合与准备情况而定。大多数工例采用一个月周期，即一个月沉埋一节。

4.沉放作业的主要工具与设备

（1）管节吊沉大型机具设备。

①起重船吊沉法采用2～4艘起重能力为1000～2000 kN的起重船。

②自升式平台吊沉法采用专用的SEP（Self-elevating platform）水上作业平台。

③箱吊沉法与船组杠沉法是四艘1000～1500 kN的方形浮箱或小型方驳。其最主要的起重设备是6～14台定位卷扬机（电动或液压驱动，单筒式，牵引力80～100 kN，绳速0～3 m/min的卷扬机）和3～4台起吊卷扬机（电动或液压驱动，单筒式，牵引力100～120 kN，绳速5 m/min的卷扬机）。

（2）拉合千斤顶。

①拉合千斤顶安装在管节前端左右的边墙上，用以拉往前节以设管节的后端，进行拉合作业。

②拉合千斤顶拉力一般为 150 kN，顶程为 1 m。

（3）定位塔。

①定位塔为事先安装在管节顶面上，高十余米的塔形钢结构，中带出入孔"腰子筒"，筒径多为 0.8～1.2 cm。

②每节管节多数设有前、后二座定位塔，在每座塔顶上都设有测量标志。

③在使用浮箱吊沉法时，还在其中一座定位塔上设置指挥室，以及测量工作室。

④定位卷扬机也可安设在定位塔上。

（4）超声波测距仪：设于管节端面，以测定前后二节管节间的三向相对距离。测量精度 ±5 mm/m。

（5）倾度仪：用以自动反映管节的纵横倾度，以便及时调整吊索。

（6）缆索测力计：在每一锚索或吊索的固定端均应设自动测力计，以便能在指挥室中直接显示受力数值，并作自动记录。

（7）压载水容量指示器：随时间指挥室反映压载水容量及下沉力实际数量，并作自动记录。

（8）指挥通信器具：

①带音频放大器的双向无线电话机，用于指挥室与岸上值班室或岸上测量室间的直接联系。

②步话机，用于指挥室与驳船组或浮箱上各工长间的直接联系。

5. 浮运与沉放过程的测量

（1）在一岸上端的隧道中孔中线位置上，设置一个二等精度控制点（坐标、高程）。

（2）在每节管节的中孔底板、顶板表面分别设 9 个测量点（坐标、高程）。

（3）在管节的测量塔、控制塔上分别设 3 个控制点（坐标、高程）。

（4）基槽开挖断面、临时支座的安装精度、锚块的平面位置及高程等测量项目，可采用两岸上设置的二等三角网控制点和水准点进行测量。

（5）管节起浮时的调平测量，可以利用精密水准仪和钢钢尺进行测量。

（6）在出坞、浮运过程中的管节中线，就位后的里程测量，可以通过设置在测量塔上的激光测距仪，利用一岸上设置的二等三角点形成直线加以控制。

（7）沉放过程中的高程、倾斜及对接时的高度，可以通过测量塔、控制塔上的测点进行控制。

6. 水上交通管制

（1）在进行管节沉埋作业时，为了保证施工和航运双方安全，必须采取水上交通管制措施。

（2）航道管制可分为主航道的临时改道和局部水域的暂短封锁两种情况。

（3）一部分管节进行沉埋作业时，仍可使用原航道，保持航运畅通；另一部分管节进行沉埋时，可改用特意浚挖出来的临时航道维持通行。

（4）临时航道可与原航道同宽，亦可有所缩小改为单向交通，视河面情况而定。

（5）局部水域的暂短封锁的范围为从隧道中轴线起，上、下游各 150 ~ 200 m。在沿隧道中轴线的前后方向，则视定位锚索的布置而定，其范围约为离管节两端各 150 ~ 200 m。

27.6   质量标准

（1）管节沉放就位对接后，总体精度要求：管节中线水平误差为 ±10 mm；管节顶面高程误差为 ±50 mm；管节中线长度误差为 ±20 mm。

（2）管节安装相对误差要求：管节横向容许误差为 ±20 mm；管节纵向容许误差为 ±20 mm；相邻管节对接端面水平转角开度 ±10 mm（弧长）。

27.7   成品保护

（1）在管节上安装浮运和沉放附属设备，以及在浮运与沉放过程中，应避免对管节结构的损伤。

（2）管节下沉阶段应严格按操作工艺控制下沉速度，防止因管节下沉速度过快而造成结构裂损。

27.8   安全环保措施

27.8.1   安全措施

（1）施工期间所有工作人员应统一听从指挥室的调度，确保水上和水下作业安全。

（2）安全监督人员应严密监视过往船只是否严格按航道管制措施航行，以防止发生船只碰撞事故。

27.8.2   环保措施

临时航道的浚挖，应尽量减少因水流方向的变化而引起周边生态环境的变化。

27.9   质量记录

（1）沉管段基槽开挖精度质量记录。

（2）临时支座与地锚施工质量记录。

（3）管节浮运过程中方向、水平、倾斜控制记录。

（4）管节沉放速度与就位精度测量记录。

（5）管节浮运与沉放期间气象与水文监控记录。

28　沉管基础处理与覆土回填施工工艺标准

28.1　总则

28.1.1　适用范围

本标准适用于采用沉管法施工的水下公路隧道工程。

28.1.2　编制参考标准、规范

(1)地下铁道工程施工及验收标准(GB 50299—2018)。

(2)公路隧道施工技术规范(JTG F60—2009)。

(3)公路工程质量检验评定标准(第一册 土建工程)(JTG F80/1—2017)。

28.2　术语

28.2.1　先铺法

先铺法是在管节沉放前用专用的刮铺船上的刮板在基槽底刮平铺垫材料(如粗砂或碎石或砂砾石)作为管节基础。先铺法基本上只包含有刮铺法一种。

28.2.2　后填法

后填法是先将管节沉埋在预置在沟槽底上的临时支座上,随后再进行充填垫实。

28.3　施工准备

28.3.1　技术准备

(1)根据技术要求选定基础处理与回填方法,制定实施计划。

(2)准备基础处理、回填机具与设备。

(3)准备基础处理与回填的各种工程材料。

(4)制定航道管制计划,与港务、港监等部门商定航道管理有关事项,并通知有关部门。

(5)准备和设置施工质量监视仪器和设施。

28.3.2　材料准备

(1)先铺法(刮铺法)需要准备的材料有：砂砾石、碎石、水泥膨润土混合砂浆、钢管、锚块。

(2)后填法需要准备的材料有：碎石、砂、尼龙囊袋、黏土、水泥、混合砂浆(砂浆成分视施工方法而定)等。

(3)回填需要准备的材料有：砂砾、碎石、矿渣、片石等。

28.3.3　主要机具

(1)先铺法(刮铺法)主要机具设备：驳船、刮铺机、车架等。

(2)后铺法主要机具设备：驳船、液压千斤顶、输料管(或喷管与吸管)、台架、压力泵等。

28.3.4　作业条件

(1)基础处理、回填方案和实施计划已经确定，并经业主和监理部门批准。

(2)基础处理、回填施工机具与设备已准备就绪，其功能满足技术要求。

(3)基础处理与回填的各种工程材料已准备妥当，其规格、性能和质量能满足工程要求。

(4)航道管制方案已制定妥当，并征得港务管理部门同意，各航运单位已收到正式通告。

(5)气象与水文条件符合施工作业技术要求。

(6)施工质量监视仪器和设施已设置妥当。

28.3.5　劳动力组织

(1)先铺法劳动力组织包括：施工队长1人，技术负责人1人，驳船驾驶与操纵6~8人，开挖沟槽与打桩10~20人，材料准备及输送8~10人，刮铺及操作及辅助作业8~10人，喂料6~8人，注浆6~8人，覆土回填8~10人。

(2)后填法劳动力组织包括：施工队长1人，技术负责人1人，开挖沟槽与设置临时支座等10~20人，材料准备及输送8~10人，填料机具操作及辅助作业8~10人，喂料6~8人，覆土回填8~10人。

28.4　工艺设计和控制要求

28.4.1　技术要求

(1)应根据以下要求选择沉管基础处理方法：

①沉管段基槽底的工程地质条件。

②抗震设防要求。

③航道通航及封航要求。

④管节底宽尺寸。

⑤沉管隧道所在地区充填料供应条件。

⑥沉管隧道所在地区现有施工选择的工程船舶配备条件。

⑦河(海)深。

⑧工期及经济要求。

(2)对沉管管节基础两侧及顶部进行回填处理时,应注意以下几点:

①全面回填工作必须在相邻的管节沉放完后方能进行,采用喷砂法进行基础处理或采用临时支座时,则要等到管节基础处理完,落到基床上再回填。

②采用压注法进行基础处理时,先对管节两侧回填,但要防止过多的岩渣存落管节顶部。

③管节上、下游两侧(管节左右侧)应对称回填。

④在管节顶部和基槽的施工范围内应均匀地回填,不能在某些位置投入过量而造成航道障碍,也不得在某些地段投入不足而形成漏洞。

(3)采用压浆法施工时,压浆时应对压力慎加控制,以防顶起管节。

(4)采用压砂法施工时,注砂压力应比静水压力大 50 ~ 140 kPa。

(5)后填法施工中所用混合砂浆原材料应严格按照对应方法的技术要求配制。

(6)宜采用水下闭路电视监视后填法的充填效果。

28.4.2 材料质量要求

(1)采用刮铺法时,若铺垫材料应为砂砾石或碎石,其最佳粒径分别为 26 ~ 38 mm 和 150 mm。在地震区应避免用黄砂作铺垫材料。

(2)采用灌囊法施工时,囊袋的尺寸宜以能容纳 5 ~ 6 m³ 为宜。制造囊袋的材料要有一定牢度,并有较好的透水性和透气性,以便灌注砂浆时顺利地排出囊袋中的水和空气。

(3)采用压砂法施工时,所用砂的粒径应为 0.15 ~ 0.27 mm。

(4)采用压浆法施工时,混合砂浆的配合比宜为:水泥 150 kg、蒙脱土 25 ~ 30 kg、砂 600 ~ 1000 kg。

28.4.3 职业健康安全要求

需要潜水员进行相应的水下作业时,应有可靠的安全防护和救援措施。

28.5 施工工艺

28.5.1 工艺流程

1.刮铺法(先铺法)工艺流程

刮铺法(先铺法)工艺流程如图 28 - 1 所示。

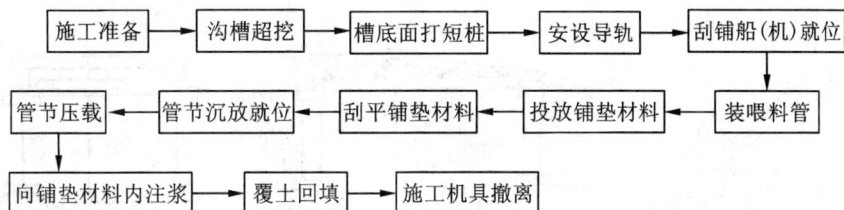

图 28 - 1 刮铺法工艺流程

2.后铺法工艺流程

后铺法工艺流程如图 28 - 2 所示。

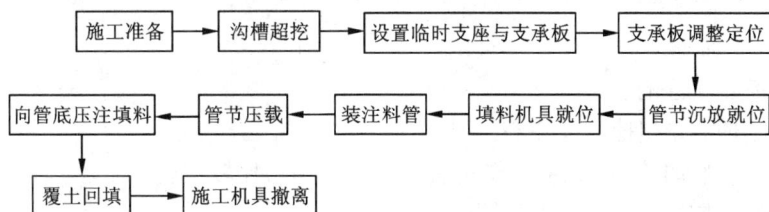

图 28 - 2 后铺法工艺流程

28.5.2 操作工艺

1.刮铺法(先铺法)施工工艺

(1)刮铺法基本工序如图 28 - 3 所示。

①在浚挖沟槽时先超挖 0.6 ~ 0.8 m。

②沿沟槽底面二侧打数排短桩,安设导轨以便在刮铺时控制高程和坡度。

③用抓斗或通过刮铺机的喂料管,其宽度为管节底宽加 1.5 ~ 2 m,长度为一节管节长度左右,投放铺垫材料。

④按导轨所规定的厚度、高程以及坡度,用刮铺机将铺垫材料刮平。

⑤在管节里灌足压载水,有时再压砂石料,使其产生超载,而使垫层压紧密贴;若铺垫材料为碎石,通过管节底面上预埋的压浆孔,向垫层里压注水泥膨润土斑脱土混合砂浆。

(2)刮铺法的缺点。

①需要特制的专用刮铺设备。

②作业时间长,干扰航道。

③刮铺完后须经常清除回淤土或坍坡的泥土。

④当管节底宽较大,且超过 15 m 左右时,施工较困难。

2.后填法施工工艺

后填法施工的类型有以下几种:

①喷砂法。

②灌囊法。

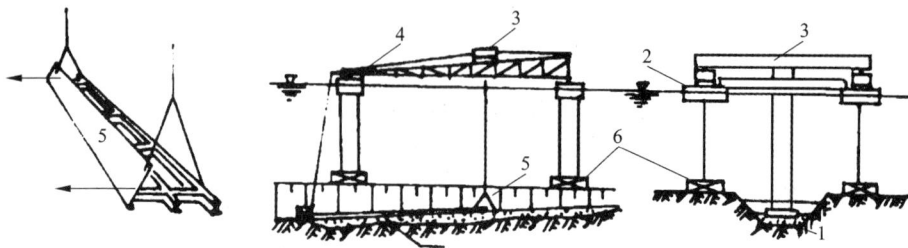

图 28-3 刮铺法施工基本工序

1—碎石垫层；2—驳船组；3—车架；4—桁架及轨道；5—刮板；6—锚块

③压浆法。

④压砂法。

⑤桩基法。

后填法的基本工序有：

①浚挖沟槽时，先超挖 1 m 左右。

②在沟底安设临时支座(此项工作是后填法中的一项比较主要的工序)。

(a)水底临时支座，多数是用道咋堆成。

(b)道咋堆的常用尺度为 7 m×7 m×(0.5~1.0)m。

(c)搁在临时支座上的支承板通常随管节一起浇制，一起沉埋，其尺寸一般为 2 m×2 m×0.5 m。

(d)支承板由设在与管节底面之间的液压千斤顶实现调整定位。

③管节沉埋完毕(在临时支座上搁妥后)，往管底空间回填垫料。

(1)喷砂法。

此法主要是从水面上用砂泵将砂、水混合料通过伸入管节底下的喷管向管底喷注，填满空隙。喷填的砂垫层厚度一般是 1 m 左右。

喷砂作业需要一套专用的台架，台架顶部突出在水面上，可沿铺设在管节顶面上的轨道做纵向前后移动(图 28-4)。

在台架的外侧，悬挂着一组(三根)伸入管节底部的 L 形钢管。中间一根为喷管，直径为 100 cm，旁边二根为吸管，直径为 80 mm。

作业时将砂、水混合料经喷管喷入管节底下空隙中，喷射管做扇形旋移前进。在喷砂进行的同时，经二根吸管抽吸回水。从回水的含砂量中可以测定砂垫的密实程度。

喷砂时从管节的前端开始，喷到后端时，用浮吊将台架吊移到管节的另一侧，再从后端向前端喷填，见图 28-5。

喷砂作业的施工进度约为 200 m³/h。当管节底面积为 3000~4000 m² 时，喷砂作业的实际时间仅为 15~20 h。

喷砂完毕后，随即松卸临时支座上的定位千斤顶，使管节的全部(包括压载物)重量压到砂垫层上去进行压密。这时产生的沉降量，一般在 5 mm 以下。通车以后的最终沉降量，一般都在 15 mm 以内。

喷砂法的优缺点与适用性如下所述。

优点：在清除基槽底的回淤土时十分方便，可在喷砂作业前利用喷砂设备逆向作业系统进行。

缺点：喷砂台架体积庞大，占用航道影响通航；设备费用昂贵；对砂子的粒径要求较严，因而增加了喷砂法的费用。

适用性：适用于宽度较大的沉管隧道。

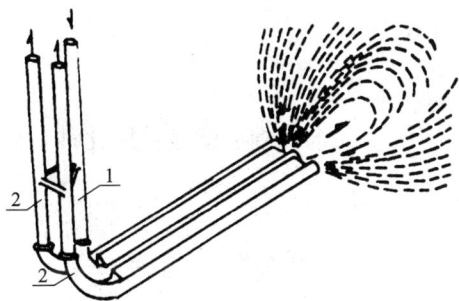

图 28-4　喷砂法原理
1—喷砂管；2—回吸管

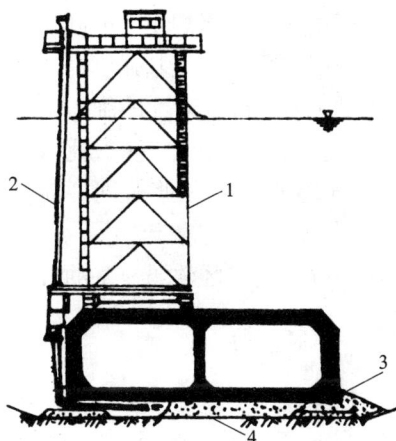

图 28-5　喷砂台架
1—喷砂台支架；2—喷管及吸管；3—临时支撑；4—喷入砂垫

（2）灌囊法。

首先在开挖好的基槽底面先铺一层砂、石垫层，然后于管节沉放前在管节底面下事先系扣上空囊袋一并下沉，先铺垫层与管节底面之间留出 15～20 cm 的空间。

待管节沉放完毕后，从工程船上向囊袋内灌注由黏土、水泥和黄砂配置成的混合砂浆，直至管节底面以下的空隙全部填满为止，见图 28-6。

囊袋的尺寸按一次灌注量而定，一般不宜过大，以能容纳 5～6 m³ 为度。制造囊袋的材料要有一定牢度，并有较好的透水性和透气性，以便灌注砂浆时能顺利地排出囊袋中的水和空气。

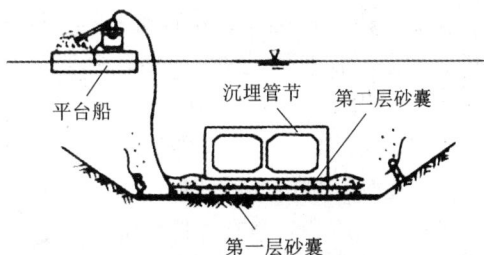

图 28-6　灌囊法

混合砂浆的强度（标号）要求不高，只需略高于基槽原状土即可，但其流动性应较大。

灌浆时，从水面通过 1 m 直径的消防软管，靠砂浆自重自行灌注，而不加压。灌注时须采取适当措施防止管节顶起，除密切观测外，还可采取间隔（跳挡）轮灌等措施。

（3）压浆法。

这是一种在灌囊法的基础上进一步改进和发展而来的处理方法，可省去较贵的囊袋，繁复的安装工艺、水上作业和潜水作业。

在浚挖沟槽时，也是先超挖 1 m 左右，然后摊铺一层厚为 0.4～0.6 m 的碎石，但不必刮平，只要大致整平即可。再堆设临时支座所需的道咋堆，完成后即可沉埋管节。

在管节沉埋结束后，沿着管节二侧边及后端底边抛堆砂、石封闭栏至管底以上 1 m 左右，以封闭管底周边。

然后从隧道内部，用压浆设备，通过预埋在管节底板上的 $\phi80$ mm 压浆孔，向管底空隙压注混合砂浆(图 28 - 7)。

混合砂浆由水泥、膨润土、黄砂和缓凝剂配成。强度应低于原地基强度。压浆材料也可用低标号、高流动性的细石子混凝土。压浆的压力不必太大，一般比水压大 0.1 ~ 0.2 MPa 即可。压浆时同样对压力要慎加控制，以防顶起管节。

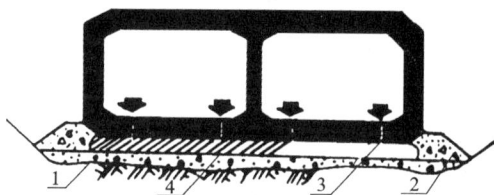

图 28 - 7　压浆法

1—碎石垫层；2—砂；3—石封闭栏；4—压入砂浆

压浆法可解决地震区软弱地基的液化问题(如我国宁波甬江水底隧道就是采用此种基础处理方法)。

(4)压砂法。

此法与压浆法很相似，但压入的不是水泥砂浆，而是砂、水混合料。所用砂的粒径为 0.15 ~ 0.27 mm，注砂压力比静水压力大 50 ~ 140 kPa。

压砂法具体做法是：

①在管节内沿轴向铺设 $\phi200$ mm 输料钢管，接至岸边或水上砂源，通过泵砂装置及吸料管将砂水混合料泵送(流速约为 3 m/s)到已接好的压砂孔，打开单向球阀，将混合料压入管底空隙。

②停止压砂后，在水压作用下球阀自动关闭。每次只连接三个压砂孔，当一个压砂孔灌注范围填满砂子后，返回重压先前的孔，其目的是填满某些小的空隙。

③完成一段后再连接另外的孔，进行下一段压砂作业。压砂顺序是从岸边注向中间，这样可避免淤泥聚积在隧道两端。待整个管节基础压砂完成后，再用焊接钢板封闭压砂孔。

压砂法的优缺点(我国广州珠江沉管隧道也成功地采用压砂基础)如下所述。

优点：设备简单，工艺容易掌握，施工方便；对航道干扰小，受气候影响小。

缺点：在管底预留压砂孔时，要认真施工和处理，否则容易造成渗漏，危及隧道安全。此外，在砂基经压载后会有少量沉降。

(5)桩基法。

当沉管隧道下的地基特别软弱时，其容许承载力很小，仅作"垫平"处理是不够的。采用桩基础支撑沉管，承载力和沉降都能满足要求，抗震能力也较强，桩较短，费用较小。

沉管隧道采用水底桩基础后，由于施工中桩顶标高不可能达到齐平，为使各桩能均匀受力，必须在桩顶采取一些措施。这些措施大体有以下三种：

①水下混凝土传力法。基桩打设好后，在桩群顶灌注水下混凝土，并在其上铺一层砂石垫层，使沉管荷载经砂石垫层和水下混凝土层能均匀传递到桩基上，见图 28 - 8。

②灌囊传力法。在管节底面与桩群之间，用灌囊法填实。

③活动桩顶法。在所有的基桩上设一小段预制混凝土活动桩顶，活动桩顶与预制混凝土之间留有一空腔。管节沉埋完毕后，向空腔中灌筑水泥砂浆，将活动桩顶顶升至与管底密贴

接触(图28-9)。待砂浆强度达到要求后,卸除千斤顶,管节荷载便能均匀地传到桩群上。活动桩顶可用钢桩制作,在基桩顶部与活动桩顶之间,用软垫层垫实,垫层厚度按预计沉降来确定。管节沉放完毕后,再于管节底部与活动桩顶之间,灌注水泥砂浆填实。

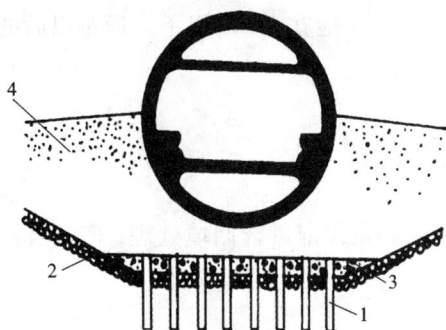

图28-8　水下混凝土传力法

1—基桩;2—碎石;3—水下混凝土;4—砂石垫层

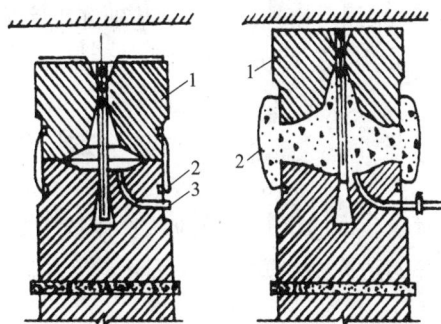

图28-9　活动桩顶法

1—活动桩顶;2—尼龙布套;3—压浆孔

3. 覆土回填工艺

(1)回填作业是沉管隧道施工的最终工序。回填作业包括沉管侧面回填和管顶压石回填。

(2)沉管外侧下半段,一般采用砂砾、碎石、矿渣等材料回填,上半段则可用普通土砂回填。

(3)顶部回填处理分四层进行(图28-10):

①顶部片石保护层。

②碎石反滤层。

③一般回填材料。

④经挑选过的回填材料。

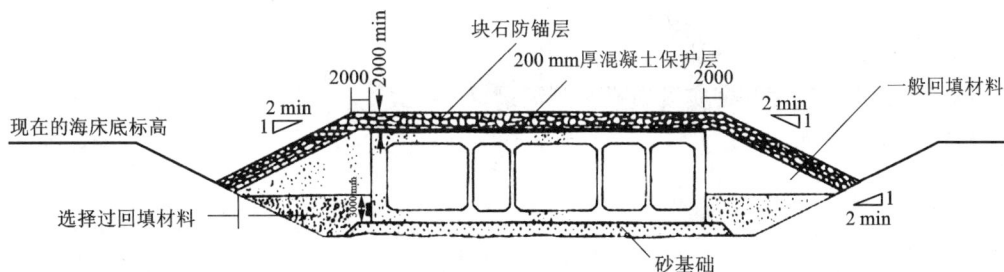

图28-10　沉管隧道回填处理实例

28.6 质量标准

(1)采用刮铺法时,刮平后垫层表面平整度为:刮砂 ±50 mm、刮石 ±200 mm。

(2)采用后填法施工时,基础施工完成后产生的沉降量,应在 5 mm 以下。通车以后的最终沉降量,应在 15 mm 以内。

28.7 成品保护

对已就位的沉管管节应认真按技术要求做好基础两侧及顶部进行回填处理,使其真正具有较好的防冲刷、防锚、防沉船等能力。

28.8 安全环保措施

28.8.1 安全措施

施工与运料船只应严格按航道管制措施进行航行和作业,防止与过往船只发生碰撞事故。

28.8.2 环保措施

(1)后填法施工时,输料管与基槽的应有良好的密封(封堵)性能,防止填充料的有害物质外泄污染河(海)水。

(2)管节回填时,应避免过量而造成航道堵塞。

28.9 质量记录

(1)施工原材料质量抽检记录。

(2)混合砂浆配合比质量抽检记录。

(3)基础处理平整度和密实度质量监测记录。

(4)回填质量监测记录。

图书在版编目（ＣＩＰ）数据

隧道工程施工工艺标准／湖南路桥建设集团有限责任公司编著. --长沙：中南大学出版社，2019.5
ISBN 978 - 7 - 5487 - 3585 - 4

Ⅰ.①隧… Ⅱ.①湖… Ⅲ.①隧道加工面－技术标准
Ⅳ.①U455 - 65

中国版本图书馆 CIP 数据核字（2019）第 042252 号

隧道工程施工工艺标准

湖南路桥建设集团有限责任公司　编著

□责任编辑	刘颖维
□责任印制	易建国
□出版发行	中南大学出版社

社址：长沙市麓山南路　　　　　邮编：410083
发行科电话：0731 - 88876770　　传真：0731 - 88710482

□印　　装　长沙印通印刷有限公司

□开　　本　787×1092　1/16　□印张 19.5　□字数 490 千字
□版　　次　2019 年 5 月第 1 版　□2019 年 5 月第 1 次印刷
□书　　号　ISBN 978 - 7 - 5487 - 3585 - 4
□定　　价　128.00 元

图书出现印装问题，请与经销商调换